中等职业教育国家规划教材

全国中等职业教育教材审定委员会审定

多媒体技术应用

Duomeiti Jishu Yingyong

（第 3 版）

（计算机应用专业）

主　　编　赵佩华　眭碧霞
责任主审　宋方敏
审　　稿　胥光辉　俞光昀

高等教育出版社·北京
HIGHER EDUCATION PRESS　BEIJING

内容提要

本书是中等职业学校计算机应用专业国家规划教材《多媒体技术应用》第3版，在第2版基础上修订而成。本书依据教育部中等职业学校计算机应用专业多媒体技术应用课程教学基本要求编写，同时根据中等职业教育和计算机技术的发展对内容进行了适当的调整，编写过程中还参照了教育部考试中心颁发的全国计算机等级考试大纲。

本书从"易学、够用"的角度出发，介绍了多媒体技术的基本概念、基本方法、多媒体系统的组成、多媒体应用程序的开发过程，通过实例说明多媒体素材获取方法和多媒体应用系统的集成方法，重点介绍了利用中文版 Authoware 7.0 技术进行多媒体作品的创作方法和创作过程。

本书配套学习卡网络教学资源，使用本书封底所附的学习卡，登录http://sve.hep.com.cn，可上网学习，下载资源。

本书内容紧凑、结构严谨、图文并茂、案例丰富，通过大量实例和练习来帮助读者理解与掌握，全书各章配备小结和练习，适合于中等职业学校计算机应用专业及其他相关专业学生使用，也可作为从事多媒体设计的创作人员的参考用书。

图书在版编目（CIP）数据

多媒体技术应用/赵佩华,睢碧霞主编 . —3 版 . —北京:高等教育出版社,2012.2
计算机应用专业
ISBN 978 - 7 - 04 - 034224 - 6

Ⅰ.①多… Ⅱ.①赵… ②睢… Ⅲ.①多媒体技术 - 中等专业学校 - 教材 Ⅳ.①TP37

中国版本图书馆 CIP 数据核字(2011)第 232889 号

策划编辑	郭福生	责任编辑 郭福生	封面设计 王 洋	版式设计 马敬茹
责任校对	杨凤玲	责任印制 张福涛		

出版发行	高等教育出版社		网　址	http://www.hep.edu.cn
社　　址	北京市西城区德外大街4号			http://www.hep.com.cn
邮政编码	100120		网上订购	http://www.landraco.com
印　　刷	北京七色印务有限公司			http://www.landraco.com.cn
开　　本	787mm×1092mm　1/16			
印　　张	18.75		版　次	2002 年 8 月第 1 版
字　　数	450 千字			2012 年 1 月第 3 版
购书热线	010 - 58581118		印　次	2012 年 2 月第 2 次印刷
咨询电话	400 - 810 - 0598		定　价	31.60 元

本书如有缺页、倒页、脱页等质量问题，请到所购图书销售部门联系调换
版权所有　侵权必究
物 料 号　34224 - 00

中等职业教育国家规划教材出版说明

　　为了贯彻《中共中央国务院关于深化教育改革全面推进素质教育的决定》精神,落实《面向21世纪教育振兴行动计划》中提出的职业教育课程改革和教材建设规划,根据教育部关于《中等职业教育国家规划教材申报、立项及管理意见》(教职成[2001] 1 号)的精神,我们组织力量对实现中等职业教育培养目标和保证基本教学规格起保障作用的德育课程、文化基础课程、专业技术基础课程和 80 个重点建设专业主干课程的教材进行了规划和编写,从 2001 年秋季开学起,国家规划教材将陆续提供给各类中等职业学校选用。

　　国家规划教材是根据教育部最新颁布的德育课程、文化基础课程、专业技术基础课程和 80个重点建设专业主干课程的教学大纲(课程教学基本要求)编写,并经全国中等职业教育教材审定委员会审定。新教材全面贯彻素质教育思想,从社会发展对高素质劳动者和中初级专门人才需要的实际出发,注重对学生的创新精神和实践能力的培养。新教材在理论体系、组织结构和阐述方法等方面均作了一些新的尝试。新教材实行一纲多本,努力为学校选用教材提供比较和选择,满足不同学制、不同专业和不同办学条件的学校的教学需要。

　　希望各地、各部门积极推广和选用国家规划教材,并在使用过程中,注意总结经验,及时提出修改意见和建议,使之不断完善和提高。

教育部职业教育与成人教育司

二〇〇一年十月

第 3 版前言

随着全球信息技术的迅猛发展，多媒体技术的风行，人们已进入了一个时尚的信息时代。作为计算机应用的一个重要方面，多媒体技术已为越来越多的用户所关注。多媒体技术的迅速发展与普及应用改变了人们的生活方式，给社会带来了巨大的影响。Authorware 7.0 是 Macromedia 公司推出的一种多媒体创作工具，它采用面向对象的设计思想，以图标为程序的基本组件，用流程线连接各个图标，从而构成程序，具有功能强大、易学易用的特点，在多媒体制作领域得到广泛应用。

为适应新时期职业教育的需要，体现先进性、职业性和实用性，本书在第 2 版的基础上对教材内容、组织方式等方面进行了较大篇幅的调整。其中，第 1 章、第 6 章以及第 5 章的大部分内容均为重新编写；将第 2 版第 7 章中的各个实验以操作实例的形式分散到相应的章节中，第 3 版中的第 7 章是新增的内容，主要介绍 Authorware 交互响应的创建与实现，增加了 Authorware 应用的分量。

本书从能力本位的角度，以提高学生实践能力，培养学生职业技能为宗旨，遵循"易学、够用"原则，面向职业学校学生的认知规律和就业需求，突出多媒体技术的基本操作与实例制作，通过典型实例分析，使学生掌握多媒体设计的基本技能，从而较快地适应多媒体设计岗位的要求。

本书力求体现以下特点：

（1）注重反映多媒体设计最新技术。

（2）在内容编排上，力求由浅入深，图文并茂，循序渐进，举一反三，突出重点，通俗易懂。

（3）加大能力训练部分，通过实例操作，使学生能比较熟练地应用多媒体知识和技术解决实际问题，既注重培养学生分析问题的能力，也注重培养学生思考问题和解决问题的能力。

（4）采用任务驱动编写方式，以实际问题引出相关知识与技术，使教材内容层次清晰，脉络分明，可读性、可操作性强，便于激发学生学习兴趣。

全书共 7 章。第 1 章主要介绍多媒体技术的基本概念与应用；第 2 章主要介绍多媒体计算机系统和常用软件；第 3 章根据多媒体数据的特点，介绍多媒体信息处理技术；第 4 章讨论多媒体作品开发的一般过程，为多媒体程序的开发与应用打下美学和设计基础；第 5 章讲解通过相应软件和硬件获取各种多媒体素材的方法，为多媒体应用程序的开发提供必要的条件；第 6 章系统讲述如何用多媒体集成软件 Authorware 制作多媒体应用程序；第 7 章主要介绍 Authorware 交互功能的实现。

本书由赵佩华、眭碧霞任主编，参加编写的有宋先斌、杜伟、刘沥。其中，赵佩华编写第 1、4、7 章，眭碧霞编写第 2、3 章，刘沥编写第 5 章，杜伟编写第 6 章，全书实例部分由宋先斌负责编写。

本书配套学习卡网络教学资源，使用本书封底所附的学习卡，登录 http://sve.hep.com.cn，可上网学习，下载资源，详见书末"郑重声明"页。

本书由宋方敏主审，胥光辉、俞光昀审稿。对审者提出的意见和建议，在此表示感谢。

建议理论与实践相结合，在计算机机房授课，实现教学做合一。学时安排建议如下：

内　　　容	总 时 数	一体化教学授课时数
第 1 章　多媒体技术基础	4	
第 2 章　多媒体计算机系统	2	
第 3 章　多媒体信息处理技术	6	4
第 4 章　多媒体作品开发	4	2
第 5 章　多媒体作品素材制作	12	10
第 6 章　多媒体创作工具 Authorware 7.0	16	16
第 7 章　Authorware 交互响应的创建与实现	28	28
总　　　计	72	60

　　由于多媒体技术发展极其迅速,加之多媒体系统的复杂性和多媒体数据的多样性,这里只是介绍了其中一部分的应用。由于编者学识有限,书中难免有不足之处,恳请读者指正。

编　者
2011 年 8 月

第1版前言

本书是为适应中等职业学校人才培养和全面素质教育的需要,根据中等职业学校计算机及应用专业"多媒体技术应用教学基本要求"编写的国家规划教材。

本书以能力培养目标为主线,使学生了解有关多媒体的相关知识,掌握多媒体数据的特点和基本处理方法,掌握应用多媒体创作工具创作多媒体作品的基本技能,具备应用多媒体工具软件创作简单多媒体作品的能力,为学生继续学习专业知识和提高职业技能打下基础。为了实现这一目标,本书在编写过程中始终贯穿多媒体基本知识的传授、基本技能的培养。在能力培养方面,注重理论联系实际,使学生在掌握基本概念和多媒体基本处理方法的基础上,学会获取和处理多媒体信息,利用多媒体制作软件进行多媒体数据的合成。同时培养学生的创造性思维能力,激发学生创新意识和创新欲望、培养学生的审美情趣。

本书的编写力求体现以下特点:

(1)在阐述多媒体技术的基本概念、基本操作和基本技能方面,注重反映多媒体技术最新发展方向。

(2)精心选择生活、生产和社会实践中具有一定代表性的实例。

(3)力求在有限的篇幅内阐明教学目标所要求的内容。

(4)内容的组织与编排既注意符合知识的逻辑顺序,又符合学生的思维发展规律。

(5)以全新的机房教学形式安排教学内容,让学生在使用本书时,在计算机上所见所得,直接看到操作结果。

全书共7章,第1章讲述多媒体和多媒体计算机的基本概念、多媒体系统的应用和发展;第2章介绍多媒体计算机系统的体系结构、多媒体计算机系统中的设备和常用软件的功能;第3章根据多媒体数据的特点,介绍多媒体数据以及多媒体数据的压缩和编码方法、音频信息处理和视频信息处理;第4章讨论多媒体作品开发的一般过程,多媒体作品的开发和应用所需的基本美学和设计知识;第5章讲解通过各种软件、硬件获取多媒体素材的方法,为多媒体作品的开发提供必要的条件;第6章系统地讲述如何用多媒体集成软件 Authorware 制作多媒体作品。通过大量的实例,熟悉多媒体作品的制作过程。第7章编排了多个实验实例,帮助学生巩固所学的知识。

本书由赵佩华、眭碧霞主编,孙宁、李明参编。赵佩华编写第1、3、5章,孙宁编写第6章,眭碧霞编写第4、7章,李明编写第2章。宋先斌、唐延玲完成了第7章部分实验内容的编写。其余实验由参编的老师共同编写。

本书由教育部聘请宋方敏主审,胥光辉、俞光昀审稿。对审者提出的意见和建议,在此表示感谢。

学时安排建议如下:

内　　容	总时数	授课时数	实验时数
第 1 章　多媒体技术基础	8	4	4
第 2 章　多媒体计算机系统	6	4	2
第 3 章　多媒体信息处理技术	8	6	2
第 4 章　多媒体作品开发	4	4	
第 5 章　多媒体作品素材制作	12	4	8
第 6 章　Authorware	34	10	24
总　　计	72	32	40

由于多媒体技术发展极其迅速,多媒体系统的复杂性和多媒体数据的多样性,使得这里的介绍不可能面面俱到,本书只是介绍了其中部分应用。限于编者学识水平,书中不足与错误难免,恳请读者指正。

编　者

2002.1

目　录

第1章

多媒体技术基础

本章要点：

- 多媒体与多媒体技术。
- 多媒体技术的特点。
- 多媒体编辑工具。
- 多媒体技术的应用。
- Windows 中的多媒体功能。

多媒体技术是随着计算机技术的发展和应用而产生的一种新的技术。多媒体设计是综合多个领域的知识和技术，尤其是把传统的视觉传达艺术设计手段与计算机技术结合起来，构成基于计算机和网络技术的多媒体信息传达系统。

1.1 多媒体与多媒体技术

随着计算机技术的迅速发展和广泛应用，多媒体技术和多媒体计算机成为人们关注的热点之一。多媒体技术是一种综合性的电子信息技术，它给传统的计算机系统、音频、视频设备带来了根本的变革，对大众传媒产生了极其深远的影响。直观意义上讲，多媒体将人们传统认识中的枯燥乏味、毫无情趣的计算机，变成多姿多彩、声像并茂的人类朋友。多媒体技术加速了计算机进入家庭、社会等各个方面的进程，给人们的工作、生活和娱乐带来了革命性的深刻转变。

人类社会中，信息的表现形式是多种多样的。通常，人们将信息的表现形式或者信息的传播载体称为媒体。我们见到的文字、声音、影像、图形等都是信息的表现媒体。人们在信息的交流过程中要使用各种信息载体，目前人们普遍认为：多媒体是指能够同时获取、处理、编辑、存储和显示两种以上不同类型信息媒体的技术。这些信息媒体包括文字、声音、图形、图像、动画、活动影像等。事实上，也正是由于计算机技术和数字信息处理技术的实质性进展，才使我们今天拥有了处理多媒体信息的能力，才使得"多媒体"成为一种现实。所以，现在所谓的"多媒体"常常不是指多媒体本身，而主要是指处理和应用它的一整套技术。因此多媒体与多媒体技术被视为同义语。

这里不妨给出我们所理解的多媒体概念：多媒体是一种以计算机为中心的多种媒体的有机组合，这些媒体包括文本、图形、动画、静态视频、动态视频和声音等，并且人们在接收这些媒体信息时具有一定的主动性、交互性。

多媒体技术是一种把文本、图形、图像、动画和声音等形式的信息结合在一起，并通过计算机进行综合处理和控制，能支持完成一系列交互式操作的信息技术。

多媒体系统就是为文本、图形、图像和声音等多种信息建立逻辑连接而形成的具有交互性的集成系统。

关于多媒体技术我们强调的是：

① 以计算机为中心，因为多媒体技术是以计算机技术为基础的。

② 各种媒体的有机组合，意味着媒体与媒体之间有着内在的逻辑联系，并不是说任何几种媒体组合在一起就可以称为多媒体，最多只能称为"混合媒体"。

③ 交互性，因为交互性是多媒体技术的特色之一。

1.2 多媒体技术的特点

多媒体是以计算机技术为基础的各种媒体的有机组合，但不是各种信息媒体的简单叠加。多媒体技术具有以下特点。

① 多样性。信息形式可以是文字、图形、声音、图像、视频和动画等。

② 集成性。多媒体技术不仅要对多种形式的信息进行各种处理，并且要将它们有机地结合起来，能够对信息进行多通道统一获取、存储、组织与合成。多媒体技术的集成性主要体现在两个方面：一是多媒体信息媒体的集成，二是处理这些媒体的设备和系统的集成。在多媒体系统中，各种信息媒体不是像过去那样，采用单一方式进行采集与处理，而是由多通道同时统一采集、存储与加工处理，更加强调各种媒体之间的协同关系及利用。

③ 交互性。交互性是多媒体技术的关键特征，它使用户可以更有效地控制和使用媒体，增加对媒体的注意、理解，延长了信息的保留时间。而交互活动本身可作为一种信息传递和转换的过程，从而使人获得更多信息。如计算机辅助教学系统(CAI)就是充分发挥多媒体技术的交互性，设计引导学习者与教学媒体进行交互，控制学习过程，甚至参与教学组织，以达到提高学习效率的目的。"交互"具有多层次含义，一般的多媒体作品提供人与多种媒体的数据交换，如在多媒体数据库中检索文字、图片、声音和视频属于交互的初级应用阶段。虚拟现实技术的发展，可使人进入虚拟信息环境，达到交互应用的高级阶段。

④ 实时性。由于实时处理，所以接收到的语声和活动的视频图像必须严格同步。例如，电视会议系统的声音和图像不允许停顿，必须严格同步，包括"唇音同步"，否则传输的声音和图像就失去意义。

1.3 多媒体编辑工具

在多媒体开发中使用的素材资源主要包括文字、图像、声音、动画、视频影像等类型的文件。常用的多媒体编辑工具如下。

① 强大的文字处理软件：Microsoft Word。

② 专业的图形图像编辑工具：Adobe Photoshop。

③ 声音素材编辑工具：Adobe Audition、Cakewalk Sonar 和 Sony Sound Forge。

④ 网络动画编辑工具：Adobe Flash。

⑤ 动态 GIF 图片编辑工具：Ulead COOL 3D。

⑥ 视频影片的编辑：Ulead MediaStudio、Adobe Premiere、Adobe After Effects。

⑦ 多媒体合成编辑工具：Adobe Authorware、Adobe Director。

1.4　多媒体技术的应用

随着多媒体技术的蓬勃发展，计算机已成为越来越多的人朝夕相处的伙伴，成为许多人的良师益友。作为人类进行信息交流的一种新的载体，多媒体正在给人类日常的工作、学习和生活带来日益显著的变化。

目前，多媒体应用领域正在不断拓宽。在文化教育、技术培训、电子图书、观光旅游、商业及家庭应用等方面，已经出现了不少深受人们喜爱、欢迎的以多媒体技术为核心的多媒体电子出版物。它们以图片、动画、视频片断、音乐及解说等易于接受的媒体素材将所反映的内容生动地展现给广大读者。下面就一些主要的应用领域做一简单介绍。

1.4.1　教育与培训

1. 幼儿启蒙教育

幼儿认识世界首先是从声音和外界变化多姿的"图片"开始的，带有声音、音乐和动画的多媒体软件，不仅更能吸引他们的注意力，也使他们如同身临其境，将别人的感觉变成像自己的亲身经历一样，从而在不知不觉的游戏中学到知识。例如：有这样一个教学软件，屏幕上背景中有一玻璃窗，窗外刮着北风，下着大雪——天气很冷；房屋中有一小朋友看上去穿得很少，于是对操作者——学习的幼儿说："小朋友，天太冷了！请给我选择一件暖和的衣服好吗？"此时屏幕的一侧出现各种服装供幼儿选择，此时幼儿就可按动鼠标或触摸屏幕为小朋友挑选暖和的衣服，系统会根据幼儿的不同选择给出不同的提示，即屏幕上的小朋友告诉他（她）的挑选是否正确，这样幼儿在轻松自然的环境下知道了哪些衣服适合冬天穿，哪些衣服应该夏天穿，等等。

2. 中小学辅助教学

计算机辅助教学是深化教育改革的一种有效手段，作为一种新兴的教育技术，具有很强的生命力，尤其是多媒体技术的加入，使得多媒体计算机辅助教学系统更加生动形象、接近自然，让学生在极大的兴趣中学到所需的知识，并能够自行调整教学内容和学习方法，从而实现因材施教的个别化教学。

目前中小学辅助教学市场火爆，前景乐观。学习者多用于以下几个方面：所学知识重点难点的指导；知识掌握程度的测试；辅助素质教育；提供实验操作环境。学习者可以根据自己的兴趣、爱好及实际需要，自主学习和自行提高。

3. 大众化教育

多媒体技术可以使传统的以校园教育为主的教育模式，变为更能适应现代社会发展的、以家庭教育为主的教育模式。这使得现代人的继续教育完全走向家庭,实现无校舍和图书馆,也能在家或办公室看到图、文、声并茂的多媒体信息,以便获得自己所需要的新知识,使得终身教育更易于实现。随着网络技术的发展和完善,使得跨越时空的网络学校不断出现,因此真正意义上的开放大学成为现实,学习者不再为由于种种原因无学可上而烦恼,他们只需一台计算机和一条电话线即能足不出户上学读书,全民素质教育将会大幅度提高。

4. 技能培训

员工技能培训是商业活动中不可缺少的重要环节。传统的员工培训,是讲师和员工在同一时间、同一教室实施。首先是讲师示范操作、讲解,然后指导员工亲身体验,这种方法成本相当高,尤其是机械操作技能的培训,不仅需要消耗大量的产品原材料,同时操作失误还可能给员工造成身体上的伤害,而多媒体技能培训系统的出现,不仅可以省去这些费用并避免不必要的身体伤害,同时多媒体生动的教学内容和自由的交互方式使员工乐于学习,且学习时间更加自由,效率自然会无形地提高。

1.4.2 商业应用

商业的竞争已从单纯的价格竞争,转移到服务的竞争。如何方便用户,如何更好地为用户服务,让用户满意,是更多商家需要解决的问题。

1. 商场导购系统

目前各大商场都在扩建、装修,新开业的商场不仅宽敞、明亮,而且货物齐全,给用户带来方便。同时面积的成倍增大、摊位的不断出现,同样给不常逛商场的人带来麻烦。为了解决这些用户面临的实际问题,多数商家提供了导购指南,由专门人员负责回答顾客提出的咨询,而聪明的商家则利用多媒体技术,开发了商场购物导购系统,如顾客有问题即可以通过电子触摸屏向计算机咨询,不仅方便快捷,同时给顾客以新鲜感。

2. 电子商场、网上购物

随着网络技术的发展,因特网(Internet)已走进千家万户,机智的商场也紧跟时代潮流,纷纷上网,介绍自己的商品种类、销售价格、服务方式等,不仅扩大了自己的知名度,同时使那些喜爱上网的顾客不出家门即可满足逛商场的需要,选到满意的商品。

3. 辅助设计

在建筑领域,建筑师利用多媒体技术将设计方案变成完整的模型,让期房客户提前看房;在装饰行业,客户可以将自己的要求告诉装饰公司,公司利用多媒体技术将其设计出来,让客户从各个角度欣赏,如不满意可重新设计,直到满意后再行施工,避免了不必要的劳动和浪费。

1.4.3 家庭娱乐

1. 电子影集

人们可以自行在多媒体计算机上制作出工作和家庭生活的图片簿——电子影集。这种影集不仅记录了美好难忘的瞬间,同时可以将该照片的前后经历,甚至有意义的事件一一记录下来,以供日后他人欣赏和借鉴,当然也可以作为自己美好的回忆。

2. 娱乐游戏

家人在一起除了共同生活起居外,更应有娱乐教育的活动。在与家人共处时,能够有共同的乐趣与娱乐是非常美好的事。各种版本的电子游戏,以其动听悦耳的声音、别开生面的场景,赢得了成人和儿童的欢心。一家人坐在计算机旁激战、斗智,欢声笑语,其乐融融,真可谓快乐人生的体验。

3. 电子旅游

旅游是绝大多数人都乐于参与的一项社会性活动,因为旅游不仅可以领略美好的自然风光,了解各地的风土人情,同时可以陶冶情操。另外,旅游还可以增进友谊、广交朋友,尤其是一家人一起出游更是美不胜言,然而这需要足够的时间和费用。多媒体光盘的出现可以使人们足不出户即可"置身"于自己心中向往的旅游胜地,轻轻松松地"周游"世界。例如,清华大学出版社出版的《颐和园》,即是一个利用多媒体技术设计制作的反映颐和园全貌的电子产品。

1.4.4 网络通信

1. 远程医疗

"时间就是生命",这句话用在医疗上再恰当不过了。以多媒体为主体的综合医疗信息系统,可以使医生远在千里之外就可以为病人看病。病人不仅可以身临其境地接受医生的询问和诊断,还可以从计算机中及时得到处方。对于疑难病例,各路专家还可以联合会诊。这样不仅为危重病人赢得了宝贵的时间,同时也使专家们节约了大量的时间。

2. 视听会议

多媒体视听会议使与会者不仅可以共享图像信息,还可共享已存储的数据图形和图像、动画和声音文件。在网上的每一会场,都可以通过窗口建立共享的工作空间,互相通报和传递各种信息,同时也可对接收的信息进行过滤,并可在会谈中动态地断开和恢复彼此的联系。

1.4.5 办公自动化

办公自动化的主要内容是处理信息,办公系统也可以认为是一种信息系统,多媒体技术在办公自动化中的应用主要体现在声音和图像的信息处理上。

1. 声音信息的应用

一种是自动语音识别或声音数据的输入。目前通过语音自动识别系统,即可将人的语言转换成相应的文字。另一种是语音的合成,即给出一段文字后,计算机会自动将其翻译成语音,将其读出来。这一技术被广泛用于文稿的校对上。

2. 图像识别

图像识别技术的应用,可以实现手写汉字的自动输入和图像扫描后的自动识别,即通过OCR 系统,将扫描的图像以图形、表格、文字的格式分别存储,供用户使用。

1.4.6　电子地图

到目前为止,已有许多版本的电子地图面世。在电子地图中既可介绍世界上每个国家和城市的地理位置及相应的人口、国土面积,还可介绍当地的风土人情、著名景点、特产等。这不仅为到当地旅游的游客提供了具体的方便,而且还使坐在计算机旁的异国他乡的"游客"足不出户就可同样领略到当地的民俗与风貌。

电子地图比普通地图的优点是可以精确到每一个城镇中的每一个街道和每个单位的位置,不仅为人们的出行和工作提供了具体的方便,而且还可了解该地方的基本情况。

1.5　　Windows 中的多媒体功能

Windows 中提供了多媒体功能,利用这些功能可以在普通文档中嵌入声音、播放音乐等。

1.5.1　在文档中嵌入声音

在 Windows 环境中,可以将声音嵌入文档、电子邮件甚至电子表格中。不同版本的 Windows 下的文档对声音的处理方式大同小异。下面以 Windows XP 为例,说明如何将声音嵌入文档。

1. 将声音嵌入文档

用 Windows 中字处理程序"写字板",建立一个包含声音的文档。具体步骤如下:

① 单击桌面上"开始"按钮,选择"所有程序"→"附件"→"写字板",打开"写字板"窗口,输入以下文字:"这是用 Windows 的'写字板'制作的有声文档,双击下面的图标可以播放声音。"

② 对版式进行适当修改、调整后,将光标置于适当位置,屏幕显示如图 1-1 所示。

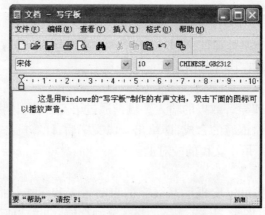

图 1-1　"写字板"中的文字

③ 单击"写字板"的"插入"菜单,选择"对象"命令,弹出"插入对象"对话框,如图1-2所示。

图1-2 "插入对象"对话框

④ 在"对象类型"列表框中选择"包"选项,单击"确定"按钮,弹出"对象包装程序"窗口,如图1-3所示。

图1-3 "对象包装程序"窗口

⑤ 单击"文件"→"导入"命令,弹出"导入"对话框,如图1-4所示。

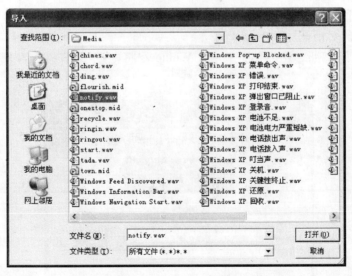

图1-4 "导入"对话框

⑥ 通过对话框选择一个声音文件,例如 notify. wav,并单击"打开"按钮。对象包装程序将把声音送入文件。

⑦ 在"对象包装程序"窗口中,单击"文件"菜单中的"退出"命令,屏幕上显示"更新文档"

对话框,询问用户是否更新文档。

⑧ 单击"是"按钮,Windows 会把包装程序的图标插入文档中。这时可以看到在文本中增加了一个表示声音的图标,如图 1-5 所示。

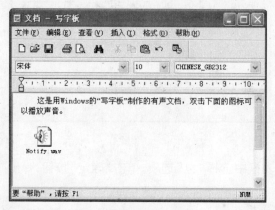

图 1-5 插入声音的文档

单击"包装程序"的图标时,Windows 将播放这个声音文件。用户可以将自己的文档以类似 test.wri 的文件名存盘,还可以把它复制给拥有声音卡或装有喇叭驱动程序的用户,从而播放这个声音文件。

2. 将声音录入文档

上面介绍了用 Windows 的插入对象(OLE)技术把一个 . wav 文件嵌入到文档,用户也可以将声音直接录进一个文档中去。具体步骤如下:

① 将文档打开并输入文字。例如,打开"写字板"程序窗口,单击"插入"菜单中的"对象"命令,弹出"插入对象"对话框。

② 选择"声音"选项,单击"确定"按钮,Windows 将打开"录音机"窗口,如图 1-6 所示,然后录入声音。

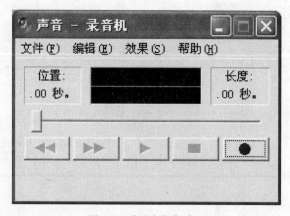

图 1-6 "录音机"窗口

③ 单击"文件"菜单的"退出"命令,将显示"更新对象"对话框,单击"是"按钮确认。用户的文档中出现"麦克风"图标,双击该图标时将会听到录入的声音。

用类似的方法可以在文档中加入 MIDI 音乐、图形、图像，甚至 AVI 电影等。同样，用户可以在 Word 或其他格式的文档中加入多媒体信息。

1.5.2 使用 Windows 中的"录音机"

Windows 中的"录音机"可以用来播放和录制声音文件。

1. 播放声音文件

① 启动 Windows，单击"开始"按钮，选择"所有程序"。

② 打开"附件"中的"娱乐"菜单，单击"录音机"图标，弹出"录音机"窗口，如图 1-7 所示。

"录音机"窗口中包含 5 个声音播放控制按钮，它们分别是"倒退到开始位置"按钮、"快进到结束位置"按钮、"播放"按钮、"停止"按钮、"录音"按钮。窗口中还包括当前位置、总长度及声音波形显示。

图 1-7 "录音机"窗口

③ 打开"文件"菜单，单击"打开"命令，弹出"打开"文件对话框。

④ 选择需要播放的声音文件，单击"播放"按钮，就可以播放该声音文件。

2. 录制声音文件

录音的时候，首先将麦克风连到声卡上，或者将其他声源连接到声卡的输入接口上，然后按下列步骤，开始录制和保存声音文件。

① 启动 Windows，打开"录音机"窗口。

② 单击"录音"按钮，对着话筒说话，将声音录入。

③ 录制完毕，单击"停止"按钮。

④ 单击"文件"菜单中的"保存"命令，将该文件存盘，以便日后使用。

此外，还可以对声音进行编辑以及设定声音效果等。

1.5.3 Windows Media Player

AVI（Audio-Video Interleaved）文件是一种音频－视频交错文件，文件扩展名为 .avi。AVI 格式的文件是将视频和音频信号交错地存储在一起的数字视频图像文件。它具有兼容性好、调用方便、图像质量好等优点，但是所占用的硬盘空间大。AVI 文件的播放器很多，Windows Media Player 是 Windows 的多媒体中心，可以使用 Windows Media Player 查找和播放计算机或网络上的数字媒体文件，播放 CD 和 DVD，以及来自 Internet 的数据流；还可以从音频 CD 翻录音乐，将自己喜爱的音乐刻录成 CD，与便携设备同步媒体文件，以及通过在线商店查找和购买 Internet 上的内容。

1. Windows Media Player 的界面

Windows Media Player 11 的主界面如图 1-8 所示。

2. 正在播放

使用 Windows Media Player 11 可以播放音频 CD、包含音乐文件或视频文件的数据 CD（也称为媒体 CD）和视频 CD（VCD）。VCD 与 DVD 类似，尽管视频质量不如 DVD。

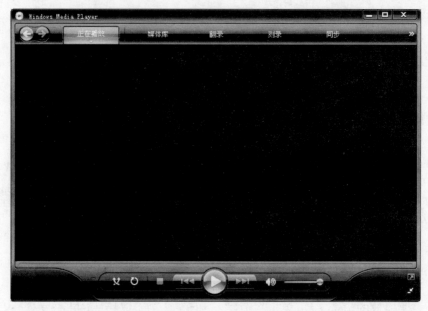

图 1-8　Windows Media Player 11 的主界面

若要播放 DVD,计算机中必须已安装 DVD 驱动器和兼容的 DVD 解码器。如果遇到一条错误消息,指示缺少 DVD 解码器,请单击错误消息对话框中的"Web 帮助"以确定如何获取一个 DVD 解码器。

(1) 播放 CD 或 DVD 的步骤

① 启动 Windows Media Player 11 并将要播放的 CD 或 DVD 插入驱动器。通常情况下,光盘将自动开始播放。如果没有自动播放,或者你要选择光盘是具体的文件,请单击"正在播放"选项卡下的箭头,然后单击光盘所在的驱动器。

② 对于 DVD 或 VCD,请执行以下操作:

· 在列表窗格中,单击 DVD 标题或章节名。

· 在列表窗格中,双击 VCD 片断。

(2) 播放 CD 时跳过歌曲的步骤

播放 CD 时,可以跳过不喜欢的歌曲。若要跳过一首歌曲,请执行以下操作:

① 单击"正在播放"选项卡。

② 当歌曲正在播放时,单击"下一个"按钮 ，将跳过该首歌曲,并且该首歌曲将在播放列表中变暗。如果启用了重复播放,则在该播放会话期间不会播放这首歌曲。如果无意中跳过一首你喜欢听的歌曲,请在播放列表中双击该首歌曲,将立即播放此首歌曲并且不会再次跳过它。

(3) 播放音乐时观看可视化效果

使用 Windows Media Player,可以观看不同的可视化效果——色彩画面和几何形状——其图案随着正在播放的音乐变化。可视化效果根据特定主题组成集合,例如氛围或条形。某些可视化效果可能有不同的外观,这取决于播放机的显示模式(完整、最小播放机、全屏或外观）。

　　① 开始播放歌曲。

　　② 单击"正在播放"选项卡，单击选项卡下的箭头，指向"可视化效果"，指向某个可视化效果集合，然后单击要观看的可视化效果的名称。

　　播放音乐时，在按住 Ctrl 键的同时单击窗口，可以查看可视化效果集中的下一个可视化效果；或按 Shift+Ctrl 组合键，同时单击窗口，可以查看可视化效果集合中的上一个可视化效果。若要以全屏查看可视化效果，请双击"视频和可视化效果"窗格或按 Alt+Enter 组合键。如果在全屏可视化效果中单击，播放机将返回到完整模式。请注意，并非所有的可视化效果都能以全屏查看。

　　(4) 调节音量或静音的步骤

　　若要提高或降低音量级别，请移动"音量"滑块 ➖●➖ 。若要静音，请单击"静音"按钮◀◗。若要还原音频，请再次单击"静音"按钮◀◗。

3. 媒体库

　　使用"媒体库"选项卡以访问和组织你的数字媒体集。使用地址栏切换到一个类别，如音乐、图片或视频，然后在导航窗格选择这个类别的视图。例如，切换到音乐类别，然后单击导航窗格中的"流派"，以查看按流派组织的所有音乐。你可以将项目从详细信息窗格拖动到列表窗格，以创建要播放、刻录或同步的播放列表。

　　(1) 播放媒体库中的文件

　　① 单击"媒体库"选项卡，然后浏览或搜索要播放的项目。

　　② 如果媒体库未显示所查找的媒体类型（例如，显示了音乐，而你要查看视频），则在地址栏中单击"选择类别"按钮▯，然后单击其他类别。

　　请执行下列操作之一：

　　● 将项目拖动到列表窗格。

　　可将单个项目（例如，一首或多首歌曲）或项目集合（例如，一个或多个唱片集、艺术家、流派、年代或者分级）拖动到列表窗格。

　　如果列表窗格不可见，请单击搜索框旁边的"显示列表窗格"按钮 ⇦ 。

　　如果列表窗格已包含其他项目，可通过单击"清除列表窗格"按钮来清除这些内容。

　　● 双击此项开始播放。

　　可能播放几个项目，这取决于你双击的内容。若要播放单个项目，只需将该项目拖动到列表窗格。

　　(2) 搜索媒体库中项目的步骤

　　若要确保在媒体库中容易地查找项目，文件具有准确而完整的媒体信息是非常重要的。如有需要，你可以为文件添加或编辑媒体信息。

　　① 单击"媒体库"选项卡。

　　② 在地址栏上单击"选择类别"按钮▯，然后选择要搜索的媒体类型。例如，如果要在媒体库中搜索图片文件，请单击"图片"。

　　③ 在搜索框中键入要查找的文字。

　　④ 若要清除以前搜索条件的搜索框，请单击"清除搜索"按钮 ✕ 。

⑤ 还可以执行高级搜索。

(3) 从媒体库中删除文件的步骤

① 单击"媒体库"选项卡。

② 右键单击要删除的项目,然后单击"删除"。

③ 若要选择多个相邻项目,请在选择时按住 Shift 键。若要选择不相邻的项目,请在选择时按住 Ctrl 键。右键单击选择的项目,然后单击"删除"。

④ 如果显示提示信息,单击下列选项之一:

● "仅从媒体库中删除"。

此选项将从媒体库中删除链接,但不会从计算机中删除链接到的文件。

● "从媒体库和计算机中删除"。

此选项将从媒体库中删除链接,并从计算机中删除文件。

1.5.4 Windows 中的音量控制

单击"开始"按钮,选择"所有程序"→"附件"→"娱乐"→"音量控制"命令,弹出"主音量"窗口,如图 1-9 所示。

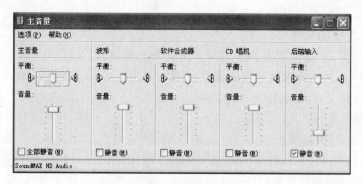

图 1-9 "主音量"窗口

"主音量"窗口用于控制各种多媒体设备的平衡和音量,平衡是指左右声道的平衡。"主音量"窗口中包括一个总的平衡和总的音量调节控制滑块,也可以对各个设备的平衡和音量进行单独控制。调节音量时,"主音量"栏的"平衡"和"音量"控制滑块可以调节所有设备的平衡和音量;调节单个设备时,则调节该设备的"平衡"和"音量"滑块。选中"静音"复选框,则相应设备不能发出声音。

1.5.5 操作实例

实例一 在 Word 文档中插入声音。

目的:学会在文档中插入声音文件。

要求:建立一个 Word 文档,将 Windows 的 Media 文件夹中的一个 .wav 文件插入该文档。

操作步骤：

① 启动 Word 程序，新建一个 Word 文档。

② 输入文字："这是用 Word 制作的有声文档。单击下面的图标可以听到声音。"

③ 对文字格式进行适当编辑处理。

④ 单击"插入"→"对象"命令，弹出"对象"对话框。

⑤ 选择"包"选项，单击"确定"按钮，弹出"对象包装程序"对话框。

⑥ 在"对象包装程序"对话框中单击"文件"菜单中的"导入"命令，弹出"导入"对话框。选择一个声音文件，例如 Windows\media\logoft.wav，单击"打开"按钮。

⑦ 在"对象包装程序"对话框中，单击"文件"菜单中的"退出"命令，屏幕上显示"更新文档"确认对话框，询问用户是否更新文档。

⑧ 单击"是"按钮，Windows 会把包装程序的图标放入文档中。这时在文档中增加了一个表示声音的图标。

⑨ 单击"声音"图标时，Windows 将播放这个声音文件。

⑩ 将文档以 TEST1.doc 的文件名存盘。

实例二　将声音录入文档。

目的：学会将声音录入文档。

要求：建立一个 Word 文档，将声音直接录进该文档中。

操作步骤：

① 启动 Word 程序，单击 Word "编辑"窗口。

② 输入文字："这是用 Word 制作的有声文档。其中录入了声音，单击下面的图标可以听到声音。"

③ 对文字格式进行适当编辑处理。

④ 单击"插入"→"对象"命令，弹出"对象"对话框。

⑤ 选择"音效"选项，打开"文档声音对象"对话框。

⑥ 单击"录音"按钮，对准话筒，录入声音。

⑦ 录音完毕，单击"停止"按钮。

⑧ 录音完毕关闭"文档声音对象"对话框。用户的文档中出现"话筒"图标。双击"话筒"图标时将会听到录入的声音。

实例三　使用"录音机"。

目的：学会用录音机播放和录制声音文件。

要求：播放和录制声音。

操作步骤：

（1）播放声音

① 启动 Windows，单击"开始"按钮，选择"所有程序"选项。

② 单击"附件"→"娱乐"→"录音机"命令，打开"录音机"窗口。

③ 单击"文件"→"打开"命令，弹出"打开"对话框。

④ 选择需要播放的声音文件，单击"播放"按钮，播放该声音文件。

(2) 录制声音

① 启动 Windows，单击"开始"按钮，选择"所有程序"→"附件"→"娱乐"→"录音机"命令，打开"录音机"窗口。

② 单击"录音"按钮，对着麦克风，将声音录入。

③ 录制完毕，单击"停止"按钮。

④ 单击"文件"菜单中的"保存"命令，将该文件存盘，以便日后使用。

如何对声音进行编辑以及设定声音效果？试试看，结果怎样？

实例四　使用 Windows Media Player。

目的：学会使用 Windows Media Player。

要求：播放 AVI 电影、声音、MIDI、CD 音乐，进行简单设置。

操作步骤：

(1) 播放 AVI 电影文件

① 单击桌面上的"开始"按钮，选择"所有程序"→"附件"→"娱乐"→"Windows Media Player"命令，启动 Windows Media Player。

② 单击"媒体库"菜单中的"视频"命令。

③ 查找到要播放的电影文件，例如 movie.avi，双击该文件。

④ 单击"播放"按钮，Windows Media Player 将播放电影 movie.avi。

⑤ 若要停止播放，则单击"停止"按钮。

(2) 播放声音、MIDI、CD 音乐等

① 单击桌面上的"开始"按钮，选择"所有程序"→"附件"→"娱乐"→"Windows Media Player"命令，启动 Windows Media Player。

② 单击"媒体库"菜单中的"音乐"命令。

③ 查找到要播放的声音、MIDI 或 CD 音乐。

④ 单击文件名，单击"播放"按钮，Windows Media Player 将播放该声音或音乐文件。

⑤ 若要停止播放，则单击"停止"按钮。

本 章 小 结

通过本章学习，我们已经知道了媒体是信息的载体。多媒体技术是指能够同时获取、处理、编辑、存储和展示两种以上不同类型信息媒体的技术，也就是利用计算机综合处理文本、图形、图像、音频和视频等多种媒体信息的技术。多媒体系统是指利用计算机技术和数字通信技术来处理和控制多媒体信息的系统。Windows 具有多媒体功能，Windows 中的多媒体应用程序的使用非常简单。我们已经学会了如何在文档中插入声音信息，如何利用媒体播放工具播放声音文件、视频文件，如何对声音和视频信息进行简单的处理等等，这些操作为我们使用计算机增添了许多乐趣，使计算机的使用过程不再处于一种枯燥、沉闷的尴尬境地。

习题与思考

1. 什么是多媒体和多媒体技术？
2. 什么是多媒体系统？
3. 多媒体的基本特征是什么？
4. 简述多媒体技术的应用。
5. Windows 有哪些多媒体功能？如何在 Windows 中播放声音、视频文件？
6. 如何在 Windows 中对声音、视频文件进行编辑处理？

第 2 章

多媒体计算机系统

本章要点：
- 多媒体计算机系统硬件。
- 多媒体计算机系统软件。
- 多媒体计算机体系结构。

本章主要讨论多媒体计算机系统的硬件、软件以及多媒体计算机系统的体系结构。重点是学会 CD-ROM 光盘信息的读取、扫描仪和数码相机的使用，了解多媒体计算机系统软件的种类和多媒体计算机的性能，对多媒体计算机体系结构有一个初步的认识，为后续章节的学习打好基础。

2.1 多媒体计算机系统硬件

提到多媒体设备，马上使人想到声卡和光盘驱动器。多媒体设备包括所有可以处理多媒体数据的设备，例如，多媒体数据的输入、编辑、输出、存储等设备。可以说，能解决任何特定多媒体问题的外围设备都是多媒体硬件设备，例如作为多媒体设备的声卡和光盘驱动器，声卡解决了声音的输入和输出问题，而光盘驱动器实现了大量多媒体数据的存储问题。

多媒体计算机系统的构成通常有两种途径：一是直接设计和实现多媒体计算机系统；二是在已有的计算机基础上通过增加多媒体设备而扩展成为多媒体计算机系统。目前，市场上出售的微型计算机多为多媒体计算机。通常多媒体计算机系统由多媒体硬件系统、多媒体操作系统、多媒体创作工具和多媒体应用系统 4 部分组成。

2.1.1 多媒体系统硬件

由计算机传统硬件设备、光盘存储器、音频输入／输出和处理设备、视频输入／输出和处理设备、多媒体通信传输设备等有选择性地组合起来，可以构成一个多媒体硬件系统。图 2-1 所示是多媒体计算机系统，包括主机、显示器、键盘、音箱、话筒等设备。与传统的计算机相比，其最特殊的是根据多媒体技术标准而研制生产的多媒体信息处理器、板卡和光驱等。

图 2-1 多媒体计算机

● IC 类：音频／视频芯片组、视频压缩／还原芯片组、数字／模拟转换芯片、数字信号处理器 (DSP)、网络接口芯片、图形图像控制芯片等。

● 板卡类：音频处理卡、文－语转换卡、视频处理卡、视频采集／播放卡、图形显示卡、图形加速卡、VGA/TV 转换卡、视频压缩／解码卡 (MPEG 卡、JPEG 卡)、光盘接口卡、小型计算机系统接口 (SCSI)、光纤连接接口 (FDDI) 等。

● 外设类：摄像机／录放像机、数字照相机／头盔显示器、扫描仪、激光打印机、液晶显示器／显示终端机、光盘驱动器／光盘刻录机、光笔／鼠标／传感器／触摸屏、话筒／扬声器、可视电话机等。

2.1.2 光盘驱动器与光盘

光盘存储器由光盘驱动器和光盘组成，它可以存储声、文、图等多媒体信息。光盘驱动器是读取光盘中信息的设备。

光盘驱动器在多媒体领域里扮演着重要角色，它为大规模数据的存储提供了可能。光盘的出现，丰富了多媒体的应用领域，使多媒体产品以光盘的形式进入千家万户。例如，电子出版物就得益于光盘。图 2-2 所示是光盘驱动器和光盘。

图 2-2　光盘驱动器和光盘

光盘存储器，或称 CD-ROM (compact disc-read only memory)，是由音频光盘发展而来的一种小型只读存储器。它存储的数据可以是文字、声音、图像、图形和动画等。目前它已成为多媒体计算机的重要组成部分。

1. CD-ROM 的特点

CD-ROM 具有其他可擦除存储设备所不具备的许多特点。

(1) 标准化

正如标准化是音频 CD 得到普及的根本原因，CD-ROM 也是如此。目前任何厂家生产的 CD-ROM 都可以通过任何光盘驱动器读取。

(2) 存储容量大

一张 8 cm 的 CD-ROM 容量可达 200 MB。而一张 12 cm 的 CD-ROM 容量可达 680 MB，相当于 470 多张软盘。因为 CD-ROM 容量巨大，除了最初用于电子出版物外，现在越来越多地把它作为发行软件的工具。

(3) 只读属性

软盘、硬盘等存储设备都是可读可写的，既可以从中读出数据，也可以往里面存入数据。而 CD-ROM 一般是只读的，即只能读出数据，不能写入数据，除非用光盘刻录机。因此，CD-ROM 和驱动器不易受损。因为 CD-ROM 是只读的，CD-ROM 不受病毒的干扰，存入光盘的信息能保存 60 ~ 100 年之久。

(4) 交叉平台兼容性

不仅 PC 上可以访问 CD-ROM 格式存放的数据，而且借助于 SCSI 接口，Macintosh、Sun、DEC 等其他计算机系统也可访问以 CD-ROM 格式存放的数据。

（5）快速的检索方法

在计算机上查询所需要的信息远远快于从书架上或一堆资料中寻觅所需要的信息，并可检索相关信息，大大提高了信息的获取速度。

（6）多种媒体融合

可以同时存储文本、图形、图像、声音等媒体，做到图、文、音、像并茂，既增加了读者的阅读兴趣，还易于将信息按相关性进行组织并给读者以提示。

（7）价格低廉

目前市场上光盘的价格呈不断下降的趋势。存储在 CD-ROM 上的应用软件、百科全书和游戏比比皆是。CD-ROM 的复制成本大大降低，每张 CD-ROM 只要 2～3 元甚至更低的价格，与磁带、软盘和硬盘相比，CD-ROM 是目前最便宜的计算机数据存储介质。随着多媒体技术的不断发展，光盘驱动器已成为 PC 的一个标准配件。

2. 光盘驱动器分类

根据光盘驱动器连接的形式不同，光盘驱动器可以分为两类：内置式光盘驱动器和外置式光盘驱动器。

内置式光盘驱动器安装在计算机机箱内部，就像软盘驱动器一样，并且以排线与计算机系统相连接。

外置式光盘驱动器安装在计算机机箱外部，需要使用专用接口与计算机相连。

光盘驱动器的面板上通常设计一个"紧急退出"按钮，一旦计算机发生断电，或者转盘卡住时，可以按下此按钮，取出光盘。

早期的光盘驱动器需要安装驱动程序。目前，在 Windows 操作系统中，不必安装驱动程序，即可直接使用。

2.1.3 音频卡

音频卡也称声卡，是处理和播放多媒体声音的关键部件，它插入主板扩展槽中与主机相连。卡上的输入 / 输出接口可以和相应的输入 / 输出设备相连。常见的输入设备是话筒、收录机和电子乐器等，常见的输出设备是扬声器和音响设备等。音频卡从声源获取声音后，进行模数转换或压缩等处理，然后存入计算机中进行处理。音频卡还可以把经过计算机处理的数字化声音通过解压缩、数模转换后，送到输出设备播放或录制。音频卡可以支持语音和音乐等音频录制或播放，同时它还提供 MIDI 接口，以便连接电子乐器。

2.1.4 视频卡

视频卡通过插入主板扩展槽中与主机相连。通过卡上的输入 / 输出接口可以与录像机、摄像机、影碟机和电视机等连接，使之能采集来自这些设备的模拟信号，并以数字化的形式存入计算机中进行编辑或处理，也可以在计算机中重新播放。通常在视频卡中固化了视频信号采集的压缩 / 解压缩模块。视频卡的种类很多，功能各异，这里简单介绍电视转换卡。

电视转换卡分为电视编码卡和视频信号解码卡。电视编码卡的功能是把计算机显示器的

VGA 信号转换为标准视频信号,在电视机上观看计算机显示器上的画面,或把它通过录像机录制到录像带上,其输出方式有 PAL 和 NTSC 两种制式。选择电视编码卡时,应注意它的分辨率,分辨率越高越好。

视频信号解码卡用来接收 VHF 或 UHF 信号并转换成视频信号,在计算机的显示器上显示出来,同时伴有声音。其作用是可以把电视信息保存到计算机中。当然,此时计算机显示器上显示的图像质量是不可能高于电视的。

电视转换卡种类繁多,选择时,应仔细比较各种电视转换卡的性能指标,注意其采用的技术,对一些性能指标一定要在计算机上进行实际的检测。

2.1.5 触摸屏技术

多媒体技术希望达到的一项重要目标就是用户界面的友好性,从而使用户能方便地使用多媒体应用系统。一般来说,计算机的输入设备是键盘和鼠标,使用时需要输入一些命令和移动鼠标,为了改进这种输入方式的不便性,触摸屏应运而生。使用触摸屏,用户只要用手点按屏幕上的按钮或菜单,就可以完成所需的操作。目前,触摸屏技术日趋成熟,其应用非常广泛,如商场、宾馆、邮局、机场、车站等多媒体信息查询系统以及计算机辅助教学系统等。图2-3 (a)所示是银行广泛使用的排队取号机,图2-3 (b)所示是在医院常见的触摸屏信息查询系统。

(a) (b)

图 2-3 触摸屏

根据触摸屏所采用的技术,可以将其分为电阻式触摸屏、电容式触摸屏、红外线式触摸屏和表面声波式触摸屏等。

在选择触摸屏时,不仅要考虑触摸屏所采用的技术,还要考虑以下几个方面的因素。

(1)连接接口

触摸屏与计算机的通信接口一般是通过串行接口或是增加一块接口卡来实现的。现在的多媒体应用程序大多用鼠标来操作,所以触摸屏通常也提供模拟鼠标驱动程序,应用程序一般不需要修改就可以直接在触摸屏环境下使用。

（2）触摸屏的分辨率

触摸屏的分辨率与屏幕感测所使用的电压测量器有很大的关系，采用位数较高的模数转换器，可以获得比较灵敏的分辨率，而通常要求模数转换器的可测量点数必须大于屏幕显示点数的两倍。

（3）线性度与视差

触摸屏的感应点有时与显示点之间有点差距，这通常是由于感应材料的不均匀、非线性和采样数的变化引起的。如果误差不大，可以通过系统自身的校正措施来弥补。若误差较大，系统自身校正就不可靠，用户操作起来就经常出现无反应或错误动作。所以在选择触摸屏时，必须注意它的线性度。

（4）透光性

在屏幕上加上触摸屏后，屏幕的亮度和清晰度会受到一定的影响，所以选择触摸屏时，应当注意其透光性是否良好，从不同的角度观看屏幕时，是否有较高的清晰度。

2.1.6 其他多媒体设备

除了前面介绍的多媒体硬件设备外，在开发多媒体应用系统时，常常还借助于其他专用工具来辅助工作，这些工具主要用于不同形式的多媒体信息的输入和输出。

1. 扫描仪

多媒体应用系统所使用的图形包括照片、图像、表格、文字等，可以来自一些素材光盘，或是利用图形图像工具绘制，但比较方便的方法是利用扫描仪（如图 2-4 所示）将这些图像数字化后输入计算机。

扫描仪将图像的色调和颜色转换成电子信息形式的数据，即用二进制表示这些数据，从而对应一个特别的颜色和灰度，然后利用这些数据绘制出一幅图像来。

选择扫描仪时，首先要考虑的是选择黑白还是彩色扫描仪。由于扫描仪技术发展很快，而多媒体

图 2-4　扫描仪

应用系统的图像多是彩色的，一般选择彩色扫描仪。其次是扫描仪的分辨率。扫描仪的分辨率以 dpi（dots per inch）为测量单位，一般的扫描仪达到 600 dpi 或 1 200 dpi。用户不必盲目追求高分辨率，因为多媒体应用系统只是在计算机上使用，对计算机屏幕而言，300 dpi 已经足够了。

扫描仪和计算机的接口有两种：并行接口和 USB 接口。

使用扫描仪时，首先将扫描仪信号线连接到计算机的并行接口或 USB 接口上，并且接通电源。然后安装扫描仪的驱动程序，其具体操作步骤如下：

① 打开计算机和扫描仪电源开关。

② 启动 Windows 操作系统，打开"控制面板"，单击"添加 / 删除硬件"图标，系统将自动完成新设备的检测。

③ 按照屏幕提示，完成驱动程序的安装。

④ 安装扫描软件。

软件安装完毕，Windows 的"程序"菜单中将出现扫描软件的图标。这样就可以将文字和图像信息经扫描仪扫描和识别后送入计算机，从而成为计算机可以处理的数字信息。

2. 数码相机

数码相机是近年来迅速发展的多媒体信息输入设备，它可以把用户拍摄的照片直接输入计算机。数码相机把影像直接转换为数字数据，存储在存储卡上。

有些数码相机与普通相机外形非常相似，有些则小巧玲珑得多。图 2-5 所示是一台数码相机。

数码相机可以分为面 CCD 型和扫描线 CCD 型。面 CCD 型数码相机使用的 CCD 芯片感光区为一矩形平面，长宽比为 3:2。由于 CCD 芯片感光区为一个矩形平面，捕获影像时可一次曝光完成，可以像胶卷一样通过瞬间的曝光记录整幅画面，具有拍摄速度快的特点，如对拍摄活动景物无任何特殊要求，可

图 2-5 数码相机

使用普通闪光灯照明。扫描线 CCD 型数码相机中使用的 CCD 芯片长而窄，将对光线敏感的微小单元均匀地排列成一列，工作时是一行一行地拍摄景物，靠 CCD 跨越影像平面扫描来获得大的影像区。采用扫描线 CCD 数码相机分辨率高，但由于存在扫描过程，分辨率越高，需要曝光的时间越长，导致这类相机无法拍摄活动的景物。

按照结构的不同，数码相机可以分为数字单镜头反光式相机、数字轻便相机等类型。数字单镜头反光式相机通常是在已有的 35 mm 相机的机身上加上 CCD 等相关部件，它不仅保留了 35 mm 单镜头反光相机上绝大多数的功能，原相机的镜头也依然可用，而且曝光、调焦等操作也大同小异。数字单镜头反光相机具有镜头可卸可换、功能多、自动化程度高等特点，但是价格高。

选购数码相机时，应考虑以下性能指标。

(1) 分辨率

数码相机分辨率的高低决定了所拍摄的影像最终打印画面的清晰度，或在计算机显示器上显示画面的清晰度，这是选购数码相机时要考虑的首要指标。

数码相机分辨率的高低，取决于相机中 CCD 芯片像素的多少，像素越多，分辨率越高。就同类数码相机而言，分辨率越高，相机的档次越高，但高分辨率的相机生成的数据文件很大，对加工、处理相片的速度、内存和硬盘的容量以及相应的软件有很高的要求。

(2) 彩色深度

彩色深度又叫色彩位数，用来表示数码相机的色彩分辨能力。红、绿、蓝 3 种颜色为 n 位的数码相机，总的色彩位数为 $3n$，可以分辨的颜色总数为 $2^n \times 2^n \times 2^n$，即为 2 的 $3n$ 次方。如一个 8 位的数码相机可以得到总数为 16 777 216 种颜色。数码相机的色彩位数的增加意味着可捕捉的细节数量也会增加。

(3) 连拍速度

数码相机拍摄要经过"光信号 – 模拟电信号 – 数字电信号 – 记录于存储介质上"的过程，转换、记录都花费时间，尤其是记录花费时间较多，导致所有数码相机的连拍速度都不是很快。

(4) 存储介质种类及存储能力

数码相机拍摄得到的数字文件，首先通过数码相机中的驱动器存储在各种存储介质上。数

码相机用的存储介质有内置式和可移动式两大类。内置存储介质与数码相机固化在一起,它的优点是一旦有了数码相机就可以拍摄,而不需要另配存储装置。不足之处是一旦存储介质装满信息后,必须输入计算机以腾出空间才能继续拍摄。可移动存储介质是随时可装入数码相机或取出的存储介质,存满后可以随时更换,就像更换计算机的软盘一样方便,这样就可以拍摄大量相片。

(5) 可否压缩存储

目前数码相机使用的存储介质价格比较昂贵,因而人们就希望在存储容量一定的存储介质上能存储更多的影像文件,所以就有压缩存储方式数码相机诞生。具有压缩存储方式的数码相机,可以使人们在存储影像时具有更大的灵活性,但对压缩的期望值不能太高,因为数码相机采用的压缩大多是 JPEG 方式,压缩效果并不十分理想。

(6) 信号的输出形式

选择数码相机时,在信号的输出形式上首先要考虑的是与计算机的接口。目前,绝大多数数码相机都采用 USB 接口或 IEEE 1394 接口与计算机相连。部分数码相机还有视频输出口。

下面以脱机型数码相机为例,说明如何将数码相机中的照片输入计算机。

数码相机与计算机的连接非常简单,只要将数码相机的信号输出端口,通过其附带的专用数据线连接到计算机的相应接口上即可。将数码相机的信号送入计算机前,首先要在计算机中安装相应的软件。下面以 Philips 数码相机为例,说明软件的安装过程。其他型号的数码相机软件安装可参见随机附带的使用手册。具体步骤如下:

① 打开计算机电源开关,启动 Windows 操作系统。

② 将存有 Philips PhotoStudio Lite 软件的 CD-ROM 放入计算机的光盘驱动器中。

③ 单击"开始"按钮,在"开始"菜单中单击"运行"命令,屏幕上弹出"运行"对话框。

④ 单击"浏览"按钮,从 CD-ROM 中选择 install 文件,单击"打开"按钮,随后根据屏幕提示进行相应操作,即可完成软件的安装。

软件安装完毕,即可以将用数码相机拍摄的数字照片输入计算机中。具体的操作方法可参照数码相机的使用说明书。

3. 多媒体投影仪

多媒体应用系统的播放设备,除了常用计算机设备外,在公众播放环境中还常采用多媒体投影仪的方式。常用的多媒体投影仪有 3 种:阴极射线管投影仪、液晶投影仪和数字投影仪。它们都可以方便地与计算机相连,并且分辨率已达到相当高的程度。阴极射线管投影仪亮度高,使用寿命长,色彩逼真;液晶投影仪亮度高,对图像和视频显示效果好,色彩鲜艳,其亮度会随着使用时间的增加而暗淡;数字投影仪显示文字清晰,但对图像和视频信息的显示不如阴极射线管投影仪和液晶投影仪。图 2-6 所示是两款投影仪。

图 2-6 投影仪

衡量多媒体投影仪的性能指标有以下几个。

- 光通量：单位为流明(lm)。如果在常光下使用投影仪，一般要求多媒体投影仪的光通量在2 500 流明以上。流明数越大，价格越高。
- 分辨率：同显示器分辨率的概念。例如，640×480 像素、800×600 像素、1 024×768 像素，目前，比较常用的是 800×600 像素和 1 024×768 像素。分辨率越高，价格越高。
- 颜色：支持的颜色范围，如 1 670 万种。
- 对比度率：如 100:1。
- 投影图像的大小：一般以图像的对角线为单位。应当注意投影大小所对应的投影距离。
- 支持的显示模式：如 VGA、VESA 和 Macintosh 机等。
- 视频制式：如 NTSC、PAL 和 SECAM。

此外，还有音频和视频接口标准、灯泡类型和寿命、功耗和使用环境温度等。

2.2 多媒体计算机系统软件

多媒体软件不仅种类繁多，而且几乎综合了利用计算机处理各种媒体数据的最新技术。如数据压缩、数据采样、二维/三维动画、视频数据编辑、声音数据加工等，并能灵活地综合多媒体数据，使各种媒体协调一致地工作，实际上多媒体软件是多媒体技术的灵魂。

1. 多媒体软件的分类

类似于普通的计算机系统，多媒体系统也可以看成一个层次结构体系，多媒体系统的中心是CPU 和存储器，从中心向外依次是支持多媒体数据处理的操作系统、视频卡、屏幕、声卡和扬声器。如果加上多媒体材料加工和编辑软件，就可以进行多媒体素材的制作；加上多媒体综合和集成软件，可以进行多媒体应用系统的创作。如果再有播放系统，多媒体的应用软件就能够进行不同程度的公开演播。

多媒体技术所涉及的各种媒体，都要求处理大量的数据，所以，多媒体软件的主要任务是让用户方便、有效地组织和管理多媒体数据。多媒体软件的特点是：运行在支持多媒体技术的操作系统上；具有高度综合性，能处理各种媒体信息；具有良好的交互性，使用户能随意控制软件及媒体。

一般可以根据功能将多媒体软件分成四类。

(1) 支持多媒体信息加工和演播的操作系统

Microsoft Windows 系列操作系统是最常用的多媒体操作系统，具有多任务处理能力，使用图形用户界面，而且还具有动态链接库和动态数据交换等功能，特别是提供了多媒体数据的直接支持，如声音文件的录制和播放、视频文件的播放以及对象连接嵌入等。

(2) 多媒体加工软件

这是最丰富的多媒体软件，包括以下几种。

- 多媒体材料采集软件：如声音的录制、活动影像的截取、各种图形的扫描输入等。
- 多媒体材料的编辑软件：如声音的加工、活动影像的编辑、图形的艺术加工、文字的特技效果加工等。

- 多媒体材料的生成软件：用于建立媒体模型、产生媒体数据，例如，Macromedia 公司的 Extreme 3D，为三维图形视觉空间的设计和创作，提供了包括建模、动画、渲染以及后期制作，直至专业级视频制作等功能。

随着多媒体技术的发展，许多多媒体软件已经将上述 3 个部分集成在一起，构成一种功能强大的集成化多媒体材料加工软件。

(3) 多媒体材料集成软件

多媒体材料集成软件也称为多媒体应用系统创作软件。它的功能是把已经加工好的各种各样的多媒体材料集成在一个应用系统中，也就是对文本、图形、图像、动画、视频和音频等多媒体信息进行控制和管理，并把它们按要求连接成完整的多媒体应用系统。通常按照时间、空间的顺序或其他顺序，结构化地组织和连接起来，以形成最终的多媒体应用系统。

多媒体材料集成软件通常分成 3 类。

- 基于程序语言：这类软件是指某种高级语言。这种语言必须支持多媒体数据的表现。目前广受开发者欢迎的是 Visual Basic，也可采用 C++ 语言。这类工具的特点是具有相当大的灵活性，开发者可以有很大的自由度来发挥自己的才干。
- 基于流程图：这类软件要求用户表达出多媒体系统要演播的思路，然后由系统自动生成可执行代码。这种思路的表达是通过流程来实现的。换句话说，只要用户在软件提供的环境下，清楚地表达多媒体材料出场的先后顺序，就像绘制流程图一样，有顺序执行、循环执行和分支执行等各种情况，一个多媒体应用系统就创作完成了。这类软件非常受用户欢迎，而且开发周期短，易学易用。如 Authorware、Icon Author，使用流程图来安排节目，每个流程图由许多图标组成，这些图标扮演脚本命令的角色，并与一个对话框对应，在对话框中输入相应内容即可。
- 基于时间：这类开发工具的思路是按照时间顺序安排多媒体材料的出现，非常适合用来开发简报系统，如 Action 和 Director。尤其是 Director，其创作多媒体应用系统的方法是模仿拍电影的过程，开发者可以安排角色、考虑角色如何出场和退场、如何表演、表演的时间有多长等。

(4) 多媒体应用软件

多媒体应用软件是由各种应用领域的专家或开发人员利用计算机语言或多媒体创作工具制作的最终多媒体产品。它实现某个特定的应用目标，是直接面向用户的。如多媒体监控系统、多媒体 CAI 软件、多媒体彩印系统等。

除了上述面向终端用户而定制应用软件外，另一类是面向某一领域的用户应用软件系统，这是面向大规模用户的系统产品，例如，多媒体会议系统、视频点播（VOD）服务等。医疗、家庭、军事及工业等已成为多媒体应用的重要领域，多领域应用的特点和需求，推动了多媒体应用软件的研究和发展。

2. 文字编辑软件

在多媒体系统中，文字仍然是主要的信息媒体。文字编辑软件主要用来进行文本的编辑、排版等操作，为多媒体系统提供必要的文字信息。同时，许多文字编辑软件允许在编辑的文本中插入声音、图形、图像等，从而为用户提供精彩的版面和悦耳的声音。常用的文字编辑软件有 Word、WPS 等。

Word 是用来进行文字处理的软件。它工作于 Windows 环境下，采用人机对话方式，鼠标操作,方便用户。它具有制表功能和绘画功能,能将图形不同部分分别着色,修改非常方便。对编辑的文档可以设定不同格式来满足不同用户的需求。图 2-7 所示是利用 Word 制作的具有图像和文字的页面。

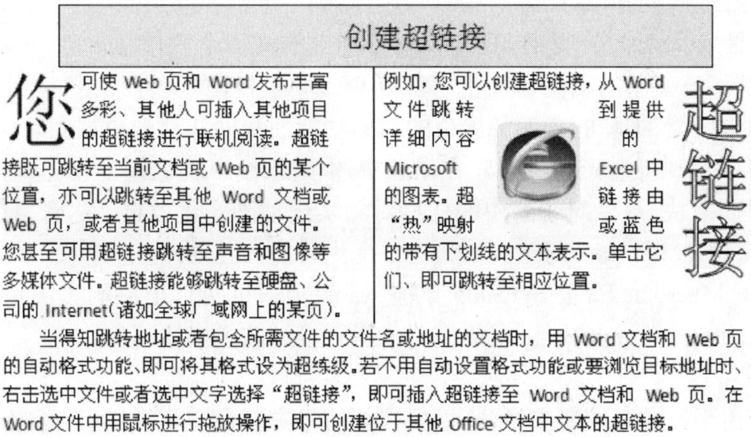

创建超链接

您 可使 Web 页和 Word 发布丰富多彩、其他人可插入其他项目的超链接进行联机阅读。超链接既可跳转至当前文档或 Web 页的某个位置,亦可以跳转至其他 Word 文档或 Web 页,或者其他项目中创建的文件。您甚至可用超链接跳转至声音和图像等多媒体文件。超链接能够跳转至硬盘、公司的 Internet(诸如全球广域网上的某页)。

例如,您可以创建超链接,从 Word 文件跳转到提供详细内容的 Microsoft 的图表。超"热"映射或蓝色的带有下划线的文本表示。单击它们,即可跳转至相应位置。 超链接 Excel 中链接由

当得知跳转地址或者包含所需文件的文件名或地址的文档时,用 Word 文档和 Web 页的自动格式功能、即可将其格式设为超链级。若不用自动设置格式功能或要浏览目标地址时、右击选中文件或者选中文字选择"超链接",即可插入超链接至 Word 文档和 Web 页。在 Word 文件中用鼠标进行拖放操作,即可创建位于其他 Office 文档中文本的超链接。

图 2-7 图文并茂

3. 绘画和作图软件

绘画和作图软件可以用来绘制各种图形,作为多媒体计算机系统的基本素材,这些图形是非常有用的。著名的绘图软件 AutoCAD 在建筑、机械等行业得到极其广泛的应用。

4. 图像处理软件

图像处理软件主要用来对图像进行加工。在众多的图像处理软件中,Adobe Photoshop 以其完备的图像处理功能和多种美术处理技巧为许多专业人士所青睐。Adobe Photoshop 有神奇的力量,它可以让几乎褪色的照片焕然一新,让巴黎的埃菲尔铁塔矗立在埃及的金字塔旁,让鱼儿在空中飞翔……在这里虚幻与现实融为一体。这样一个软件导致了出版行业的革命,其影响波及摄影、电影、广告、多媒体出版、网络等行业。Photoshop 的特色之一是其出色的画笔功能,不仅具有传统的各种画笔(如毛笔、铅笔、喷笔等),还能根据自己的需要制作各种形状的笔尖,创作不同风格的作品。特色之二是多样的滤镜,如同专业摄影暗房一样,能够制作出多种图像特技效果。特色之三是分层处理,作者可以在不同图层上进行绘画或图像处理,完成的作品饱满丰富、变化多端,令人目不暇接。图 2-8 所示是 Photoshop 处理的图像,非常清晰、逼真。

CorelDRAW 是一个集作图、图像处理、动画编辑及桌面出版等功能为一体的功能强大的套装软件包。它包括以 CorelDRAW 为主的多个功能各异又相辅相成的绘图软件,用于绘制矢量图形时得心应手,是其他图形软件难以比拟的,在印刷、广告行业应用十分广泛。目前,CorelDRAW 已经融合了三维造型、渲染等功能,其综合性能更加完备。

5. 动画制作软件

动画制作软件是将一系列画面连续显示达到动画效果的软件。动画制作的基本原理是由软件提供的各类工具产生关键帧,安排显示的

图 2-8 Photoshop 图像

顺序和效果,再组合成动画。根据动画是平面效果还是立体效果,动画制作软件可分为二维和三维动画制作软件。

3D Studio 是一个广为国内用户熟悉和喜爱的三维动画制作软件,由美国 Autodesk 公司推出,是一种集图像处理、动画设计、音乐编辑与合成、脚本编辑和动画播出于一体的二维动画制作软件。3ds Max 是 Autodesk 公司继 3D Studio 后推出的又一个软件包。除了保留 3D Studio 的全部功能外,增加了一些新的功能和特色。它与 Windows NT 的界面风格完全一致,为用户提供一个一体化的制作环境,细腻的画面和出色的渲染功能使画面和动画更加生动,引人注目。丰富的材质编辑器可以实现折射光和反射光在动画中逐帧变化,从而获得非常丰富的表现效果。通过调整动画的时间滑块,可以对场景中的任意对象实现动画变化效果。尽管目前各种类型的三维软件层出不穷,但是 3ds Max 仍然被认为是一个优秀的三维软件。

Flash 是美国 Macromedia 公司(2005 年被 Adobe 公司收购)出品的集矢量图形编辑、动画创作和交互设计为一体的专业软件,主要应用于网页设计和多媒体创作。

6. 视频处理软件

对多媒体应用系统的开发者来说,将模拟视频信号进行数字化采样后,还应对视频文件进行编辑或加工,然后才能在多媒体应用系统中使用。因此,视频处理是多媒体应用系统创作中不可缺少的环节。常用的视频处理软件有 Premiere、Video for Windows 和 Digital Video Producer 等。

Premiere 是 Adobe 公司推出的一种专业化数字视频处理软件。它可以配合多种硬件进行视频捕获和输出,提供各种精确的视频编辑工具,产生高质量的视频文件。它可以为多媒体应用系统增添高水平的创意。例如,设计画面特技效果。传统的视频编辑采用模拟方式,而 Adobe Premiere 则利用数字方式对视频信息进行编辑处理,制作出具有多种视觉效果的视频文件。

7. 多媒体集成软件

多媒体集成软件主要用来对文本、图形、图像、动画、视频和音频等多媒体信息进行控制和管理,并把它们按要求连接成完整的多媒体应用系统,如 Authorware、Icon Author 等。

2.3　多媒体计算机体系结构

多媒体技术是一种发展迅速的综合性电子信息技术,它给传统的计算机系统、音频和视频设备带来了方向性的变革,对大众传媒产生了深远的影响。多媒体系统是一种软硬件结合的复杂系统。

多媒体计算机系统采用层次结构,如图 2-9 所示。主要包括:应用系统、创作系统、多媒体核心系统、多媒体输入/输出控制接口、多媒体实时压缩和解压缩、计算机硬件等。

应用系统是用户与多媒体应用系统的接口。采用交互式界面控制形式将用户命令转换成相应的媒体控制信息。

创作系统主要涉及多媒体系统的开发、编辑、命令解释和媒体播放等功能,将用户命令转换成系统控制信息。

应用系统
创作系统
多媒体核心系统
多媒体输入/输出控制接口
多媒体实时压缩和解压缩
计算机硬件

图 2-9　多媒体计算机系统的层次结构

多媒体核心系统主要是支持对运动图像和静止图像的处理和显示,为语音和视频数据提供实时同步任务调度,支持标准化的桌面计算机运行环境,从而减小主机 CPU 的开销,适应多种环境下的运行,以期达到与硬件和操作系统的无关性。

多媒体输入 / 输出控制接口实现对多媒体输入 / 输出设备的接口控制,是多媒体硬件和高层软件之间的桥梁,它直接作用于硬件,对其进行驱动、控制等操作。

多媒体实时压缩和解压缩主要是指为计算机附属硬件提供包括视频和音频在内的实时压缩和解压缩、音频信号 I/O 接口,再配以视频信号接口及光盘和光盘驱动器。

计算机硬件是指多媒体计算机中的硬件设备,包括 CPU、内存、硬盘、显示卡及显示器等计算机必备的硬件设备。

本 章 小 结

通过本章学习,已经了解了多媒体计算机系统的体系结构,学会了如何从 CD-ROM 光盘中读取信息。通过扫描仪,可以将各种纸介质上的文字、图形、图像转换为计算机能够处理的数字信息。数码相机则可以直接将拍摄到的景物以数字形式送入计算机中。这样,就可以将各种类型的信息采集到多媒体计算机中,并通过相应软件,将它们融合在一起,产生更好的视觉效果。

习 题 与 思 考

1. 简述多媒体计算机的硬件组成。
2. 常见的多媒体设备有哪些?各有何功能?
3. 简述多媒体计算机系统软件的分类和功能。
4. 说明多媒体系统的层次结构。

第3章

多媒体信息处理技术

本章要点:
- 多媒体数据的分类及特点。
- 多媒体信息的计算机表示。
- 多媒体数据压缩和编码技术。
- 音频信息处理。
- 视频信息处理。

本章介绍多媒体信息处理技术的基本问题,包括多媒体数据的分类、多媒体信息的计算机表示、多媒体数据压缩和编码技术、音频卡和视频卡的应用。重点是掌握多媒体信息处理技术的基本概念,学会音频卡和视频卡的安装与使用,了解多媒体技术中数据的压缩与编码方法。通过相关实验,掌握获取多媒体素材的一般方法。

3.1 多媒体数据的分类及特点

媒体是承载信息的载体,是信息的表示形式。客观世界有各种各样的信息形式,它们都是自然界和人类社会活动中原始信息的具体描述和表现,信息媒体元素是指多媒体应用中可以显示给用户的媒体组成元素,目前主要包括文本、图形、图像、声音、动画和视频等媒体。

1. 多媒体数据的特点

传统的数据采用编码表示,数据量并不大。而多媒体数据具有数据量巨大、数据类型多、数据类型间差别大、数据输入和输出复杂等特点。例如,一幅 640×480 像素、256 种颜色的彩色照片,需要 0.3 MB 的存储空间;CD 双声道的声音,需要 1.4 MB 的存储空间。多媒体数据类型多,包括图形、图像、声音、文本和动画等多种形式,即使同属于图像一类,也还有黑白、彩色、高分辨率和低分辨率之分。由于不同类型的媒体内容和格式不同,其占用的存储空间、信息组织方法等方面都有很大的差异。因此,多媒体数据在计算机中的表示是一项很复杂的工作。

2. 多媒体数据的分类

(1) 文字

现实世界中,文字是人们通信的主要方式。在计算机中,文字是人与计算机之间信息交换的主要媒体。文字用二进制编码表示,也就是使用不同的二进制编码来代表不同的文字。在计算机发展的早期,比较流行的终端一般为字符界面,在屏幕上显示的都是文字信息。由于人们在现实生活中不局限于用文字进行交流,所以出现了图形、图像、声音等媒体,这样也就相应地出现了多种终端设备。

　　文本是各种文字的集合。它是用得最多的一种符号媒体形式,是人和计算机交互作用的主要形式。

　　文本数据可以在文本编辑软件里制作,如 Word 编写的文本文件大多可以直接应用到多媒体应用系统中。但多媒体文本大多直接在制作图形软件或多媒体编辑软件时一起制作。

　　相对于图像而言,文本媒体的数据量要小得多。它不像图像那样记录特定区域中的所有的信息,而只是按需要抽象出事物中最本质的特征加以表示。

　　(2) 音频

　　音频泛指声音,除语音、音乐外,还包括各种音响效果。将音频信号集成到多媒体中,可提供其他任何媒体不能取代的效果,从而烘托气氛、增加活力。

　　音频通常被作为"音频信号"或"声音"的同义语,如波形声音、语音和音乐等,它们都属于听觉媒体,其频率范围在 20 Hz ～ 20 kHz 之间。

　　波形声音包含了所有的声音形式。任何声音信号,包括话筒、磁带录音、无线电和电视广播、光盘等各种声源所产生的声音,都要首先对其进行模数转换,然后再恢复出来。

　　人的声音不仅是一种波形,而且还有语言和语音学的内涵,可以利用特殊的方法进行抽取,通常语音也作为一种媒体。

　　音乐是符号化了的声音。这种符号就是乐谱,乐谱是转化为符号媒体的声音。MIDI 是十分规范的一种形式。

　　声音数据具有很强的前后相关性,数据量大,实时性强。声音有两种类型:一类是直接获取的声音,一类是合成声音。

　　(3) 图形、图像

　　一般地说,凡是能被人类视觉系统所感知的信息形式或人们心目中的有形想象都称为图像。事实上,无论是图形,还是文字、视频等,最终都以图像的形式出现,但是由于在计算机中对它们分别有不同的表示、处理及显示方法,一般把它们看成不同的媒体形式。

　　图像文件以位图形式保存。位图图像是一种最基本的形式。位图是在空间和亮度上已经离散化的图像,可以把一幅位图图像看成一个矩阵,矩阵中的任一元素对应于图像的一个点,而相应的值对应于该点的灰度等级。

　　图形是指从点、线、面到三维空间的黑白或彩色几何图形,也称向量图。图形是一种抽象化的图像,是对图像依据某个标准进行分析而产生的结果。

　　向量图形文件则用向量代表图中的文件。以直线为例,在向量图中,有一数据说明该图形为直线,另外有些数据注明该直线的起始坐标及其方向、长度或终止坐标。

　　图形文件保存的不是像素点的值,而是一组描述点、线、面等几何图形的大小、形状、位置、维数等其他属性的指令集合,通过读取指令可以将其转换为屏幕上显示的图形。由于大多数情况下不需要对图形上的每一个点进行量化保存,所以,图形文件比图像文件数据量小很多。

　　(4) 动画

　　图像或图形都是静止的。由于人眼的视觉暂留作用,在亮度信号消失后亮度感觉仍可保持 1/20 ～ 1/10 s。利用人眼的这种视觉暂留特性,在时间轴上,每隔一段时间在屏幕上展现一幅有上下关联的图像或图形,就形成了动态图像。任何动态图像都是由多幅连续的图像序列构成的,序列中的每幅图像称为一帧,如果每帧图像是由人工或计算机生成的图形,称为动画;若每帧图像是由计算机产生的具有真实感的图像,称为三维真实感动画;当图像是实时获取的自然景物图像时,就称为动态影像视频,简称视频。

用计算机制作动画的方法有两种:一种称为造型动画,另一种称为逐帧动画。逐帧动画由一幅幅连续的画面组成图像或图形序列,是产生各种动画的基本方法。造型动画则是对每一个活动的对象分别进行设计,赋予每个对象一些特征(如形状、大小、颜色等),然后用这些对象组成完整的画面。造型动画每帧由图形、声音、文字、调色板等造型元素组成,用制作表组成的脚本来控制动画每一帧中活动对象的表演和行为。

(5) 视频

影像视频是动态图像的一种。与动画一样,由连续的画面组成,只是画面是自然景物的图像。视频一词源于电视技术,但电视视频是模拟信号,而计算机视频则是数字信号。

计算机视频图像可来自录像带、摄像机等视频信号源,这些视频图像使多媒体应用系统功能更强、更精彩。但由于视频信号的输出一般是标准的全彩色电视信号,所以,在将其输入到计算机之前,先要进行数字化处理,即在规定时间内完成采样、量化、压缩和存储等多项工作。

3.2 多媒体信息的计算机表示

1. 文本文件格式

常用的文本文件的格式有 TXT、RTF 以及 DOC 等。这些都是大家比较熟悉的文件格式。

2. 声音文件格式

常用的声音文件格式有 WAV、MID 和 MP3 等。

(1) WAV 文件

Windows 使用的标准数字音频称为波形文件,文件的扩展名为 .wav,记录了对实际声音进行采样的数据。在适当的硬件及计算机控制下,使用波形文件能够重现各种声音,无论是不规则的噪音还是 CD 音质的音乐,无论是单声道还是立体声。

波形文件的缺点是文件太大,不适合长时间记录。如果应用系统使用 CD 音质的波形文件配音,声音内容应尽可能简洁。

通过 Windows 的对象链接与嵌入(OLE)技术,可以将波形文件嵌入其他 Windows 应用系统中。由于波形文件记录的是数字化音频信号,因此,可由计算机对其进行处理和分析,如放慢或加快播放速度,将声音重新组合或抽取一些片段单独处理等。

将 WAV 文件还原成声音的音质取决于声卡的采样位数和采样频率。一般来说,采样样本位数越大,采样频率越高,音质就越好,但波形音频文件也就越大,开销就越大。因此,波形音频一般适用于以下几种场合:

- 播放的声音是讲话语音、音乐效果及对声音的质量要求都不太高的场合。
- 需要从光盘驱动器同时加载声音和其他数据,声音数据的传输不能独占处理时间的场合。
- 需要在硬盘中存储的声音长度在 1 min 以下以及可用存储空间足够的场合。

(2) MIDI 文件

MIDI 是音乐与计算机相结合的产物。MIDI（Music Instrument Digital Interface）是指乐器数字化接口，MIDI 文件的扩展名是 .mid。MIDI 是一种技术规范，它定义了一种把乐器设备连接到计算机所需的电缆接口的标准以及控制 PC 和 MIDI 设备之间信息交换的规则。MIDI 标准是数字音乐的国际标准。把一个 MIDI 设备连接到 PC 的主要目的是记录 MIDI 乐器产生的声音。然后，对记录的音乐进行编辑和后期处理，把它们与其他乐器的录音进行合成，以产生类似管弦乐队演奏效果的音乐。

MIDI 音频是多媒体计算机产生声音的另一种方法，可以满足长时间音乐的需要。

(3) MP3 文件

随着 Internet 的普及，MP3 格式的音乐越来越受到人们的欢迎。MP3 文件是一种压缩格式的声音文件，其扩展名为 .mp3。MP3 文件的特点是音质好、数据量小。

MP3 是一种数据音频压缩标准，全称为 MPEG Layer 3，是 VCD 影像压缩标准 MPEG 的一个组成部分。用该标准制作、存储的音乐称为 MP3 音乐。MP3 可以将高保真的 CD 声音压缩到原来的 1/12，并可保持 CD 出众的音质。MP3 已经成为传播音乐的一种重要形式。

MP3 文件是压缩文件，因此需要相应的 MP3 播放软件将 MP3 文件还原。这些播放软件可以从 Internet 上直接下载。例如，Winamp 可以站点 http://www.winamp.com 下载。

3. 图形、图像文件格式

为了适应不同应用的需要，图像可以以多种格式存储。例如，Windows 中的图像以 BMP 或 DIB 格式存储。另外，还有很多图像文件格式，如 PCX、PIC、GIF、TGA 和 JPG 等。不同格式的图像可以通过工具软件转换。

常见的图像文件的格式有 BMP、PCX、GIF、TIF、JPG、TGA 等。

(1) GIF（Graphic Interchange Format）文件

GIF 文件格式是由 Compu Serve 公司在 1987 年 6 月为制定彩色图像传输协议而开发的。GIF 是一种压缩图像存储格式，压缩比高，文件长度小。GIF 格式是图像交换文件格式，支持黑白、16 色和 256 色的彩色图像。

GIF 能够提供足够的信息并很好地组织这些信息，使得许多不同的输入、输出设备能够方便地交换图像。GIF 格式主要用于不同平台上的图像交流和传输，同时支持静态、动态两种形式，在网页制作中受到普遍欢迎。

(2) BMP（bitmap）文件

BMP 是一种与设备无关的文件格式，它是 Windows 软件推荐使用的一种格式，随着 Windows 的普及，BMP 的应用越来越广泛。

BMP 是标准 Windows 和 OS/2 图像的基本位图格式，Windows 软件的图像资源多数是以 BMP 或与其等价的 DIB 格式存储的。多数图形图像处理软件，特别是在 Windows 环境下运行的软件，都支持这种文件格式。BMP 文件有压缩和非压缩之分，一般作为图像资源使用的 BMP 文件都是非压缩的。BMP 文件格式支持黑白、16 色和 256 色的伪彩色图像以及 RGB 真彩色图像。

Windows 的应用程序"画图"就是以 BMP 格式存取图形文件的。

(3) JPG 文件

JPG 文件格式原来是在 Apple Macintosh 计算机上使用的一种图像格式，近年来在 PC 上十分流行使用 JPG 方法进行图像数据压缩。这种格式的最大特点是文件非常小，而且可以调整压缩比,非常适合处理大量图像的场合。它是一种有损压缩的静态图像文件存储格式,支持灰度图像、RGB 真彩色图像和 CMYK 真彩色图像。JPG 文件显示比较慢,仔细观察图像的边缘可以看到不太明显的失真。

(4) TGA 文件

TGA 图形文件格式是 Truevision 公司为支持 Targe 和 Visa 图像捕获卡而设计的文件格式,Targe 和 Visa 图像捕获卡在 PC 上得到广泛的应用,因此, TGA 图形文件格式的应用也越来越广泛。TGA 图形文件格式结构比较简单,它由描述图形属性的文件头以及描述各点像素值的文件体组成。许多在全色彩的彩色类型下工作的专业图形处理系统常常采用此种格式。

(5) TIF 文件

TIF 格式由 Aldus 公司和 Microsoft 公司合作开发,最初用于扫描仪和桌面出版业,是工业标准格式,支持所有图像类型。TIF 格式的文件分成压缩和非压缩两大类。TIF 格式文件的压缩方法有好几种,而且是可以扩充的,因此要正确读出每一个压缩格式的 TIF 文件是非常困难的。由于非压缩的 TIF 文件具有良好的兼容性,而压缩存储时又有很大的选择余地,所以这种格式是许多图像应用软件所支持的主要文件格式之一。

(6) PCX 文件

PCX 图像文件格式是 ZSoft 公司开发的图像处理软件 PC Paintbrush 的本机文件格式。PCX 文件可以分成 3 类:各种单色的 PCX 文件、不超过 16 种颜色的 PCX 文件和具有 256 色或 16 色的不支持真彩色的图形文件。PCX 文件通常采用压缩编码,读写 PCX 时需要一段编码和解码程序。

PCX 是 PC 上使用最广泛的图像文件格式之一,绝大多数图像编辑软件,如 PhotoStyler、CorelDRAW 等均能处理这种格式。另外,由各种扫描仪扫描得到的图像几乎都能存成 PCX 格式的文件。PCX 文件格式简单,压缩比适中,适合于一般软件的使用,压缩和解压缩的速度都比较快,支持黑白图像、16 色和 256 色的伪彩色图像、灰度图像以及 RGB 真彩色图像。

除了上述几种常用的图像文件格式外,其他格式还有: CorelDRAW 默认图像文件格式(.cdr)、Photoshop 默认图像文件格式(.psd)、CAD 中使用的绘图文件格式(.dxf)、Kodak 数码相机支持的文件格式(.fpx)、Windows 的图元文件格式(.wmf)等。

4. 影像文件格式

影像文件通常泛指自扫描仪或视频卡读入的静态画面(影像)。因为这种影像不像圆、直线、方形、曲线等图形元件那样清楚地被定义,所以,都是以点阵的方式存入文件。换句话说,可以将影像文件视为位图文件。

目前,在动态图像的文件格式中,常用的有 AVI、MOV、MPG 和 DAT 文件等。

(1) AVI 文件格式

Video for Windows 所使用的文件称为音频－视频交错文件(Audio-Video Interleaved),文件扩展名为 .avi。AVI 格式的文件将视频信号和音频信号混合交错地存储在一起,是一种不需要专门硬件就可以实现大量视频压缩的视频文件格式。在各种多媒体演示系统中被广泛应用。

AVI 文件在小窗口范围内演示时(一般不大于 320×240 像素),其效果是令人满意的。因此,大多数的多媒体光盘系统都选用 AVI 作为视频存储格式。Intel 公司为 AVI 的 Indeo 标准提供更高的视频指标。这样, AVI 的视频质量大幅度提高。作为当前 PC 桌面视频标准的 AVI 格式将和 MPEG 标准进行激烈的竞争,而 AVI 和 MPEG 两种标准在竞争中不断发展,会在很长一段时间里并存下来。

AVI 文件采用了 Intel 公司的 Indeo 视频有损压缩技术将视频信息与音频信息交错地存储在同一文件中,较好地解决了音频信息与视频信息同步的问题。在计算机系统未增加硬件的情况下,一般可实现每秒播放 15 帧,同时具有从硬盘或光盘播放,在内存容量有限的计算机上加载和播放以及高压缩比、高视频序列质量等特点。AVI 实际上包括两个工具,一个是视频捕获工具,另一个是视频编辑、播放工具。

AVI 文件使用的压缩方法有好几种,主要使用有损压缩,压缩比高。

(2) MOV 文件格式

MOV 文件格式是 QuickTime for Windows 视频处理软件所选用的视频文件格式,与 AVI 文件格式相同,MOV 文件也采用 Intel 公司的 Indeo 视频有损压缩技术以及视频信息与音频信息混排技术,一般认为,MOV 文件的图像质量较 AVI 格式好。它是 Macintosh 计算机用的视频文件格式。

(3) MPG 文件格式

PC 上的全屏幕活动视频的标准文件为 MPG 格式文件,也称为系统文件或隔行数据流。MPG 文件是使用 MPEG 方法进行压缩的全运动视频图像,在适当的条件下,可在 1 024×768 像素的分辨率下,以每秒 24 帧、每秒 25 帧或每秒 30 帧的速率,播放有 128 000 种颜色的全运动视频图像和同步 CD 音质的伴音。目前许多视频处理软件都支持该格式的视频文件。

(4) DAT 文件格式

DAT 是 Video CD（VCD）或 Karaoke CD（卡拉 OK）数据文件的扩展名,也是基于 MPEG 压缩方法的一种文件格式。当计算机配备视霸卡或软解压程序后,可以利用计算机对该格式的文件进行播放。

(5) DIR 文件格式

DIR 是使用多媒体创作工具 Director 产生的电影文件格式。

5. 动画文件格式

多媒体应用中使用的动画文件主要有 GIF、AVI、SWF 等。

(1) GIF 文件

GIF 文件可保存单帧或多帧图像,支持循环播放。GIF 文件小,是网络唯一支持的动画文件格式,在 Internet 上非常流行。GIF 文件与 JPG 文件的区别在于它支持透明格式,虽然图像压缩比不及 JPG 文件,但是具有更快的传送速度。

(2) SWF 文件

SWF 文件是 Flash 动画文件格式,需要用专门的播放器才能播放,所占内存空间小,在网页上使用广泛。

3.3　音频信息处理

采集声音素材的方法有两类:一类是利用现成的素材或者对现成的素材进行修改后直接使

用;另一类是由用户自己创建。下面来看一些声音文件的采集和制作实例。

Windows 中的"录音机"可以对声音进行录制、混合、播放和编辑等操作,也可以将声音文件链接或插入到另一文档中。

1. 录制和播放声音文件

（1）录音

录音时,计算机必须安装话筒,录制后的声音被保存为波形（.wav）文件。

录音的步骤如下:

① 确保音频输入设备（如话筒）已连接到计算机。

② 在"文件"菜单中,单击"新建"命令。

③ 单击"录音"按钮 ● ,开始录音。

④ 单击"停止"按钮 ▇ ,停止录音。

⑤ 在"文件"菜单中,单击"另存为"命令。

⑥ 在"另存为"对话框中,输入要保存的文件名,单击"保存"按钮,即可得录音文件。

（2）播放声音

如果计算机配有扬声器可以播放、收听声音文件。

播放声音的步骤如下:

① 在"文件"菜单中,单击"打开"命令,定位要播放的声音文件,然后双击该文件。

② 单击"播放"按钮,开始播放声音。

③ 单击"停止"按钮,停止播放声音。

在声音播放过程中,单击"快进"按钮可以移动到声音文件的末尾,而单击"快退"按钮则移动到声音文件的开头。

2. 编辑声音文件

（1）调整声音文件的音量

调整声音文件的音量的步骤如下:

① 在"文件"菜单中,单击"打开"命令,定位要修改的声音文件,然后双击该文件。

② 在"效果"菜单中,单击"加大音量"（如 25%）或者"降低音量"命令。

（2）调整声音文件的质量

调整声音文件的质量的步骤如下:

① 在"文件"菜单中,单击"打开"命令,定位要修改的声音文件,然后双击该文件。

② 在"文件"菜单中,单击"属性"命令,打开"声音的属性"对话框。

③ 在"格式转换"栏下,单击所需的格式。

④ 单击"立即转换"按钮。

⑤ 指定所需的格式和属性,然后单击"确定"按钮。

（3）修改声音文件的格式

修改声音文件的格式的步骤如下:

① 在"文件"菜单中,单击"打开"命令,定位要修改的声音文件,然后双击该文件。

② 在"文件"菜单中,单击"另存为"命令,然后单击"更改"按钮。

③ 单击"名称"列表中的音频格式。

(4) 修改声音文件的播放速度

修改声音文件播放速度的步骤如下：

① 在"文件"菜单中，单击"打开"命令，定位要修改的声音文件，然后双击该文件。

② 在"效果"菜单中，单击"加速"(如100%)或者"减速"命令。

(5) 反向播放声音文件

反向播放声音文件的步骤如下：

① 在"文件"菜单中，单击"打开"命令，定位要修改的声音文件，然后双击该文件。

② 在"效果"菜单中，单击"反转"命令，然后单击"播放"按钮。

(6) 在声音文件中添加回音

在声音文件中添加回音的步骤如下：

① 在"文件"菜单中，单击"打开"命令，定位要修改的声音文件，然后双击该文件。

② 在"效果"菜单中，单击"添加回音"命令。

通常，只能在未压缩声音文件中添加回音。如果在"录音机"程序中未发现绿线，说明该声音文件是压缩文件，必须先调整其音质，才能对其进行修改。

(7) 删除声音文件的一部分

删除声音文件的一部分的步骤如下：

① 在"文件"菜单中，单击"打开"命令，定位要修改的声音文件，然后双击该文件。

② 将滑块移到文件中要剪切的位置。

③ 在"编辑"菜单中，单击"删除当前位置以前的内容"或"删除当前位置以后的内容"命令。在保存该文件之前，单击"文件"菜单，然后单击"还原"命令，可以撤销删除操作。

(8) 将声音录制到声音文件中

将声音录制到声音文件中的步骤如下：

① 将音频输入设备(如话筒)连接到计算机。

② 在"文件"菜单中，单击"打开"命令，定位要修改的声音文件，然后双击该文件。

③ 将滑块移到文件中要录音的位置。

④ 开始录音，单击"录音"按钮 █ ● █ 。

⑤ 停止录音，单击"停止"按钮 █ ▒ █ 。

⑥ 在"文件"菜单中，单击"另存为"命令。

⑦ 在"另存为"对话框中输入文件名，声音文件保存完毕。

(9) 将声音文件插入到另一个声音文件中

将声音文件插入到另一个声音文件中的步骤如下：

① 在"文件"菜单中，单击"打开"命令，定位要修改的声音文件，然后双击该文件。

② 将滑块移动到另一个声音文件中要插入的位置。

③ 在"编辑"菜单中，单击"插入文件"命令。

④ 输入要插入文件的名称。

(10) 覆盖(混合)声音文件

覆盖(混合)声音文件的步骤如下：

① 在"文件"菜单中，单击"打开"命令，定位要修改的声音文件，然后双击该文件。

② 将滑块移动到文件中要混入声音文件的地方。

③ 在"编辑"菜单中,单击"与文件混音"命令。

④ 输入要混合的文件名称。

(11) 撤销对声音文件的更改

撤销对声音文件的更改的步骤如下:

① 在"文件"菜单中,单击"还原"命令。

② 单击"是"按钮确认还原。

3. 将声音添加到文档中

(1) 将声音文件插入文档中

将声音文件插入文档中的步骤如下:

① 在"文件"菜单中,单击"打开"命令,定位要插入的声音文件,然后双击该文件。

② 在"编辑"菜单中,单击"复制"命令。

③ 打开要在其中插入声音的文档,然后单击要插入声音的位置。

④ 在"编辑"菜单中,单击"粘贴插入"或"粘贴混入"命令。

(2) 将声音文件链接到文档

将声音文件链接到文档的步骤如下:

① 在"文件"菜单中,单击"打开"命令,定位要链接的声音文件,然后双击该文件。

② 在"编辑"菜单中,单击"复制"命令。

③ 打开要在其中链接声音的文档,然后单击要插入声音的位置。

④ 在"编辑"菜单中,单击"特殊粘贴"命令。

⑤ 单击"粘贴链接"命令,然后单击"确定"按钮。

3.4　音乐合成与 MIDI

3.4.1　音乐合成

自 1976 年应用调频音乐合成技术以来,合成音乐已经十分逼真。1984 年又开发了另一种更真实的音乐合成技术——波形表合成。目前这两种音乐合成技术都应用于多媒体计算机的声卡中。

一个乐音必备的 3 个要素是:音高、音色和音强。若把一个乐音放在运动的旋律中,它还应具备时值,即持续时间。这些要素的理想配合是产生优美动听的旋律的必要条件。

音高指声波的基频。基频越低,给人的感觉越低沉。

音色由声音的频谱决定,各个谐波的比例不同,随时间衰减的程度不同,音色就不同。用计算机模拟具有强烈真实感的旋律,音色的变化是非常重要的。

音强是对声音强度的衡量,它是听辨乐音的基础。人耳对于声音细节的分辨与音强直接相关,只有在音强适中的情况下,人耳辨音才最灵敏。

时值具有明显的相对性。一个音只有在包含了比它更短的音的旋律中才会显得长。时值的变化导致旋律或平缓、均匀，或跳跃、颠簸，以表达不同的情感。

3.4.2 MIDI 规范

MIDI 是音乐与计算机结合的产物，是数字音乐的国际标准，实际上它是对一段音乐的描述。

由于 MIDI 文件记录的不是声音本身，因此比较节省空间。与波形文件不同的是，MIDI 文件并不对音乐进行采样，而是将每个音符记录为一个数字，MIDI 标准规定了各种音调的混合及发音，通过输出设备可以将这些数字重新合成为音乐。与波形文件相比，MIDI 文件要小得多。例如，半小时的立体声音乐，MIDI 文件只有 200 KB 左右，而波形文件则差不多有 300 MB。

MIDI 标准规定了不同厂家的电子乐器与计算机连接的电缆和硬件。它还指定从一个设备传送数据到另一个设备的通信协议。这样，任何电子乐器，只要有处理 MIDI 信息的处理器和适当的硬件接口，都能变成 MIDI 设备。MIDI 之间靠这个接口传递消息而彼此通信。乐谱由音符序列、定时和乐器定义所组成。当一组 MIDI 消息通过音乐合成芯片演奏时，合成器解释这些符号，并产生音乐。

最常见的 MIDI 设备是电子键盘，它可以模拟各种乐器。此外，其他的乐器也可以设置 MIDI 端口从而成为 MIDI 设备，如吉他、萨克斯等。一般认为，乐器只要包含了能处理 MIDI 数据的微处理器及有关的硬件接口，就被认为是一台 MIDI 设备。MIDI 设备之间可以通过接口发送信息，从而相互通信。

MIDI 标准中规定了多媒体个人计算机包括一个内部合成器和标准 MIDI 端口。

通常，MIDI 合成器内置于多媒体个人计算机的声卡上。PC 用一串数字值来表示声音的波形。播放声音时，合成器把数字表示的声音转换回原来的波形模拟信息，然后，合成器把模拟信号送给扬声器，再由扬声器产生实际的声音。

MIDI 产生声音的方法与波形音频的采样方法不同。MIDI 文件没有记录任何声音，而是发送给音频合成器一系列指令，指令说明了音高、音长、通道号等音乐的主要信息。具体发出声音的是合成器或音源，这些声音硬件有一套给声音编程的参数。

编写 MIDI 要有专门的软件，它们一般都有多种输入方式、丰富的编辑命令和友好的界面。播放 MIDI 音乐时，首先由 MIDI 合成器根据 MIDI 指令产生声音，然后将该声音信号送至音效卡的模拟信号混合芯片中进行混合，最后从扬声器中发出声音。MIDI 文件的内容除了送至 MIDI 合成器外，也同时送到音效卡的 MIDI 输出口，可由外部合成器读取。MIDI 音频音质的优劣主要取决于 MIDI 合成器的质量，若要获取满意的效果，可以配置专门的外部合成器。

MIDI 格式的主要限制是它缺乏重现真实自然声音的能力，因此不能用在需要语音的场合。MIDI 文件适用于下列场合：播放时间较长并且质量要求较高的场合；需要同时从 CD-ROM 盘加载声音和其他数据的场合；需要在硬盘中存储 1 min 以上音乐的场合等。在需要语音的地方，就要将波形音频与 MIDI 混合使用。此外，MIDI 只能记录标准所规定的音乐演奏效果。近年来，国外流行的声卡普遍采用波表法进行音乐合成，使 MIDI 音乐的质量大大提高。

3.5　视频信息处理

3.5.1　视频信息的处理

1. 视频处理系统简介

虽然视频媒体信息丰富多彩，但是在早期由于计算机技术的限制，使得视频媒体在计算机系统中的应用必须借助于众多类型的视频卡才能实现，从而使视频信息的处理应用受到限制。随着计算机硬件技术的不断提高，尤其是数据处理速度的大幅度提高，使得视频信息在多媒体计算机系统中得到广泛应用。

在多媒体计算机系统中，对视频信息的应用大致分为 3 个步骤：视频信息的采集、视频信息的编辑以及视频信息的播放。

模拟视频信号经过采样、量化后转换为数字图像存储到帧存储器的过程称为视频信息的采集过程。在此过程中，必须借助于视频采集设备，如摄像机、录像机以及视频采集卡等，以完成对模拟信号的数字化。

（1）视频信息的采集

多媒体计算机中，借助于视频采集卡将模拟视频信号转换成数字视频信号，同时对转换后的数字视频信息进行压缩处理，并将压缩后的数据保存在内存或存储到磁盘中，以便进一步对其进行处理与应用。视频采集卡的工作方式可以是连续帧采集形成视频文件，也可以是单帧采集以静止图像的形式保存在计算机中。为了提高系统的利用率，一般在采集卡上设有视频信息的压缩存储电路，目的是实现对视频信息的压缩处理，这关系到视频文件在计算机中所占用的存储空间，以及播放时所需的解压时间，从而最终影响多媒体产品的质量。

（2）视频信息的编辑

多媒体计算机系统中，对视频媒体信息的编辑处理不需要专用的视频编辑系统，借助普通编辑软件就能完成。

Video for Windows 是利用 Indeo 视频压缩技术在 Windows 平台上实现简单视频编辑工作的软件。利用 Video for Windows 可以对视频信息进行捕获，并可剪辑成所需的视频文件。它同时提供了功能接口，可与执行 JPEG 或 MPEG 算法的硬件系统相配合，实现在全屏幕上以每秒 30 帧的速度回放实时视频和标准音频媒体。在 Windows 操作系统中集成了 Video for Windows Runtime 程序。这是一个媒体播放驱动程序，可实现对视频媒体的播放功能。典型的例子是 Windows 系统中的 Windows Media Player，可以实现对 AVI 格式文件的播放等。

QuickTime 是 Apple 公司最早在 Apple 机上推出的视频处理软件。与 Video for Windows 一样，也采用了 Intel 公司的 Indeo 视频压缩技术。在此之后，Apple 公司又在 QuickTime 基础上推出了应用在 PC 上的视频处理软件 QuickTime for Windows，实现了同一视频文件在双平台上的交叉播放。

Adobe Premiere 提供了较强的视频编辑功能，可完成对多个视频片段进行剪切、排列、糅合，或加入特殊效果等操作,经过精心编辑之后的视频媒体可重新生成新的视频文件。这是常用的视频编辑处理软件之一,被广泛地应用于影视特技效果编辑工作中。

(3) 视频信息的播放

在多媒体系统中应用视频图像信息可以为系统增色添彩。视频的播放方式可分为3种:全屏幕实时信号源的播放、全屏幕全数字化视频信号播放和局部屏幕全数字化视频信号播放。

多媒体数字视频中,有3个因素将最终影响视频图像的质量,它们是数据速率、压缩比和关键帧。数据速率是指单位时间内在信道上传输的数据量。数据速率越高,图像质量就越好,同时文件所占磁盘空间越大,并加大了系统开销。数字视频播放过程中的一个基本问题是视频文件的数据速率问题,数字视频要求使用者在数据速率与图像质量之间进行折中。压缩比在一定程度上也影响视频图像的质量。如果视频压缩比过大,播放时花费在解压上的时间就长,尤其是对于采用对称压缩技术的视频文件和采用纯软件解压的系统,这样得到的视频图像质量将受到影响。关键帧的确立是视频压缩过程中影响视频质量的一项重要技术指标,尤其是对于含有频繁运动的视频图像序列,若关键帧数少,则会出现图像不稳定的现象。

此外,计算机本身的性能也影响视频图像的质量。例如,CPU的类型及处理速度、磁盘控制器、操作系统的内存开销、等待状态和视频设置等因素都将影响数据速率。由此可见,选择一个性能良好的多媒体计算机系统是十分必要的。

2. 视频采集和编辑软件的功能

对多媒体应用系统的开发者来说,对模拟视频信号进行数字化采样后,还应对视频文件进行编辑或加工,然后才能在多媒体应用系统中使用。因此视频处理是多媒体应用系统创作过程中不可缺少的环节。目前常见的视频处理软件有Premiere、Video for Windows和Digital Video Producer(DVP)等。使用视频采集和编辑软件可以配合多种硬件进行视频捕获和输出,并提供各种精确的视频编辑工具,产生广播级质量的视频文件。同时,还可以为多媒体应用系统增添高水平的创意。

视频采集和编辑软件的基本功能如下:

● 提供视频获取功能,可以与视频采集卡协同工作以实现视频图像截取。实时采集视频信号时,采集精度取决于视频卡和PC的功能。同时提供图像编辑和压缩功能,将图像数据转变为文件。

● 提供无硬件视频回放功能。借助于某些算法可以在窗口中播放活动视频图像。

● 提供AVI文件格式,它保存了声音和视频的所有信息,并有相应的同步机制以确保播放时声音和视频同步。

● 能从硬盘或CD-ROM中有效地读出并播放视频信息。

● 将多种媒体数据综合处理为一个视频文件。

● 具有多种活动图像的特技处理功能。

有些软件,例如Video for Windows,还提供若干个独立的视频和音频编辑应用程序。

● Video Capture(视频捕获程序):用于从某个视频输入源捕获单独或连续视频信号,外部输入的视频信号经视频卡直接捕获并存入硬盘。

● Video Edit(视频编辑程序):用于对一个已获取的视频文件进行各种编辑或制作,主要功能包括插入、复制、删除、压缩以及声音和视频的合成。

● Bit Edit（静止图像编辑程序）：用于对位图图像进行一些简单的编辑工作，它可以增强被扫描或获取的图像。类似于 Windows 操作系统的"画图"程序。

● Pal Edit（调色板编辑程序）：用于对 256 色图像的调色板进行编辑或修改等操作。可以编辑某个调色板的颜色，也可以从另一个调色板中引入新颜色，还可以从几个调色板中拼接颜色。

● Wave Edit（波形音频编辑程序）：用于播放或编辑波形文件。可以在几个波形文件中拼接指定的段，创造一些特殊声音效果，也可以在一个新的波形文件中捕获声音。

● Media Player（媒体播放程序）：用于播放视频片段，并将视频片段集成到其他类型的文件中。它完全可以替代 Windows 操作系统的 Windows Media Player。

3.5.2 用"超级解霸"获取和处理视频信息

1. 从视频上抓取图像

视频中有许多精彩画面，如何将这些画面抓取下来，作为多媒体制作的素材呢？用"超级解霸"可以非常方便地抓取视频上的画面。

使用"超级解霸"抓取视频图像的操作步骤如下：

① 启动"超级解霸"程序，如图 3-1 所示。

图 3-1 "超级解霸"的主界面

② 单击"打开文件"按钮，找到并打开要播放的视频文件。

③ 通过滑块将画面定格到要抓取的帧上。

④ 单击主界面右下角"更多"按钮，展开所有隐藏按钮。

⑤ 单击"截图"按钮，截图会自动保存到本地计算机上，如图 3-2 所示。

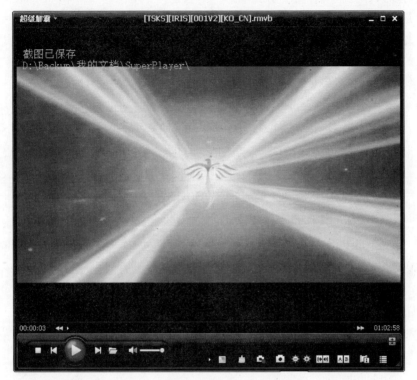

图 3-2　视频截图

2. "剧情快照"功能

用"超级解霸"不仅可以抓取单个画面,还可以从视频上抓取"剧情快照",即一组连续的画面。

使用"超级解霸"从视频上抓取"剧情快照"的操作步骤如下:

① 单击"更多"按钮■,展开所有隐藏按钮。

② 单击"剧情快照"按钮■,所有快照图片会自动保存到本地计算机上。

本 章 小 结

通过本章学习,已经掌握了多媒体数据的基本概念。由于多媒体数据的多样性,使得多媒体数据文件的格式繁多,包括声音文件、图形文件和影像文件。了解这些文件的基本表示原理和存储格式是十分重要的。音频卡和视频卡是多媒体计算机系统中的重要设备,借助于音频卡,可以输入、处理、输出声音信息;视频卡则用于活动图像的输入、编辑加工处理和输出,从而向用户展示一个精彩纷呈的多媒体世界。

习 题 与 思 考

1. 如何对多媒体数据进行分类? 各类数据有何特点?

2. 常见的多媒体数据文件格式有哪些?

3. 什么是 BMP 和 JPG?

4. 什么是 MIDI? 有何特点?

5. 常见的视频卡有哪些? 简述其功能。

6. 简述视频信息的处理过程。

第4章

多媒体作品开发

本章要点：
- 多媒体作品的特点。
- 多媒体作品的设计原则。
- 多媒体作品的开发。

本章介绍多媒体作品设计的基本原则和作品设计过程。重点了解各种多媒体元素的特点和效果，熟悉多媒体作品设计的美学原则和版面设计原则，掌握多媒体作品开发的一般过程。

4.1 多媒体作品的特点

4.1.1 多媒体素材的特点

多媒体作品开发的成功与否，在很大程度上取决于多媒体素材的展示是否恰当。也就是该系统能否体现各种媒体的艺术感染力。从根本上说，多媒体技术的诞生和应用是 20 世纪 90 年代计算机技术发展中的一个重要的里程碑，它使计算机跨越静态、单向的门槛，迈入动态的、交互式的国度，使计算机应用系统在感官世界和创意空间驰骋。时至今日，已经出现了越来越多的优秀的计算机多媒体应用系统。它们富有艺术的震撼力、充满声音的感染力、渗透文学的说服力和饱含美学的吸引力。

随着计算机应用系统开发工具的发展，建立一个功能完善、性能可靠的多媒体应用系统已经不是一件难事。计算机工作者的主要工作已经从传统的程序设计渐渐过渡到艺术加工和创意设计。人们在要求应用系统功能完备的同时，已越来越多地关注系统的艺术性和创意。

一个成功的多媒体作品，绝非只是多媒体素材的罗列和事实的陈述，更重要的是要借助于多媒体手段吸引用户、感染用户，通过激情洋溢的文字、多姿多彩的图片和悦耳动听的声音来传达信息。人类是有感情的动物，对世界的认识都是由感官和意识建立起来的。而多媒体就是感官的应用，因此，借助于多媒体效果能在一定程度上影响人们的意识，引导人们的思想朝着预期的方向发展。研究表明：文字、声音和视觉本身或者将它们组合起来具有影响情绪、态度和知觉的力量，能影响具有主观因素的对象。

不同的多媒体在应用系统中各具特点，具体表现如下。

1. 文字和旁白

文字是叙述性的、详细的、直接的媒体，可以用显示方式或旁白方式表示，或者两者并用。文字适合描述概念和内容，旁白则适合于演说和解释。

2. 图片

图片常用来表达主题。图片可以是写实的,也可以是象征的。例如,主菜单画面常用一些相关的图片作为各个选项的图标。图片也常用来作为背景,此时,图片要经过淡化或加亮处理,从而使前景内容清晰地显示出来。图片还可以用来解说概念、表示印象,或进行暗示和联想。在应用系统中,图片常用来营造气氛和引导用户情绪。

图4-1所示是中国高职高专教育网站首页,图片的插入使原来仅仅包含文字的界面更加形象生动、引人注目。

图4-1 图片的画面效果

3. 照片

照片可以传递影像和信息,增加视觉的丰富程度,产生真实的效果和吸引观众的注意力。照片具有高度的暗示性和象征性。艺术性的照片可以一下子引起用户的注意;戏剧性的照片能产生强烈的震撼力。图4-2所示是一张海豚的照片,逼真地表现了海豚畅游大海的舒适和惬意。

图 4-2　海豚的照片

4. 图表

图表可以将繁杂的信息简化,使之一目了然,便于用户进行比较式的阅读。图表有各种类型和样式,可以组合出很多主题元素。

图 4-3 所示就是一张图表,它形象地表现了胡萝卜的各种营养成分。

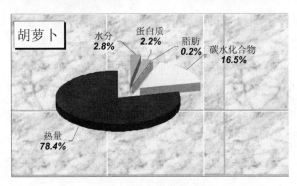

图 4-3　图表

5. 影像和动画

影像和动画具有高度的真实感、描述性和娱乐性。使用影像可以通过以时间为基础的方式来传达信息。动画能抓住用户的注意力,并且有宽广的艺术范围。动画可以是表面性的或暗示性的,对解释和澄清较复杂的情况具有良好的效果。

6. 配音

在提供视觉表现的同时增加配音,具有提供声音提示、强调重点和增加娱乐的价值,容易接近用户。

7. 音乐

音乐赋予多媒体应用系统情绪和情调,唤起用户的感觉,具有高度的娱乐性。音乐是所有媒体中最富有隐喻性的。音乐的运用可以产生特殊的效果,选择得当,可以避免平淡无味。

4.1.2 背景效果

背景是放置文字、图形和其他元素的画布。从美学观点看,背景是传送有关画面信息的最快形式,因为它通常在其他元素出现之前就呈现在用户面前,很可能会成为用户的第一关注焦点。

用作背景的图形大致有两种:一种是一幅图片,通常是照片或美术图形经特别加工而成;另一种是加上颜色的材质。使用图形来作背景,要采用切合主题的画面,或蕴含着某种特别意义的画面。此外,使用图形做背景,图形上的线条应尽可能的简单,图形上的元素要与前景上的元素相配合,包括空间上的色彩配合。一般来说,背景图形要淡化处理。

图 4-4 所示是一个运用了背景的页面,与白色背景相比,画面要柔和得多。

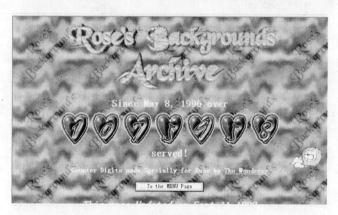

图 4-4　背景效果

现在比较流行的做法是采用材质作为背景。不同的材质有不同的含义,要根据主题来选取。

最常用的方法是用一幅特别的图形作为背景。此时,只要适当地利用图形上的元素及其相互间的关联性,便可以启发用户的思维,营造出特定的气氛和环境,让用户通过对图形的联想而产生身临其境的感受。

4.1.3 颜色效果

多媒体作品设计中,颜色是最重要的元素之一。大多数设计者了解颜色对用户的基本作用,如明亮的颜色可以吸引用户的目光。但是,颜色的效果往往是非常奇妙的,尤其在一种颜色和另一种颜色比较时,颜色的效果会直接影响到用户的感觉和情绪。

在画面设计上,颜色有 3 种基本的作用:识别、对比和强调。颜色可以用在不同的画面元素上,如背景、文字、线条等。例如,用蓝色表示生产的发展,用红色和黑色分别表示利润和损失,用鲜明的橘红色表示要强调的重点等。

不同年龄的人对颜色的喜好是有区别的。有关调查结果表明:成人和儿童对颜色的喜爱顺序不同。

- 成人:蓝、红、绿、白、粉、紫、橙、黄。

● 儿童:黄、白、粉、红、橙、蓝、绿、紫。

不同的颜色会使人产生不同的联想。颜色对个体的影响可能是生理的、心理的或是文化的。例如,有人会认为红色给他带来幸福和吉祥,但有人会从反面联想,认为红色会带来厄运和流血。在多媒体应用系统中,应当考虑到颜色会触发用户产生何种联想。

表 4-1 说明了一般的人对不同颜色所容易产生的联想。

表 4-1　不同颜色产生的联想

颜色	正面的联想	反面的联想
红色	温暖、活力、快乐、幸福、热情	战争、危险、残酷、痛苦
绿色	自然、宁静、生命、朝气、希望	疯狂、道德沦丧
白色	天真、纯洁、完美、智慧、真理	空白、空虚、幽灵、阴冷
橙色	温暖、骄傲、火焰、殷勤	狠毒
黄色	太阳、光芒、直觉、智慧、光亮	叛逆、懦弱、放荡、狠毒、嫉妒、敌意
蓝色	天空、海洋、公正、真实、感觉	风暴、疑虑、受伤
棕色	地球、土壤、肥沃	贫穷、荒凉
紫色	力量、高贵、忠诚、耐心	悔恨、悲伤
金色	太阳、威严、诚实、财富、荣耀	贪婪、自私、偶像崇拜
银色	月亮、纯洁	幽灵
灰色	成熟、辨别、自制	沮丧、冷漠、死板、悲伤
黑色	高贵、庄严、决心	病态、空虚、绝望、邪恶

鲜明的颜色和强烈的对比可以吸引目光,但也可能产生不理想的效果。鲜明的颜色配上有趣的按钮,可能达到提示用户的目的。但是,如果把这些颜色应用在文字的背景上,则很容易使用户的视线无法长久停留在文字上。如果把具有互补作用的颜色,如红色和绿色放在一起,用户注视太久的话,就会产生视觉闪烁,可能会带来对于佳节的联想。从色彩效果看,红色、黄色和橙色有凸出显示和突出画面的效果,而紫色、蓝色和绿色则有往后退缩的效果。对于有明亮颜色的物体,视觉上会有扩大的效果,而暗一点的颜色则会起到缩小形状的效果。

多媒体作品中,常常应用颜色的渐变效果,即颜色的逐渐变化。这种方法给前景元素添加了一定的层次感。例如,一个由深红色到淡橙色的渐变背景,会给人以日落的感觉;从深蓝到白的渐变,会起到从晴朗的天空推移到地平线的效果。

4.1.4　声音效果

任何多媒体作品都是通过视觉和听觉的运用来向用户传递信息的。但是,声音作为一种可以传递信息和刺激情绪的有力手段,常常被忽略。当画面上出现文字,同时扬声器中又传出相应的配音时,用户往往习惯于将更多的注意力放在文字上。声音被忽略是因为声音属于潜意识的影响因素,而且比较难以衡量声音在一个多媒体作品中的效果。当然,声音在一个多媒体作品中是非常重要的,它可以增加趣味性和娱乐性,表现出一定的情感和风格,烘托出需要的气氛,也可以增强用户对一些描述的记忆。实际上,一个多媒体应用系统,如果失去了声音或声音运用不当,就会失去活力,用户一定会对该作品失去兴趣。因为在人类自然知觉中本能地认为,有动作就会有声音。设想一个小球在屏幕上弹跳,用户自然就期待听到它落地和弹起的声音。这样,用户就感到自然而贴近生活。

声音在多媒体作品中大体以 3 种方式出现:旁白、音效和音乐。其中,音乐可以是单独的一首歌曲,也可以是一段乐曲。音效是指模拟某种事物发生后产生的声音,如击鼓的声音、玻璃破碎的声音、汽车的喇叭声等。这 3 种形式的声音可以单独出现,也可以同时出现。

1. 旁白

旁白类似于一段演讲。两者唯一的不同是旁白要事先录制好,然后在多媒体作品中播放出来;演讲则是现场表达。旁白能即兴修改,但是,它必须预先规划和设计好。

旁白应使用最少的文字表达最多的意思。有效的旁白是非命令式、具有说服力的。它不仅提供事实让用户记忆,更能激发用户产生新的联想。好的旁白能描述出比视觉更多并且更深的含义,从而吸引用户去注意可能被忽视的重点。

2. 音效

音效是指由某些事物或物体产生的声音。在多媒体作品中,音效扮演着一个重要的角色,提醒用户注意重要的事实和想法。

3. 音乐

音乐可以传递感情、调动情绪、唤醒记忆,它的重要作用已被大家认可。有时音乐可以传达出语言无法表达的信息。几乎所有的多媒体应用系统都使用音乐来美化系统。

多媒体作品中的音乐大体可以分为主动和被动两种。主动的音乐是指和视觉元素有直接关系的音乐,比如,配合画面上出现的歌词的音乐。被动的音乐则主要指那些和画面上的元素没有直接关系的音乐,比如背景音乐或配合旁白的情景音乐。

音乐风格、乐器的选择、播放速度和节奏,构成了音乐的音色风格。有效使用音乐的方法之一是选择适当的音色风格。音色风格和音乐本身的声音特点无关,而是指它播放的整个印象和感觉。

4.1.5 动作效果

动作是指场景间的变换、文字或图形的平面移动、三维动画和影像。一般来说,屏幕上的动作越多,表达的信息越多,产生的趣味性和刺激性也越强。多媒体作品中,运用动作可以抓住用户的兴趣和注意力,表达抽象的观点和概念,刺激用户情感上的反应,并产生潜意识上的联系,让用户在最短的时间内获得最新的想法。

动作所带来的冲击和调和性不是由单一元素或元素的组合形成的,而是由各方面的互动所形成的。一个动作的产生是由下面几个步骤组合而成:产生整个表演的概念和想法、各个元素的运动出发点、移动路径和开始时间。

一个动作可能会引起用户思考后面的动作或动作的动机。比如,如果将系统标题很快地呈现在屏幕上,那会给用户一股紧迫和充满活力的气息;如果让它从一个圆点开始,慢慢地越来越大,直到占满整个屏幕,那就会给用户缥缈的感觉。

运用动作时,应该考虑以下几点:

- 用户的目光会不知不觉地锁定在移动的物体上,即使该物体位于屏幕角落。
- 移动的物体会突出地衬托出窗口中其他静止的元素。
- 镜头的移动、元素的移动和转场会让用户的目光转向它们移动的方向。
- 对象移动会因主题的移动而发生,也会因镜头的移动而发生。

在多媒体作品中,转场是一种重要的动作。例如,淡入淡出方式就是把一个画面除去而把另一个画面引出。常见的转场方式有:

- 由两边向中间展开画面。
- 由中间向两边展开画面。
- 由上向下或由下向上展开画面。
- 从右向左或从左向右展开画面。
- 马赛克效果展开画面。
- 由四周向中心或由中心向四周展开画面。
- 由浅到深展开画面。
- 由外向中间旋转展开画面。
- 百叶窗效果展开画面。
- 从线状或点状到整个画面。

4.2 多媒体作品的设计原则

4.2.1 多媒体作品的美学原则

根据人类美感的共同性,多媒体作品的美学原则包括 10 个方面:连续、渐变、对称、对比、比例、平衡、调和、律动、统一和完整。

- 连续:连续是一种没有开始、没有终结、没有边缘的严谨性秩序排列。连续可无限地扩张,它可超越任何框架限制。
- 渐变:渐变是有一定秩序和规律的逐渐改变,包括形状渐变、大小渐变、色彩渐变、位置渐变和方向渐变等。
- 对称:视觉上以一个点或一条线为基准,上下或左右看起来相等的形体称为对称。左右对称的形体被认为是安定且具有庄重和威严的感觉。对称的表现形式包括线对称、点对称、感觉对称。
- 对比:将相对的元素放在一起相互比较,以形成两种抗拒的紧张状态,称为对比。这种造成相对排斥性质的元素,称为对比元素。对比现象的强弱与否,依赖于对比元素的配置关系。一般来说,不同的元素结合在一起,彼此刺激,会产生对比的现象,使强者更强、弱者更弱,大者更大、小者更小。也就是说,通过对比关系可以增强个别元素所具有的特性。
- 比例:在造型上,比例是指关于长度或面积的一种量度对比,它描述的是部分与部分或部分与整体之间的关系。在人类的历史中,比例一直运用在建筑、工艺以及绘画上。尤其是在古希腊、罗马的建筑中,比例被当做是一种美的表征。远在古代,就有学者把几个理想的比例加以公式化,作为设计的基本原理,以求得统一与变化。其中,最重要的比例就是黄金比例。

● 平衡:平衡是指两个力量相互保持的意思,也就是说,把两种以上的构成元素互相均匀地配置在一个基础的支点上,以保持力学上的平衡而达到安定的状态。

● 调和:当两种构成元素共同存在时,如果互相差异过大,即造成对比。如果两种构成元素相近,则对比刺激变小,使两者达到调和的状态。例如,黑与白是一种强烈对比的颜色,而存于其间的灰色便是两者的调和色。调和在视觉上产生美感。因此,调和的原则一直是人们所关心的课题,尤其是关于色彩和造型的调和问题。然而, 为了达到调和,各元素间的统一仍是必要的,如色彩的配合、亮度的配合,都能产生调和。在造型上,线的粗细与线的长短保持一致,可产生调和感。除了色彩与造型外,质感也是相当重要的调和因素。例如,以相同材质作为建筑物或庭园设计的材料,是获得调和感的方法之一。

● 律动:凡是规则的或不规则的反复和排列,或周期性、渐变性的现象都是律动。它是一种给人以抑扬顿挫而又有统一感的运动现象。一般来说,律动和时间的关系密切,因为在具有时间性的艺术领域中均能表现律动美,如音乐、舞蹈、电影、戏剧、诗歌等。以音乐来说,利用时间间隔可以使声音的强弱或高低表现出律动美,从而呈现出抑扬顿挫的变化。

● 统一:结合共同的元素,把相同或类似的形态、色彩、机理等元素进行秩序性或划一性的组织、整理,使之有条不紊,就是统一。一般来说,统一可表现出高尚权威的情感,也可以达成平衡及调和的美感。

● 完整:任何一件艺术作品,不论运用了哪一种美学原则,或经过多么复杂的创作过程,追求的都是作品的完整性。完整性依人类的感觉、需求的不同分为感官方面、知觉方面、意念方面、功能方面。比如,一部好的戏剧演出,除了带给观众视觉和听觉方面的完整性外,也会为观众提供剧作家想表达的一个完整的创作意念。

4.2.2 多媒体作品中的版面设计原则

多媒体作品设计得好坏,主要取决于以下因素:
● 表演脚本的编写。
● 多媒体素材加工的艺术性。
● 版面设计的艺术性。

分析一些优秀的多媒体作品后,就会发现版面设计是一件非常精细的工作,很多创意正是表现在版面的设计上。在多媒体应用系统的创作中,比较耗费脑力且容易被设计者所忽略的就是系统的版面设计。不少多媒体作品似乎对版面设计并没有太多的考虑,往往随意将一幅图形或一条直线放在画面上的任意位置。

多媒体用户一方面从计算机屏幕上所呈现的视觉表现得到信息,做出反应;另一方面,根据其审美经验,由计算机屏幕上的视觉呈现引发其良好的情绪。一个赏心悦目的视觉呈现依赖于设计者的创意、表现技巧和编排能力。

目前,许多开发者设计的计算机屏幕视觉呈现是依赖设计者的感觉来处理的,或者凭其多年的经验来完成的。但是,对于想学习多媒体设计的人来说,感觉是很难捉摸的,经验更难说是正确的。所以,必须总结出一套可以遵循的规律,从理论上加以指导,才可以真正达到版面美。

多媒体作品所展现的画面受到计算机屏幕尺寸的限制。好的版面设计,应恰到好处地使用有限的屏幕空间达到良好的视觉传播效果,配合主题达到对用户的感染作用。

用户可以把计算机的屏幕当成一个平面直角坐标系。在这个坐标下,将整个屏幕依据创作者的创意划分为若干区域。这些区域用来放置不同的媒体信息,如文字区、图形区、标题区、控制区等。这些区域绝不是随意地划分,而是在配合主题的前提下,能够引导用户的视线,突出重点,方便用户操作。

版面设计中通常遵循的原则有对比原则、平衡原则、乐趣原则以及调和原则等。它们用来加强版面的气氛,增加吸引力,突出重心,提升美感。

1. 对比原则

一个好的布局的重要标志是画面清晰、明确。当用户的眼光落在画面上时,就能清楚地判别哪些是重要的,哪些是不太重要的。实现画面清晰的有效途径是遵循对比原则。通过对比来强化设计者要表达的主题,吸引用户的注意力,淡化那些非主流信息。多媒体应用系统应避免太多的图示、太多的按钮、太多的照片和太多的项目,甚至太多的颜色,因为这样会混淆要表达的主题。设计者往往有一个错觉,误认为在同一个画面上放置较多的元素,便可以向用户传递更多的信息。实际上,这样反而可能打乱信息的逻辑性,影响用户的注意力,降低元素本身的美感。

2. 平衡原则

布局设计良好的另一标志是让用户感觉到画面平衡。在多媒体作品中,对称的布局往往缺乏创意和视觉上的乐趣,使用户感觉过于庄重、呆板,不够活泼。所谓版面的平衡是指画面各种元素的轻重、大小合适,不至于产生某些地方特别空或特别重的感觉。

● 中央平衡:在表现庄重和严肃的主题时,应当采用中央平衡的原则。把重要的图形或文字放在屏幕的中央位置,而四角或上、下、左、右侧大小均衡地放置辅助元素。

● 对角平衡:对角式设计是一种使画面平衡的方式。比如在左上角放置标题,而在右下角放置解说内容。

● 支撑平衡:人走路踢到石头时,身体会失去平衡而跌倒。此时,他会很自然地迅速伸出一只手或脚,以维持身体平衡。画面上的平衡也可以借助这一技巧。

● 对称平衡:以一点为起点,向左右同时展开的形态,称为左右对称。

● 左右平衡:在人的感觉上,左右有微妙的差异。一般认为右下角比较有吸引力。编排文字时,右下角编排标题与插图,会产生一种很自然的流向。如果将其逆转就会失去平衡而显得不自然。

● 比例平衡:采用黄金比例是版面设计非常有效的一种做法。在设计建筑物的长度、宽度、高度和柱子的形式和位置时,如果能参照黄金比例来处理,既能产生特有的稳定和美感,也能产生适度紧张的视觉效果。

3. 乐趣原则

良好的布局可以让用户感觉到乐趣。在多媒体学习系统中,一旦丧失乐趣,会使用户失去学习的耐心。

● 变化中求活泼：同一格调的版面，在不影响风格的条件下，加进适当的变化会产生活泼的效果。例如，当版面都为文字时，看起来会索然无味，如果加上插图或照片，犹如一颗石子丢进平静的水面，荡起一波波的涟漪，会使画面变得生动活泼。

● 规律中求自信：具有共同印象的形状反复排列时，就会产生规律感。设计多媒体作品时，规律感可以使用户很快地熟悉系统、掌握操作方法。这一点恰恰能使用户拥有自信，用户会因此认为自己有能力使用系统，自己已经掌握了系统，从而产生良好的感觉，愿意继续使用此系统。

● 少凝聚多扩散：在人类的情感中，总会不自觉地意识事物的中心部分，好像这样才会有安全感，这就构成了视觉的凝聚。信息的凝聚造成视觉的凝聚。一般而言，凝聚给人以温柔感，但过分凝聚又会产生沉重和伤感。扩散型的排版，给人以开阔的感觉，令人心情开朗。在富有现代感的版面编排中常使用扩散的形式。

● 标题与正文比率：在版面设计上，必须根据内容来决定标题的大小。标题和正文大小的比率称为变化率。变化率越大，版面就越活泼，变化率越小，版面格调就越高。依照这种尺度来衡量，就很容易判断版面的效果。

● 形态的意象：由于计算机屏幕的限制，一般的编排形式总是以四角形为标准形，其他的形式都属于它的变形。四角都成直角，给人以有规律、表情少的感觉，其他的变形则呈现形形色色的感觉。例如，用仪器画出来的圆，有硬质感，徒手画出来的圆就有柔和的曲线之美。

● 导向：根据眼睛所见或物体所指的方向，使版面产生一种引导路线，称为导向。在设计版面时，常利用导向使整体画面更引人注目。一般来说，用户的眼光会不知不觉地锁定在移动的物体上，即使物体在屏幕的角落。画面的移动和换场都会让用户目光转向它移动的方向。因此设计时可以有意识地将用户的目光导向到希望引起用户注意的信息对象上。考虑导向时，一个镜头的结束应该引导出下一镜头的开始。建立导向的最简单方法是直接画上一条箭头直线，它指向希望用户关注的位置。

4. 协调原则

协调原则要求主要内容突出，图形与文字的比例恰当和色彩的均衡，等等。只有协调才能给人以自然的印象。

● 主从协调：版面设计和舞台设计有相似之处，主角和配角的表现关系就是一个方面。当主角和配角的关系很清楚时，用户会关注主要信息。在画面上明确表示出主从关系的手法是很正统的版面构成方法。如果两者的关系模糊，会令人无所适从。相反，主角过强就可能失去动感，变成平庸的画面。在版面中适当地突出主角会使人更加了解要表达的内容。

● 动静协调：在设计配置上有动态部分与静态部分。动态部分包括动态的画面和事物的发展，而静态部分则常指版面上的按钮、文字解说、菜单等。

● 出入协调：版面的整个空间因为各种力的关系而产生动态，进而支配空间。产生动态的对象和接受这种动态的另一对象互相配合使空间变化更加生动。

● 线条协调：水平线给人稳定和平静的感受，无论事物的开始或结束，水平线总是固定地表达静止的时刻。垂直线的活动感，正好和水平线相反。垂直线表示向上伸展的活动力，具有坚硬和理智的意向，使版面显得冷静、鲜明。但是，若不合理地强调垂直线，就会变得冷漠、僵硬，使人有难以接近的感觉。垂直线和水平线协调处理，可以使两者的性质更生动，不但使画面产生紧凑感，而且能避免产生冷漠僵硬的感觉，相互取长补短，使版面更完备。

- 文字大小协调:为了满足视觉的舒适感,呈现在计算机屏幕上最小且清晰的中文字形通常为 16×16 像素的仿宋体。呈现在电视机上最小并且清晰的中文字形应为 36×16 像素的点阵字形。从阅读习惯来看,为了配合人们横向阅读中文时的最佳状态,一列最好不要超过 35 个字。根据用户的一般需求,多媒体计算机屏幕的分辨率最好设置为 640×480 像素或 1 024×768 像素。

- 空白区与信息展示区的协调:版面设计中,空白量的问题很重要,即使同一张照片、同样的句子也会因空白量的不恰当,而很难表现出真切的形象。没有空白区,就没有版面的美。空白的多寡对版面的印象有决定性的影响。千万不要在一个版面上放置太多的信息对象,以至版面拥挤不堪。如果空白部分比较多,能提高版面格调、稳定版面;空白较少,使人产生活泼的感觉。

4.3 多媒体作品的开发

开发一个多媒体作品与开发一个一般的信息系统有许多类似的地方,同样要经过系统分析、系统设计、系统实施和系统维护等阶段。但是,多媒体作品的开发有其特别之处。由于所设计的系统具有表演的特性,所以其开发过程在很多方面类似于拍摄一部电影。

4.3.1 多媒体作品的开发特性

多媒体作品与一般的信息系统相比,有两个明显的特点:媒体的多样性和表演性。前者决定了系统设计人员的多样性,应该有美术、音乐、动画、文字等多方面人员参与设计工作。这决定了多媒体作品受业务处理流程的控制较少,而特别强调作品的创意。

通常的信息系统可能只需要程序设计者就可以完成。如果程序设计者比较清楚地了解业务处理过程、算法和数据类型等,就可以自己进行系统分析、系统设计和系统实施工作。完成这些工作所需要的知识,大部分属于计算机程序开发和设计领域。但是,对多媒体作品就大不一样了,它要求系统设计者具有以下领域的知识和能力。

- 市场分析能力:包括多媒体作品选题和产品的市场定位。

- 文字表达能力:可以撰写类似电影剧本风格的多媒体应用系统表演脚本。这样的脚本要清楚地表达出系统的主题、创意、场景表现、换场效果、场景连接、版面格局、按钮安排、按钮间的连接关系以及与计算机技术有关的特技效果。

- 程序设计能力:包括熟悉多媒体表演平台、设计语言或工具的运用、各种多媒体硬件和软件的基本特性等。

- 美学表现知识:了解各种媒体的特性、媒体给予用户的美学概念等。

- 音乐知识:懂得不同风格的音乐给用户的不同感受,什么情况下需要运用背景音乐,以及如何利用计算机来设计 MIDI 音乐。

- 获取声音能力:掌握获取和处理声音的基本方法。

- 美术及美工创作能力：具有一般的美工能力和利用计算机加工美术作品的能力。
- 拍摄录像片能力：包括利用计算机对录像资料进行编辑、配音、综合和一些特别加工的技术。
- 设计动画的能力：能够利用各种工具制作动画效果。

开发人才的多元化决定了多媒体作品能否顺利地开发，而多媒体作品的生命力和质量却更多地依赖于多媒体作品的创意。对于多媒体作品，程序的流程基本上没有具体的限制，设计者可以尽量发挥自己的想象力，考虑如何才能吸引用户的注意力，如何突出系统要表现的主题，采用什么色彩、什么音乐，如何按照逻辑组织素材、布局版面等。这些都没有太多的人为限制，完全取决于设计者的创意。

从设计人才的多样性、设计工具的多样性和设计创意的特殊性来说，设计一个多媒体作品要比一般的管理信息系统要复杂得多，当然也有趣得多。

4.3.2　需求分析

多媒体开发具有广阔的驰骋空间和很大的自由度，所以，作品规划就更显得格外重要，更需要全面的需求分析。可以想象，多媒体产品的开发涉及许多素材的采集和加工，它不是仅仅依靠计算机就能完成的，还需要调用其他设备，耗费许多人力和物力。只有通过认真的需求分析，详细的系统规划，严谨的实施制作，才能开发出有市场、受欢迎的多媒体应用系统。

需求分析一般包括以下 4 个方面：问题分析和用户分析、确定目标、提出模型、准备资源。

1. 问题分析和用户分析

要做好一个多媒体作品，首先要确定问题所在。例如，开发一个面向中学生的自学英语多媒体光盘，首先要分析中学生中有没有这个需求？有多少人有这个需求？他们的知识背景如何？他们是否具备学习设备？这些设备的规格如何？他们希望在多长时间内学会？达到什么样的水平？目前市场上有没有同类产品、同类产品的优缺点是什么？

通过问题寻求，找出以下 6 个方面问题的答案：

- 用户是谁？
- 什么内容？
- 什么时间需要？
- 在什么地方使用？
- 为什么需要这样的系统？
- 如何设计出这样的系统？

事实上，每个多媒体作品的最终目标都是让用户获得所需要的信息。多媒体作品用来说明或推广某个事物，可能是某种产品、某种想法、某种观念、某种意见、某种知识等。不管是哪一种宣传或教育，成功地使用户获得信息的前提是要了解用户，了解他们对这样的多媒体作品的希望、他们热切想知道的内容以及怎样才能吸引他们等。

2. 内容分析

在分析了用户需求之后，接着需要分析系统中究竟应该包含哪些内容、这些内容的意义和复杂程度，以及这些内容应采用什么形式和什么表现媒体。

毫无疑问，经过多媒体技术的加工，任何内容都会有渲染气氛的效果。色彩丰富和生动活泼的画面，一定胜于一段叙述文字。但是，系统展示的信息决不能离谱，过分地通过科技手段加强效果反而会降低信息的重要性，甚至埋没了信息。简单地说，如果信息没有通过视觉或特技效果的方式表达，观众可能印象不深。但是，过分地使用多媒体技术，可能会使用户把握不住信息的重点，反而分散了用户的注意力。

3. 演示时间和场合分析

许多多媒体作品的使用效果与演示时间及地点有很大关系。显然，在用户精神不佳时，多媒体作品的演示效果要大打折扣。在进行系统设计时应该考虑这些因素，在用户精神不好时，采用一些音效丰富、活泼和幽默的演示版本。

多媒体作品中的娱乐性随时随地都会受到欢迎。多媒体技术的发展使得制作一个随时间和空间而调整内容和形式的系统成为可能。例如，以古典音乐开场的系统，如果演示时间被调到了晚上，那么就可以将开场音乐更换为振奋人心的现代音乐。

多媒体作品的演示场合决定了所采用的内容、使用的工具、媒体的形式、播放的技术等。家庭中使用的系统与在会议室中使用的系统应当有较大的区别。单人使用的系统和多人观看的系统也应该有较大的差异。

4. 其他分析

像开发其他应用系统一样，开发一个多媒体作品要进行可行性分析、开发工具分析、数据格式分析、数据库结构分析和业务处理流程分析等。

4.3.3 内容表达与视觉表现

多媒体作品的质量取决于制作过程是否严谨。在分析用户的需求、产品的类别和主题内容后，就要收集相关资料、内容分析、信息设计、图像设计、视觉表现设计、声音设计以及动画设计。有些环节可以同时进行，有些则必须在其他工作完成的基础上按顺序进行，所以，必须有严格的工作程序安排。如果参与开发多媒体产品的人员较多，还必须有效地协调各方面制作人员的工作进度。

1. 内容的表达方式

一个多媒体作品的成功与否，其选题以及内容组织是关键。如果不能确定要传递什么信息，那么就无法与用户进行有效的沟通。如果只要表现一些图表或报告，这样的多媒体内容是比较简单的；如果希望能与用户有许多交互行为，那么，这样的多媒体内容则会相当复杂。一旦有了明确的内容就要考虑该如何将内容传达给用户。通过下面所述的 5 种方式，可以达到传达信息的目的。

(1) 文字陈述

尽管各种新的传播媒体不断地被开发和使用，诸如动画、音效等，但文字仍是各种传播媒介中最基本的元素，眼见为实仍是大部分人的习惯。因此，通过文字的传播较易使人感到自然、可靠。文字陈述遵循的重要原则是：传递正确的信息，尽可能使信息简单、正确，并且使文字和其他媒体相互配合表达信息。

尽管文字非常重要，但并不是所有的信息都得用文字来表达，否则，多媒体就失去了意义。

如果除了文字以外,还使用了影像、声音等媒介,此时文字必须更加精炼,这样才能和其他的媒介相辅相成,从而更完整地传递信息。

(2) 图片的使用

适当地运用图片,能比文字更迅速地传达信息和情感。这里,色彩扮演着重要的角色。其中色调的选用有很大的影响。根据所要传达的情绪来选择色彩,如感觉冰冷的色彩、温暖的色彩、明亮的或是灰暗的色彩等。因此,多媒体产品必须要有适当的色彩计划。当然,对于同一种色彩,用户所产生的联想可能会有所不同。如对于红色,正面的联想是温暖、活力、幸福、快乐等,而反面的联想是战争、危险、受伤、死亡等。

很多的设计者都会建立自己的资料系统,将所收集的素材依不同的风格分门别类加以保存。日后设计新作品时,就可以很迅速地找到相关风格的素材作为参考。

(3) 动画的制作

动画和动态的影像具有相当大的吸引力。

只有先决定所表达的内容,再选择在多媒体作品中要使用何种动画形式,才能取得最好的动画效果。通常,动画的形式有以下几种。

● 角色动画:角色动画是指将内容中的角色拟人化。创造一个角色是很复杂的过程。角色动画很容易吸引用户的注意力,可爱的角色可能会抢去主题的风采,从而可能使用户忽略了主要的信息。尽管动画的娱乐效果很重要,但信息的传递仍然是首先要考虑的问题。

● 特殊效果:在需要用户特别注意的部分,可以利用闪烁、聚光、爆炸等特效来吸引用户的目光。

● 移动的文字:在进行内容设计时,如果能在文字上创造一些动画效果,那会更引人注意。

● 数字影像:数字影像是目前最热门的科技成果之一。数字影像和计算机动画将会大量地运用在多媒体产品中。

(4) 声音的配合

多媒体作品中的声音分为3种类型:音乐、音效和旁白。如何在内容设计中加入声音要素非常重要。

(5) 交互方式的设计

在多媒体作品中,交互是引导用户情绪最有效的方式。交互功能使用户通过屏幕能与系统进行双向的沟通。

交互的模式有以下几种。

● 菜单:菜单是多媒体作品中最常见的形式。经常使用的软件大都依照相同或类似的方式来设计菜单。因此,用户可以很容易学会使用软件。

● 超链接:超链接的应用类似于菜单界面的概念,但是超链接的信息表现方式不像菜单那样是有系统的组织结构。超链接能够使用户在任何时刻跳转到指定的段落或文件中。超链接的特性是让用户依照自己的需要,自由地进行浏览,比如,用户在阅读一份文件时,可以通过超链接跳到相关的参考文献部分。

● 状态模拟:状态模拟通常指过程的模拟,任何可以图表化或赋予生命的过程,都可以通过多媒体来进行状态模拟,以呈现给特定的用户。状态模拟被广为应用的最主要原因是用户可以自行控制动作,这是最吸引人也最真实的地方。

● 行为决策模拟:行为决策模拟要求用户有某种程度的表现,才能继续完成前面已进行的过程。例如,交互式电子游戏,用户必须通过前面的考验,才能继续下面的游戏。

● 按钮:按钮类似于菜单,用户按下某个按钮后,系统就执行该按钮所对应的功能。

● 对话框:系统提供给用户一块区域,让用户输入某种信息,然后对用户输入的信息进行分析,根据分析结果做出响应。

● 单选按钮:给用户显示许多选项,但只允许用户选择其中一个选项,然后,根据用户的选择执行相应操作。

● 复选框:给用户显示许多选项,允许用户选择部分或全部选项,然后,根据用户的选择执行相应操作。

2. 视觉表现设计

在设计过程开始之前,必须了解用户的风格及喜好。

一个设计过程的开始就要选定一个风格或主题,一个好的作品必须有一个固定的风格。常见的风格类型有以下几种:

● 卡通式的风格。

● 强调传统的风格。

● 表现高科技的风格。

● 强调专业形象的风格。

● 表现自然的风格。

● 漫画式的风格。

● 强调艺术表现的风格。

卡通或漫画的风格常用于叙述故事,因为卡通形象比较有趣,可以吸引观众的注意力,从而能够很好地传递信息。

使用卡通风格是件困难的事,因为必须创建许多角色和故事情节,并且要确定每个角色的身份、人格、动作,将这些角色逐一建立到剧本中,同时要使所建立的角色能被用户接受,并要保持角色人格的前后一致。

强调传统的风格大多是针对一些具有确定市场的作品。它具有知识性,但一般不是非常有趣。

以高科技风格表现主题的作品,多使用当前计算机的最新技术,例如,使用三维动画,甚至使用虚拟现实的技术,营造出让人产生真实感受的效果。

强调专业形象的风格通常给用户的印象是走在时代前沿,而且是经过精心设计的。有时,可借助动画的展示,使用户易于了解产品的功能。

表现自然的风格是指利用生动的设计,取代艺术化的风格。

4.3.4 多媒体作品的开发过程

认真分析用户需求,确定作品主题,演示方式和演示时间后,就可以开始多媒体作品的制作。一般地,系统分析的时间与制作的时间大体是各占整个系统开发时间的 50%。一个多媒体作品的开发过程如图 4-5 所示。

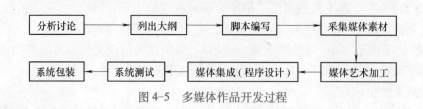

图 4-5　多媒体作品开发过程

1. 大纲

就像开发一般信息系统需要一个系统模型一样,开发多媒体作品也需要一个系统模型,这就是大纲。无论要制作的是故事性的系统,还是信息性或教育性的系统,都要表达出信息的逻辑组织、基本创意和媒体应用方式,这就是大纲要清楚表达的内容。大纲是系统制作的纲领。编写大纲可以有各种形式,例如,常见的有以下几种形式。

● 时间顺序:按照事件发生的前后顺序来排列信息。

● 等级顺序:信息内容按主题内容等级来组织划分,如同教材目录一样。

● 地理方位:信息内容按实体方位来归类。

● 相关性:按照实体间的相互关系来组织内容,如经理、职员、顾客、股东等。

● 逻辑:按照推理逻辑来组织内容。例如,根据以下的逻辑来组织内容:消费者总是希望买到最好产品,而我们的产品最好,所以应该买我们的产品。

● 组织机构:按照单位的组织机构来组织内容。

● 新闻方式:按照事实记录的方式来组织内容。比如,有什么人、什么事、何时何处发生、为什么、怎么样等。

● 固有规律:按照事物或科学的固有规律组织材料。

● 教学规律:按照用户最能接受和理解信息的规律组织材料。

编写大纲并没有统一的格式,只要能表达清楚创作概念,让开发组的各方面设计人员理解未来产品的信息表现流程即可。

2. 脚本编写

按照大纲的规划和思路,将内容用具体的文字表达出来,并标注好所需要的媒体和表现的方式,这就是通常所说的多媒体表演剧本和系统创作剧本。所有的系统设计人员都根据这个剧本来准备素材和设计程序。

脚本由一系列的画面和这些画面的切换方式构成。所以,在整个脚本中要说明有多少画面、这些画面如何切换、每个画面上有哪些媒体、这些媒体出现的先后顺序、各个画面元素在画面的位置等。

在多媒体脚本中,还应说明在每个画面上采用的媒体及其编号、交互操作的方式、激活新的画面的方法、所采用的音乐和音效名称及编号等。

虽然脚本的编写没有固定的格式,但应该满足以下几点:能准确地反映多媒体作品的内容和思想;清楚地反映设计的结果;方便地实现屏幕界面设计;直接给出系统制作的支持;有效地表示出系统的实际运行情况。

例如,设计一个教学课件时,可以采用如图 4-6 所示的脚本。

例如,设计一个课件,讲授计算机信息基础,其课件脚本卡片如图 4-7 所示。

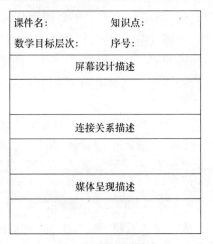

图 4-6 脚本的样式

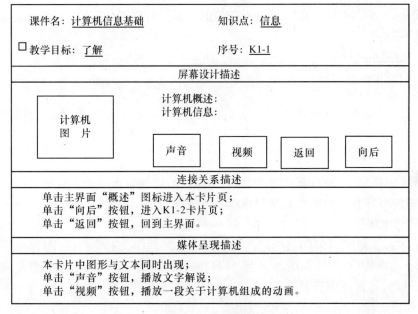

图 4-7 脚本实例

编写脚本时应注意以下事项。

● 要精心选择内容：内容的选定至关重要。多媒体体现的内容应该是人们所需要的信息。用户多,多媒体作品就具有生命力,因而应精心选取内容。

● 保证脚本的科学性和趣味性的统一：脚本内容要正确,要符合用户的认知规律。在保证脚本科学性的前提下,要努力使多媒体作品更具有趣味性、生动形象。同时,也要防止过分生动形象而导致科学性的错误。

● 要按总体设计要求编写脚本；按总体设计所划分的功能模块顺序编写。每个功能块可为一个足够小的显示单元,每一个单元表达一个内容。画面内容相近的应尽量组织到一个模块中,这样后续画面可部分沿用前面的画面,能大大减少清屏和重写,提高制作效率。

● 框面设计要合理：框面设计时，要根据屏幕大小和图像分辨率进行。文字、图像安排要合理、美观。画面可采用彩色、闪烁、平移、旋转、淡入、淡出等多种效果，使其更加生动形象。

● 要注意"交互性"：尽量用简练的语言、表格、公式、模型、图形来表达内容，避免单一冗长地呈现、陈述、演示，要适当穿插一些能活跃用户思维的交互操作，还可以设置一些控制用户进程的操作由用户自由掌握。

● 脚本编写者与程序设计者的统一：脚本编写者必须考虑到计算机的实现，安排的内容要适当、合理。脚本编写者和程序设计者要密切配合，共同研究、讨论，制订方案。脚本编写者要努力学习一些计算机知识，而程序设计者则应加深理解该学科内容，以免出现由于脚本设计不宜计算机实现，而使得程序开发无法进行。

3. 素材制作

制作一个多媒体作品需要大量的媒体素材，素材制作也称多媒体系统的前期制作。这些素材多数由设计者自己设计和制作，部分可以从素材光盘或网络上获得。素材制作涉及许多专用声像设备的使用，也需要采用许多基于计算机的制作软件。

素材还要进行初步筛选和加工，例如对拍摄的录像资料要进行剪辑、配音等。

素材制作包括：

● 活动影像的拍摄。

● 照片的拍摄和扫描。

● 声音的录制。

● 图形的绘制。

● 文字的录入。

● 草图的绘制。

素材制作要依据脚本进行，并对每一素材进行编号，以便将来引用。素材制作是非常耗费时间的工作，素材的好坏直接影响到后期制作和系统效果。

4. 媒体的艺术加工

媒体的艺术加工是指对前期制作完成的素材进行再创作。主要包括：图像的加工，如裁剪、色彩平衡、增加艺术特效、与其他图像复合、转换格式等；声音的加工，如音量增大、减小、添加特别效果、频率过滤，与其他声音复合等；文字的加工，如转换成图形、生成艺术字、字形字体设定等；视频影像的加工，如配音、粘贴、特效处理等。

媒体的艺术加工是一个再创作过程，应当按照脚本的要求，将媒体加工成可以直接供程序软件引用的格式和尺寸。这一阶段要使用许多专门的软件，包括图形图像处理软件、视频编辑软件、音频处理软件、动画制作软件等。用这些软件加工生成的文件，应当按照脚本的要求，以特定的格式存放，供集成程序时使用。

5. 媒体集成

媒体集成是多媒体作品的生成阶段，也称程序设计阶段。程序设计者按照自己选择的工具对前面加工出来的各种媒体材料进行逻辑组织。程序设计者按照脚本的要求，以一种流畅完善的控制机制，构成系统的总体框架。然后，按照每一幅画面所要求的媒体布局，将各种经艺术加工生成的媒体材料有机地连接起来。

媒体集成阶段一般是一个反复修正和润色的阶段。通常，总体框架改动不大，但常常要对每个画面进行修正，因为剧本创作者所构思的画面，经过媒体采集和加工者理解，在系统集成以后，往往会发现画面效果并不理想，或者要修改画面布局，或者要修改媒体艺术形式。通常需要反复修正，直到满意为止。

程序设计阶段还要考虑系统的安装方式。设计人员可以自己编写安装程序，或用特定程序来生成安装程序。安装程序要考虑许多用户环境因素，如用户的机器配置等，还要考虑能够使用户方便地进行系统安装、不占用用户太多的硬盘空间、较快地完成安装过程等。

程序设计者设计出来的系统，经试运行表明没有大的问题以后，就可以进行编译或打包，变成可以在操作系统下运行的系统。

系统经开发组认可后，便可以制作成系统的测试版本，由用户试用，请他们提出改进意见。使用测试版的用户大体可分为系统原先确定的用户、系统涉及专业领域的专家、开发多媒体产品的同行等。设计人员要让这些用户从各自的角度提出修改意见，找出系统可能存在的问题，尤其是系统原先确定的用户的意见，他们的看法将决定系统推出以后的实际效果。

6. 后期制作

后期制作指作品完成以后的一些工作。例如，开发一个多媒体光盘产品，当系统完成以后，还需要预制光盘母盘、制作供大量复制用的光盘母盘以及复制光盘。如果仅仅制作少量的光盘，只要利用光盘刻录机直接将硬盘上已经做好的多媒体作品刻录到可写光盘上即可。

此外，后期制作还包括成品光盘的表面图案设计和包装等问题。

本 章 小 结

本章介绍了多媒体作品的设计特点和设计原则。熟悉各种多媒体元素的视觉和听觉效果是进行多媒体作品设计的基础。只有这样，才能根据多媒体作品的设计要求，合理地在作品中应用不同的媒体元素。如何将需要的媒体元素构建成一个好的作品呢？重要的是掌握一些设计原理和美学原则，从需求分析出发，编写大纲和脚本，准备多媒体素材，并进行适当的艺术加工，最后完成媒体的集成和后期制作。

习 题 与 思 考

1. 多媒体版面设计有哪些原则？
2. 多媒体作品开发需要哪些人员？
3. 在多媒体作品中，哪些地方需要背景音乐？
4. 编写多媒体作品脚本时应注意哪些问题？
5. 简述多媒体作品创作的一般步骤。
6. 简述多媒体作品一般有哪些风格及适用场合。
7. 简述多媒体作品内容的表现方式。

第 5 章

多媒体作品素材制作

本章要点：
- 素材的分类。
- 制作文本信息。
- 声音素材的准备。
- 图形、图像素材的准备。
- 图像处理软件——Photoshop。
- 动画制作软件——Flash。

多媒体作品的开发离不开素材，素材是作品的基础。在作品开发过程中，素材准备是作品目标确定后的一项基础工程。素材的种类很多，采集和制作素材的过程中使用的硬件、软件也很多，因此，素材制作是一项工作量极大的任务。本章将要介绍多媒体作品中素材的种类，重点介绍准备素材的一般方法。通过一些软件的操作，学会素材的收集和简单处理。

5.1　素材的分类

根据媒体的不同性质，一般把媒体素材分成文字、声音、图形、图像、动画、视频、程序等。在不同的开发平台和应用环境下，即使是同种类型的媒体，也有不同的文件格式，如文字媒体常见的有纯文本格式、Word 文档格式，声音媒体有 WAV 文件格式和 MIDI 文件格式等。不同格式的文件用不同的扩展名加以区别。下面列举了一些常用媒体类型的文件扩展名。

文字：纯文本文件（.txt）、Rich Text Format 格式文件（.rtf）、写字板文件（.wri）、Word 文件（.doc）、WPS 文件（.wps）等。

声音：标准 Windows 声音文件（.wav）、乐器数字接口音乐文件（.mid）、MPEG Layer 3 声音文件（.mp3）、Macintosh 平台的声音文件（.aif）等。

图形、图像：Windows 位图文件（.bmp）、JPEG 压缩的位图文件（.jpg）、图形交换格式文件（.gif）、标记图像格式文件（.tif）、Post Script 图像文件（.eps）等。

动画：图形交换格式文件（.gif）、Animator 文件（.flc）、Windows 视频文件（.avi）、Flash 动画文件（.swf）、QuickTime 动画文件（.mov）。

视频：Windows 视频文件（.avi）、QuickTime 动画文件（.mov）、MPEG 视频文件（.mpg）、VCD 中的视频文件（.dat）等。

5.2 制作文本信息

在各种媒体素材中文字素材是最基本的素材,文字素材的处理离不开文字的输入和编辑。将文字输入计算机中的方法有很多,除了最常用的键盘输入以外,还可用语音识别输入、扫描识别输入及笔式书写识别输入等方法。目前,多媒体作品多以 Windows 为平台,因此准备文字素材时应尽可能采用 Windows 平台上的文字处理软件,如"写字板"等。选用文字素材文件格式时要考虑作品集成工具软件是否能识别这些格式,以避免所准备的文字素材无法插入到作品集成工具软件中。纯文本文件格式(*.txt)可以被任何程序识别, Rich Text Format 文件格式(*.rtf)的文本也可被大多数程序识别。

有些作品集成工具软件中自带文字编辑功能,但对于大量的文字信息一般不在集成时输入,而是预先准备好所需的文字素材。

文字素材有时也以图像的方式出现在作品中,如通过格式排版后产生的特殊效果,可用图像方式保存下来。这种图像化的文字保留了原始的风格(字体、颜色、形状等),并且可以很方便地调整尺寸。

1. 文字

打开 Word,选择某种输入方式,将需要的文本信息输入计算机。根据需要设置文本的字体、字号、颜色等文本格式,然后就可以作为多媒体作品的创作素材,插入到多媒体应用程序中。

2. 用 Word 制作艺术字

在多媒体作品制作过程中,常常要使用艺术字来美化作品。在 Word 中制作艺术字的具体步骤如下:

① 单击"绘图"工具栏上的"插入艺术字"按钮,弹出图 5-1 所示的"'艺术字'库"对话框。

② 选择一种艺术字的式样,然后单击"确定"按钮, Word 将打开"编辑'艺术字'文字"对话框,如图 5-2 所示。

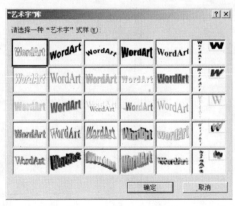

图 5-1 插入艺术字

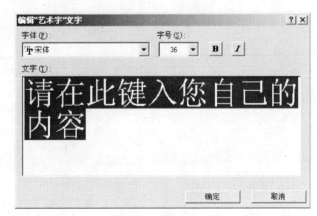

图 5-2 编辑艺术字

③ 在"文字"文本框中输入要制作成艺术字的文字,例如,输入"多媒体素材制作",根据自己的需要,在"字体"下拉列表框中选择一种字体,在"字号"下拉列表框中选择字体的大小。如果想使用斜体字,可单击对话框上的"斜体"按钮;如果想设置粗体字,可单击对话框上的"加粗"按钮。

④ 设置完毕,单击"确定"按钮。

3. 添加特殊的艺术字效果

用鼠标单击艺术字,Word 将自动显示"艺术字"工具,再单击"艺术字"工具上的"艺术字形"按钮(当鼠标在该按钮上时,会出现"艺术字形状"提示),在对话框中选中"细上弯弧"式样,结果如图 5-3 所示。

图 5-3　特殊效果艺术字

4. 输入公式

公式是多媒体作品中经常使用的文本形式,在 Word 中输入公式的具体步骤如下:

① 打开 Word 文档,单击"插入"菜单中的"对象"命令,打开"对象"对话框。

② 在"对象类型"列表框中选择"Microsoft 公式"选项,单击"确定"按钮,弹出"公式"工具栏,如图 5-4 所示。

③ 选择相应的工具可以输入公式,输入完毕,关闭工具栏。

图 5-4　制作公式

实例 制作文本素材

要求：建立一个 Word 文档，输入文本、艺术字和公式。

操作步骤：

① 启动 Word 程序，新建一个 Word 文档。

② 选择一种中文输入法，输入下列文本：

　　蓝鲸是世界上最大的哺乳动物，遍布全球各大洋海域。它身长可达 30 m 左右，体重约 70 t，一张嘴就可以开到容 10 个成年人自由进出的宽度。

　　蓝鲸背脊呈浅蓝色，肚皮布满褶皱，带有赭石色黄斑。它的尾巴宽阔平扁，能在水中自由灵活地摆动，既是前进的动力，也起着方向舵的作用，时速可达 27 km/h。蓝鲸捕食方式属"吞食型"，主要食物是小虾、水母、硅藻等浮游生物。它常在水面张开血盆大口把虾和海水一起吞入口中，接着闭嘴滤出海水，把小虾吞进腹内。一头蓝鲸每天要吃约 4 t 的小磷虾。如果它肚中的食物少于 2 t，它就会饿得发慌，好像是永远吃不饱似的。所以它经常潜入水深三四十米处，搜寻食物。由于长时间待在水中，每次浮上海面换气时，会从鼻孔内喷射出高达 15 m 左右的水柱，远远望去，宛如一股喷泉。蓝鲸的力气很大，大约相当于一台中型火车头的拉力。

③ 插入下面艺术字：

祝你天天快乐！

④ 插入下列公式：

$$T = (x^2 + y^2) \frac{3x + \sqrt{4xy^3}}{x^3 + y^3} e^y + \sqrt{\frac{2kd}{\sqrt[4]{\sum_{i=1}^{} h_i d_i}}}$$

⑤ 保存文档，关闭 Word 窗口。

5.3　声音素材的准备

　　在多媒体作品中，适当地运用声音能起到文字、图像、动画等媒体形式无法替代的作用。如调动作品使用者的情绪，引起使用者的注意等。当然，声音作为一种信息载体，其更主要的作用是直接、清晰地表达语意。

　　作品中声音素材的采集和制作可以有以下几种方式：

● 利用一些软件光盘中提供的声音文件。在一些声卡产品的配套光盘中往往也提供许多 WAV 或 MIDI 格式的声音文件。

● 通过计算机中的声卡，由麦克风采集语音生成 WAV 文件。如作品中的解说词就可采用这种方法制作。

● 通过计算机中声卡的 MIDI 接口,从带 MIDI 输出的乐器中采集音乐,形成 MIDI 文件;或用连接在计算机上的 MIDI 键盘创作音乐,形成 MIDI 文件。

● 使用专门的软件抓取 CD 或 DVD 光盘中的音乐,生成声源素材;再利用声音编辑软件对声源素材进行剪辑、合成,最终生成所需的声音文件。

关于声音素材的获取,在第 3 章中已经介绍,在此不再重复。

实例一 生成 WAV 文件。

目的:利用"录音机"生成 WAV 格式的文件。

要求:利用 Windows 自带的"录音机"进行创建和编辑。

操作步骤:

(1) 设置录音属性

① 单击"开始"→"所有程序"→"附件"→"娱乐"→"录音机"命令,启动"录音机"程序。

② 单击"文件"菜单中的"属性"命令,弹出"声音的属性"对话框。

③ 单击"立即转换"按钮,弹出"声音选定"对话框,从中选择合适的 WAV 文件采样频率、量化字长、声道数和编码格式。

④ 在"名称"下拉列表框中选择 3 种声音质量之一,如"收音质量"。

(2) 录音

单击"录音机"窗口中的圆形"录音"按钮,对着话筒,就可以录音了。录制完毕,单击"结束"按钮,单击"文件"→"保存"命令,在"另存为"对话框中选择合适的驱动器及文件夹,保存为以 .wav 为后缀的文件。

实例二 编辑 WAV 文件。

目的:用"录音机"录制编辑 WAV 文件。

要求:对声音进行剪辑或者特殊的效果处理,以达到所要求的品质。

操作步骤:

(1) 剪辑文件

① 在"录音机"中打开要剪辑的声音文件。

② 单击"播放"按钮,试听声音,注意记录时间标尺上的刻度。

③ 拖动标尺上的滑块来定位起始和结束时间。

④ 单击"编辑"菜单中的"删除当前位置以内的内容"和"删除当前位置以后的内容"命令,删除声音文件中多余的头部和尾部。

⑤ 播放剪辑后的效果,如果不满意,可以继续剪辑。

⑥ 以新的文件名保存文件,结束剪辑操作。

(2) 对文件作特殊效果处理

对文件进行下列特殊处理:

① 连接两个声音文件。

② 对两个声音文件做混音操作。

③ 调整音量。

④ 调整速度。

⑤ 添加回音。

⑥ 反向播放声音文件。

5.4 图形、图像素材的准备

5.4.1 图形、图像基础知识

图形、图像是表达思想的一种手段,传统的图形、图像是固定在图层上的画面。如一张照片,就是通过光学摄影术而制成的一幅静态的画面,它一旦形成就很难再改变。

数字图形、图像是以二进制数据 0 和 1 表示的,其优点是便于修改、易于复制和保存,可分为矢量图和位图。

位图以点或像素的方式来记录图像,因此图像由许许多多小点组成。创建一幅位图图像的最常用方法是通过扫描来获得。位图图像的优点是色彩显示自然、柔和、逼真。其缺点是图像在放大或缩小的转换过程中会产生失真,且随着图像精度提高或尺寸增大,所占用的磁盘空间也急剧增大。如图 5-5 所示,位图放大后图像变得模糊。

矢量图是以数学方式来记录图形的,由软件制作而成。矢量图的优点是占用的存储空间小,在图形的尺寸放大或缩小过程中图形的质量不

图 5-5 位图和放大 4 倍后的图比较

会受到丝毫影响,而且它是面向对象的,每一个对象都可以任意移动、调整大小或重叠,所以很多3D 软件都使用矢量图。矢量图的缺点是用数学方程式来描述图形,运算比较复杂,而且所制作出的图形色彩显得比较单调,图形看上去比较生硬,不够柔和逼真。

在图形的复杂程度不大的情况下,矢量图具有文件短小、可无级缩放等优点。

图形、图像的采集主要有 5 种途径:用软件创作,扫描仪扫描,数码相机拍摄,数字化仪输入,从屏幕、动画、视频中捕捉。

5.4.2 常用图形、图像处理软件

常见的图形创作工具软件中,Windows“附件”中的“画图”是一个功能全面的小型绘图程序,它能处理简单的图形。还有一些专用的绘图软件,如 AutoCAD 用于三维造型,CorelDRAW、FreeHand、Illustrator 等用于绘制矢量图形等。

图像素材的采集大多通过扫描完成,高档扫描仪能得到高精度的彩色图像。现在流行的数码相机为图像的采集带来极大的方便,而且成本较低。数字化仪用于采集工程图像,在工业设计领域有广泛的用途。

　　图像素材还可用屏幕抓图软件获得,屏幕抓图软件能抓取屏幕上任意位置的图像。在使用播放解压软件(如"超级解霸")播放 DVD 时,能从 DVD 画面中抓取图像,大大地拓展了图像的来源。常用的屏幕抓图软件有 HyperSnap-DX、Capture Professional、PrintKey、SnagIt 等。这些软件都可从相应公司的网站上下载试用版本,也可从国内的一些软件下载站点上下载,如华军软件园(http∶//www.newhua.com)、soft168 (http∶//www.soft168.com) 等。

　　图形、图像编辑软件很丰富, Photoshop 是公认的最优秀的专业图像编辑软件之一,它有众多的用户,但精通此软件并非易事。CorelDRAW、Illustrator、FreeHand 等也都是创作和编辑矢量图形的常用软件。

5.4.3　使用 HyperSnap-DX 抓图

1. 下载并安装 HyperSnap-DX

　　下载网址为∶http∶//www.hyperionics.com 或其他一些软件下载站点,如华军软件园等。安装后请立即注册。

2. 运行 HyperSnap

　　单击"开始"→"所有程序"→ HyperSnap-DX4 → HyperSnap-DX 命令,启动 HyperSnap-DX,界面如图 5-6 所示。

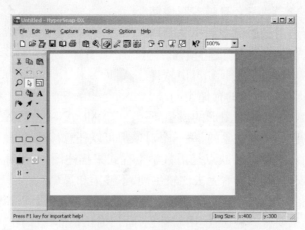

图 5-6　启动界面

3. 使用 HyperSnap-DX

(1) 设置抓图热键

　　HyperSnap-DX 系统提供了一套抓图热键,且允许用户重新定义一套适合自己习惯的抓图热键。

　　单击 Options → Configure Hot Keys 命令,弹出 Screen Capture Hot Keys 对话框,如图 5-7 所示。在这里可以按自己的习惯配置各类热键,若要利用系统默认设置,可以选中 Enable Hot Key 复选框,激活热键抓图功能,再单击 Defaults 按钮。默认情况下热键定义如下。

- Ctrl+Shift+F∶抓取整个屏幕(或桌面)。
- Ctrl+Shift+V∶抓取虚拟桌面。

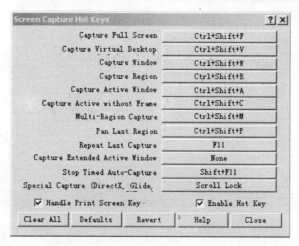

图 5-7 Screen Capture Hot Keys 对话框

● **Ctrl+Shift+W**：抓取某个标准的 Windows 窗口，包含标题栏、边框、滚动条等。按下抓图热键后，鼠标光标会变为手掌形，此时将光标移到需要抓取的窗口上，会出现闪烁的黑色矩形框，按左键抓取该窗口，按右键取消本次操作。

● **Ctrl+Shift+R**：抓取随意指定的矩形屏幕区域。当按下抓图热键后，鼠标指针会变为"十"字形，此时在需要抓取的图像区域的左上角按下鼠标左键，然后拖曳鼠标到区域的右下角，在矩形框中还会以像素为单位显示矩形框的大小，例如 80×100。松开鼠标左键，再单击左键，矩形框内的区域被抓取。

● **Ctrl+Shift+A**：抓取当前活动窗口。

● **Ctrl+Shift+C**：抓取不含边框的当前活动窗口，即不包括标题栏、边框、滚动条等。此项对于抓取那些运行时仍然保留窗口元素的游戏、多媒体软件的图像尤为实用。

● **Ctrl+Shift+M**：随意抓取多窗口，这是 HyperSnap-DX 特有的功能，它允许用户抓取屏幕上多个活动窗口，可以是连续的，也可以是分离的。

● **Ctrl+Shift+P**：抓取面板上最近的区域。

● **F11**：重复最近一次的抓取。

● **Shift+F11**：中断自动抓取操作。

● **Scroll Lock**：抓取特殊的影像（DirectX、3DFX GLIDE 游戏和 DVD 等）。

如果要改变热键，可单击要修改的按钮，屏幕出现热键选择对话框，在键盘上按所要的热键，单击 OK 按钮。

(2) 设置抓取的图像输出方式

HyperSnap-DX 提供了多种图像输出方式。可以将抓取的图像送到剪贴板，也可输出到打印机，还可直接存盘。如果连上 Internet，还可以将抓取的图像通过电子邮件发送给 Internet 上的朋友。单击 Capture→Capture Settings（捕获设置）命令，弹出图 5-8 所示 Capture Settings 对话框。

Capture 选项卡是 Capture Settings 对话框打开后默认显示的选项卡。在这个选项卡中，可以设置抓图时间、是否显示帮助文档窗口、背景颜色的设置等属性。

单击 Crop & Scale 标签，弹出 Crop & Scale 选项卡，如图 5-9 所示。

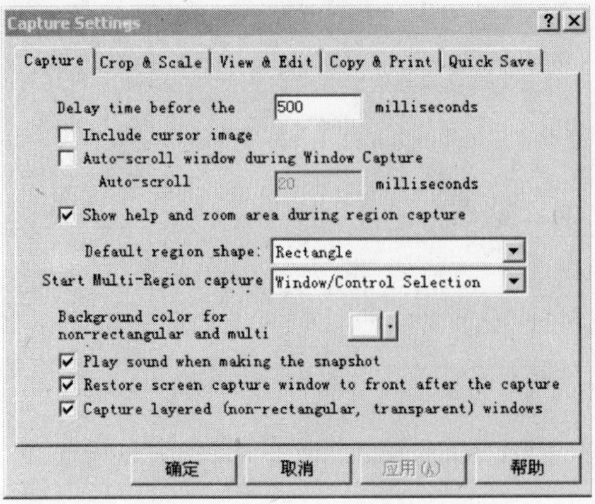

图 5-8　Capture 选项卡

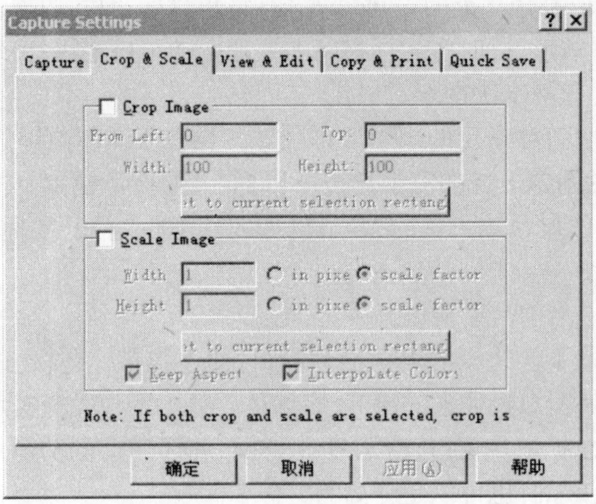

图 5-9　Crop & Scale 选项卡

　　选中 Crop Image 复选框,可以设置剪切图像的区域或大小;选中 Scale Image 选项卡,可以设置缩放比例的大小。

　　单击 View & Edit 标签,弹出 View & Edit 选项卡,如图 5-10 所示。在这个选项卡中,可以选择新抓图片的存放与查看方式。比如,用新抓的图片替换在 HyperSnap 窗口中已有的图片;粘贴每一张新的图片到当前 HyperSnap 窗口中;不改变当前窗口中的图片,这种方式将会把新抓的图片保存在剪贴板或者保存成文件,也可以直接打印它。

　　单击 Copy & Print 标签,弹出 Copy & Print 选项卡,如图 5-11 所示。

　　在这个选项卡中,可以设定是否将每一张图片复制到剪贴板中,然后自动粘贴每一张图片到 Word 文件中,也可以设定为自动打印每一张抓取的图片。

　　如果需要将每次抓取的图像自动以有规律的图像文件名保存起来,则可选中 Quick Save 标签,打开 Quick Save 选项卡,如图 5-12 所示,在其中选中 Automatically save each capture to a file 复选框。

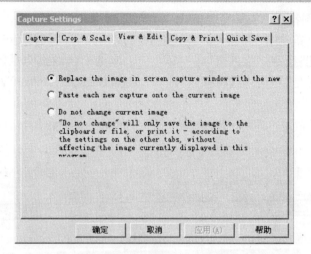

图 5-10 View & Edit 选项卡

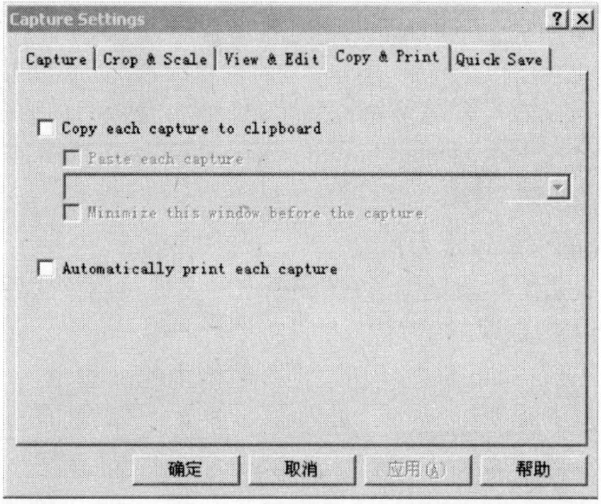

图 5-11 Copy & Print 选项卡

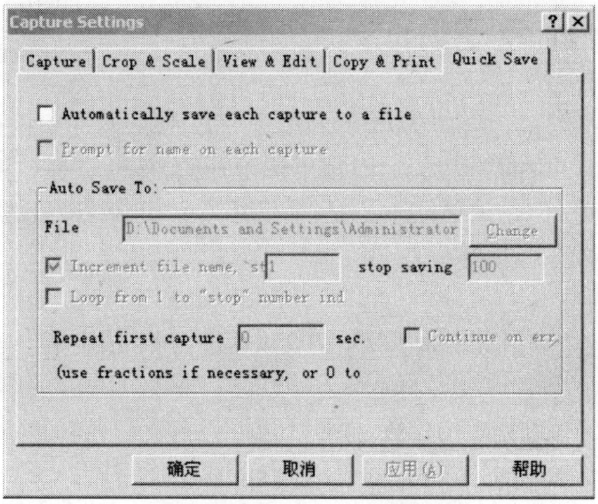

图 5-12 Quick Save 选项卡

如果希望每次抓图都提示文件名,应选中 Prompt for name on each capture 复选框。

在 Auto Save To File 栏中,单击 Change 按钮,出现 Save As 对话框,可以自由指定所抓图像文件存储的驱动器和路径,在"文件名"中可以指定自动命名的图像文件名的开头字母(系统默认为 snap),在"文件类型"中可以选择存储的格式,包括 BMP、GIF 和 JPG 等格式。

4. 状态设置

单击 Options→Startup and Tray Icon 命令,打开 Startup and Tray Icon 对话框,如图5-13所示。

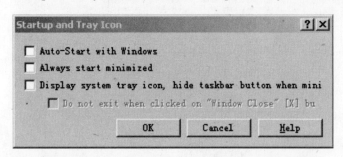

图 5-13   状态设置

在这个对话框中,可以设置是否随 Windows 一起启动,是否启动后总是以最小化显示;选中"Display system tray icon only,hide taskbar button when minimized"复选框,可最小化成一个图标。

5. HyperSnap 的抓图步骤

使用 HyperSnap 抓图的大致过程为:

① 运行 HyperSnap,设置好抓取范围、热键和抓取的图像输出方式后,将其最小化。

② 运行目标程序,调出欲抓取的画面。

③ 按下热键抓图,HyperSnap 将自动抓取预设范围内的画面,然后向用户询问存盘文件名和路径,或自动存盘。

当按下 Region (区域)抓图热键后,鼠标会变为"十字"形,此时用户应在需要抓取的图像区域的左上角按下鼠标左键,然后将光标拖曳到区域的右下角,框选要抓取的图像,松开鼠标左键,再单击左键,即完成抓图。如果选取的区域不理想,可在松开鼠标左键后,单击右键取消本次操作。

6. HyperSnap 的抓图技巧

(1) 鼠标抓取功能

有时为了演示操作过程,需要将鼠标指针的位置一并抓取,这时可以选中 Capture → Capture Settings → Include Cursor Image 选项。这时按下热键抓图,就会在抓取图像时同时将鼠标指针的形状、位置一并抓下来。但是需要注意的是,当使用 Ctrl+Shift+R 热键(抓取随意指定的矩形屏幕区域)时,就不能抓取鼠标指针了。

(2) 连续抓取多张图像

有些游戏软件运行时不能使用 Alt+Tab 热键切换程序,并且锁定了一些抓图热键,一般的抓图方法就失效了。使用 HyperSnap 提供的 Quick Save 功能,不仅可以在不退出应用程序或游戏的情况下顺次将抓取的图像保存到指定的位置,而且还可以设置自动抓取间隔时间,如设为 10 s,则第一次按下抓图热键抓取一幅画面后,每隔 10 s,HyperSnap 自动对同一区域抓图一次,依次保存为 snap001.bmp、snap002.bmp……直到按下 Shift+F11 热键,中断自动抓图或定义的序号的最后一张为止。如果选中后面的 Continue on error,则抓图时不会因为系统忙等原因终止抓图。

(3) 抓取超长图像

很多用户在 Windows 下抓图时都碰到过这种情况:想抓取的目标画面太长而在一屏上显示不了,须用滚动条上下拖动才能看到整个画面。这时,用一般的抓图软件最多只能抓取整屏的画面,如果想抓取整幅画面,只好分屏抓成几个文件,再用绘图软件把它们拼接起来。而 HyperSnap 却突破了这个限制,首先选中 Capture → Capture Settings → Auto Scroll Windows 选项,然后再抓长图,这样 HyperSnap 能够突破屏幕和滚动条的限制,自动一边卷动画面一边抓图,从而把很长的画面一次性全部抓取,极大地方便了用户。

限于篇幅,不再详细介绍 HyperSnap-DX 的功能,读者可参阅其他资料或上网查询。

另外,也可用腾讯 QQ 聊天窗口中的屏幕截图工具抓图。在聊天状态下,同时按住"Ctrl+Alt+A",即可进入屏幕截图功能。读者不妨自己亲自试一下。

5.4.4 图像浏览

ACDSee 是目前非常流行的看图工具之一。它提供了良好的操作界面、简单人性化的操作方式、优质的快速图形解码方式、强大的图形文件管理功能,支持丰富的图形格式,等等。

ACDSee 的版本更新速度并不是很快,而且新旧版本界面之间的差异也不是很明显。但每次推出新版本时,程序上都会增加一些小功能。目前,ACDSee 可以支持 WAV 格式的音频文件播放,程序将朝着多媒体应用及播放平台方向发展。

ACDSee 5.0 可快速启动,可浏览大多数的图像格式,新增了对 QuickTime 及 Adobe 格式文档的支持;可以将图片放大缩小,可根据窗口的大小自动缩放图片,可全屏浏览图像,并且支持 GIF 动画;不但可以将图像转成 BMP、JPG 和 PCX 格式,而且可方便地将图像设置为桌面背景;可以播放幻灯片的方式浏览图片,可以看 GIF 动画。同时,ACDSee 提供了方便的电子相册,有十多种排序方式,树状显示文件夹,等等。

ACDSee 还提供了许多图像编辑功能,包括数种图像格式的转换,进行简单的图像编辑,复制至剪贴板,旋转或裁剪图像,设置桌面背景,可以从数码相机导入图像。另外,使用 ACDSee 可以在网络上共享图像,通过网络快速传送图像。

下载并安装 ACDSee 5.0 后,就可以直接使用该软件了。

启动 ACDSee 5.0 后,屏幕上出现了 ACDSee 5.0 的主界面,如图 5-14 所示。

在主界面中,通过菜单命令或工具按钮,可以进行相应的操作。例如:新建窗口、文件夹、相册,打开图像,获取图像,打印图像等操作,可以对图像进行编辑等操作。

1. 浏览图片

课件制作、文稿演示都离不开图片,而看图是 ACDSee 的看家本领。运行 ACDSee 5.0,打开 ACDSee 5.0 窗口,如图 5-14 所示。可以看到 ACDSee 5.0 窗口分为三个区域:上部是菜单栏和工具按钮区域,用于执行 ACDSee 5.0 相关的操作;左侧是文件夹;右侧是文件夹中图片预览区。在图片预览区点击某一图片,则可以从该图片开始浏览该文件夹中的图片,并可以在图片浏览过程中,对显示的图片进行编辑、查看、缩放等操作。

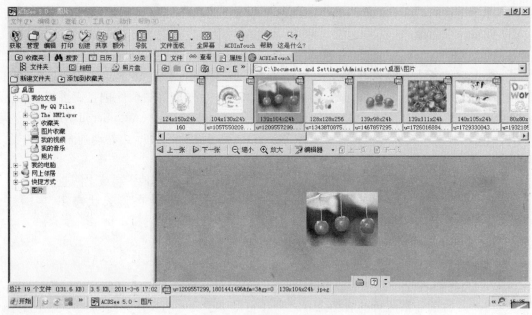

图 5-14　ACDSee 主界面

2. 图像格式转换

ACDSee 可轻松实现 JPG、BMP、GIF 等图像格式的任意转换。最常见的做法是将 BMP 格式转换为 JPG 格式,这样可大大减小图片文件的大小。

文件格式转换的步骤如下:

① 在 ACDSee 5.0 窗口中,打开一个位图文件。

② 选择"工具"菜单中的"格式转换(C) …"命令,如图 5-15 所示。

③ 在弹出的"图像格式转换"对话框中选择要转换的图像格式,并设置相应的参数。

④ 单击"确定"按钮,完成图像的转换。

小技巧:

ACDSee 5.0 支持批量转换文件格式。按住 Ctrl 键,选择多个文件,然后单击右键,选择的相应转换命令即可。

3. 获取图像

(1) 截取屏幕图像

ACDSee 的截图功能虽然不像 HyperSnap 那么强大,但截取桌面、窗口或选中的区域是非常方便的。

截取屏幕图像的步骤如下:

① 单击"工具"→"动作"命令,弹出"动作向导"对话框,如图 5-16 所示。

② 在"动作向导"对话框中,单击"获取"图标,选择"屏幕"图标,并单击"确定"按钮,然后按需要选择即可截取屏幕图像。

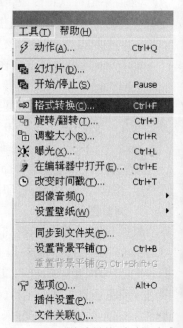

图 5-15　"格式转换(C)"命令

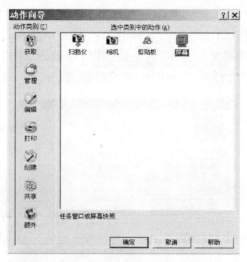

图 5-16 "动作向导"对话框

(2) 从扫描仪中获取图像

使用 ACDSee 可以从扫描仪获取图像。具体步骤如下：

① 单击"工具"→"获取"→"扫描仪"命令，弹出"扫描设置"对话框。

② 进行扫描前的设置，设置自动保存的命名规则、保存格式（BMP 或 JPG）、保存位置。

③ 调出扫描仪操作对话框，进行扫描。

关于图片格式，需要转移或放入课件中的一般是 JPG 格式。若是用 OCR 进行文字识别，则必须用 TIFF 或 BMP 格式。

4. 批量重命名

我们经常需要对图片进行有序的管理，此时一般需对拍摄的原始图像文件重新命名。按住 Ctrl 键的同时单击选择需要重命名的文件，然后单击右键，选择"批量重命名"命令即可，如图 5-17 所示。

图 5-17 "批量重命名"命令

5、建立文件清单

对于素材光盘,可以用 ACDSee 制作文件清单。运行 ACDSee,从目录树中找到光盘驱动器,从"工具"菜单中选择"生成文件列表"命令,如图 5-18 所示,便产生一个文本文件,文件名为 Folder-Contents,存放于临时文件夹 TEMP 下,该文件记录了光盘中的文件夹和文件信息。

图 5-18 "生成文件列表"命令

6. 声音的预听

在制作课件时,用 ACDSee 选择一个恰当的声音非常方便:用鼠标选择一个声音文件,在预览区便出现播放进度条和控制按钮。支持常用的格式:MP3、MID、WAV 等。

7. 影片的预览

ACDSee 能够在媒体窗口中播放视频文件,并且可适当地提取视频帧,将它们保存为独立的图像文件。在文件列表中,双击一个多媒体文件可以打开媒体窗口,播放、截图都很简单。

8. 图像的简单处理

完全安装 ACDSee 5.0 时会默认安装图像编辑器 ACD FotoCanvas 2.0,利用该编辑器中的一些工具,能够方便地增强图像效果。方法是:在需要处理的图像上单击右键,选择"编辑"命令,打开编辑器并载入需要编辑的图像。

① 裁剪:在图像处理过程中,裁剪是最常用的编辑功能,如将扫描后图像的黑边去掉、取图像中的一部分插入文件等,都要进行裁剪。

② 调整大小:在 ACDSee 中调整图像大小非常简单,单击工具栏的相关按钮,在弹出的对话框中输入百分比或重新指定图像的大小即可。但是要注意,在调整大小时,不能取消保持外观比率,否则图像会失真。

③ 旋转:从数码相机中拍摄的素材或扫描仪获得的图像会出现角度不合适的情况,此时就需要将图像进行旋转,这在 ACDSee 中易如反掌。

④ 翻转:在平面镜成像的课件中,若需要对称的两个物体图像,便可通过翻转来制作。

⑤ 调节曝光:图片的亮暗不满足要求或为了某种效果,往往要改变图片的曝光量,在图片编辑器中很容易完成这种操作。

5.5 图像处理软件Photoshop

一般来说,通过各种途径获得的图像,都需要对其做进一步的加工才能应用到多媒体课件中。这时就要用到图像处理软件。Adobe Photoshop 是目前最常用的图像处理软件之一,目前常用的版本为 Photoshop CS4。

5.5.1 Photoshop CS4 的界面

在安装了 Photoshop CS4 后,单击"开始"→"所有程序"→"Adobe Photoshop CS4"→"Adobe Photoshop CS4"命令,即可启动 Photoshop CS4。

启动后的界面如图 5-19 所示。Photoshop CS4 的主窗口由以下几个部分组成:标题栏、菜单栏、工具箱、状态栏和浮动面板等。

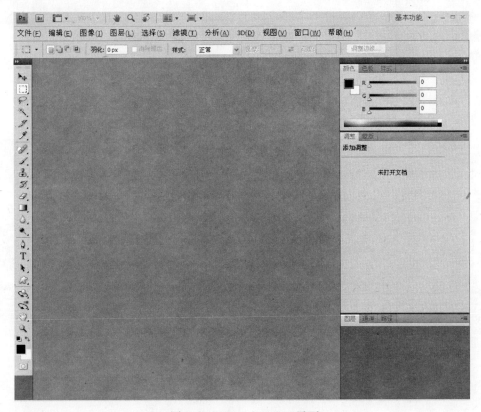

图 5-19　Photoshop CS4 界面

1. 菜单栏

与大多数 Windows 程序一样,可以利用菜单对当前对象进行操作。菜单栏位于标题栏下,由"文件"、"编辑"、"图像"等 11 个菜单组成。每个菜单包含许多命令,利用这些命令可以完成图像的建立、编辑和修改等操作。

2. 工具箱

在 Photoshop 中,图像处理的主要工具都放在工具箱中,这些工具可以分别用来绘图、编辑图像、选择颜色、观察图像和标注文字等。有很多工具在工具箱中共用一个图标,这些图标的右下角有一个三角形的箭头,单击该箭头,就能将隐藏的工具显示出来。工具箱如图 5-20 所示。

3. 面板

面板又称为调板,它们是浮动的,可以放在屏幕上的任意位置。这些面板主要用来选择颜色、编辑图像、显示信息和给工具设置参数等。默认情况下,面板分成 3 组。第一组由"颜色"、"色板"、"样式"3 个面板组成,第二组由"调整"、"蒙版"2 个面板组成,第三组由"图层"、"通道"、"路径"3 个面板组成,如图 5-21 所示。

每一个面板都可以显示或隐藏起来。例如,若要将已隐藏起来的"颜色"面板显示出来,只需在"窗口"菜单中选择"颜色"命令即可。

图 5-20　工具箱

图 5-21　面板

用户既可以在"窗口"菜单中选择相应的命令,也可以单击面板右上角的 × 按钮,将面板隐藏起来。

"导航器"面板用来观察图像,通过鼠标拖动"导航器"下方的三角滑块可对图像进行缩放。

"色板"面板提供了许多现成的色块,单击其中的色块,可以设置前景色或背景色。此面板与"颜色"面板的功能相同,只是设置的颜色种类比较少。

"样式"面板主要是为了指定绘制图像的模式,"样式"面板实际上是图层风格效果的快速应用,可以使用它迅速实现图层特效。

"调整"面板可快速访问用于在"调整"面板中非破坏性地调整图像颜色和色调所需的控件,包括处理图像的控件和位于同一位置的预设。

"蒙版"面板提供具有以下功能的工具和选项:创建基于像素和矢量的可编辑的蒙版、调整蒙版浓度并进行羽化,以及选择不连续的对象。

"图层"面板用来建立或删除图层,或者设置图层的透明度。图层就像绘画的纸,每张纸都是透明的,叠在一起就可以看到综合的图像。

"通道"面板用于切换显示图像的通道,以便在各个通道之间进行编辑处理。

"路径"面板用于显示图像路径,以便对路径进行填充、描边和转换成选区等操作。

4. 状态栏

状态栏位于主窗口的底部,随操作状态不同显示不同的内容。状态栏用于显示图像的状态、文档的大小、视图的缩放比例等。

5.5.2 Photoshop 的文件操作

1. 新建图像文件

新建图像文件的步骤如下:

① 打开"文件"菜单,单击"新建"命令,弹出图 5-22 所示的"新建"对话框。

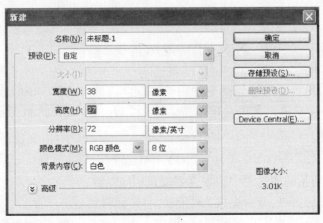

图 5-22 "新建"对话框

② 设置文件名、尺寸、分辨率等信息。一般课件中的图像分辨率设置为 28 像素 / 厘米左右。在"颜色模式"下拉列表框中选择一种颜色模式,默认为"RGB 颜色"。

③ 在"背景内容"下拉列表框中选择新建文件的背景颜色。默认的背景颜色为白色,透明表示无背景色。

④ 单击"确定"按钮,完成新建操作。

2. 打开图像文件

对于保存在磁盘或光盘上的图像文件,可以打开它,然后再对其进行操作处理。Photoshop 几乎可以打开所有格式的图像格式文件。打开图像文件的步骤如下:

① 单击"文件"→"打开"命令,弹出"打开"对话框。

② 在"查找范围"下拉列表框中找到图像文件所在的文件夹。

③ 在文件列表栏中选择需要打开的文件,单击"打开"按钮,即可打开图像文件。

3. 保存图像文件

完成对图像的处理后,应将图像保存到磁盘中,以便日后使用。保存图像文件的步骤如下:

① 单击"文件"→"存储"或"存储为"命令,弹出"存储为"对话框。

② 设置保存路径,输入文件名。

③ 单击"保存"按钮。

4. 关闭图像文件

下列方法之一,可以关闭图像文件。

● 打开"文件"菜单,单击"关闭"命令。

● 单击图像右上角的"关闭"按钮 ✖ 。

如果文件在上一次保存后作了修改,系统会弹出提示对话框,询问是否保存所做的修改。如果需要保存,单击"是"按钮,否则,单击"否"按钮。

5.5.3　常用图像编辑操作

在制作课件的过程中,最常用的操作是图像的合成。例如,将一幅图像中的某部分或全部进行复制,然后粘贴到另一幅图像中。下面介绍常用的图像操作方法。

1. 选区操作

要对图像进行操作,首先要选中要操作的部分,即建立选区。

(1) 选择规则区域

在 Photoshop 中,选框工具可以选取规则的区域。选框工具有"矩形选框工具"、"椭圆选框工具"、"单行选择工具"、"单列选择工具"、"裁切工具"等。以"矩形选框工具"为例,选择一个矩形区域的步骤如下:

① 单击工具箱中的"矩形选框工具" ▢ ,选择 ▪ ▢ 矩形选框工具　M 。

② 在如图 5-23 所示的属性栏中根据需要设置相应参数。

③ 将光标移到图像区域,光标变成"+"形状,将光标移到适当位置。

④ 按住鼠标左键向适当方向拖动鼠标,形成一个以光标起始点为顶点的矩形,当矩形拖到适当大小时,即可创建一个矩形选区,如图 5-24 所示。

(2) 选择不规则区域

图 5-23 "选框选项"属性栏

图 5-24 矩形选区

利用套索类工具可以选取不规则的区域。在 Photoshop 中,套索类工具有 3 种:"套索工具"、"多边形套索工具"和"磁性套索工具"等。利用套索类工具选取不规则的区域的步骤如下:

① 在工具箱中选择"套索工具" ⌂,将光标移到图像上,光标变成套索形状。

② 将套索的绳头移到要选择的区域边界上,按下鼠标左键并沿着边界路径移动光标。

③ 当光标移动的路径闭合时,释放鼠标,则选中该区域。

(3) 扩展和缩小选区

有时,需要在已经制作完成的选区上再扩大选取一块,就可以利用 Shift 键来达到目的。具体步骤如下：

① 在图像中先创建一个选区。

② 按住 Shift 键,在工具箱中选择一个选区工具,将光标移到图框内,则出现一个带"+"号的"十"字形光标。

③ 在创建第二个选区后,释放鼠标左键与 Shift 键。如果这两个选区是分离的,则两个选框同时存在。如果这两个选区相交,则这两个选区将合并成一个大选区,如图 5-25 所示。

图 5-25　扩展选区

(4) 保存选区

建立选区是一个费时的工作,如果别的图层会再次用到该选区,可以将该选区保存下来,以节省时间。一个图像可以保存多个选区。保存选区的步骤如下：

① 在图像中设置好要保存的选区。

② 单击"选择"→"存储选区"命令,打开"存储选区"对话框,如图 5-26 所示。

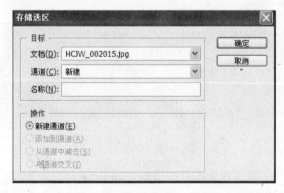

图 5-26　"存储选区"对话框

③ 选择是将选区保存在当前图像中,还是保存在另一幅图像或新建一幅图像进行保存。系统默认为保存在当前图像中。

④ 选择是新建一个通道还是覆盖原有通道。如果要保存到新通道,需输入新通道名称。

⑤ 单击"确定"按钮,保存选区。

（5）调用保存的选区

调用保存的选区的步骤如下：

① 单击"选择"→"载入选区"命令，打开图 5-27 所示的"载入选区"对话框。

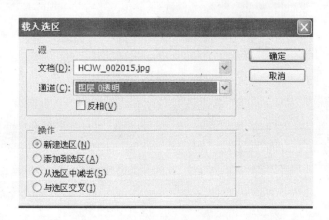

图 5-27 "存储选区"对话框

② 选择或输入源图像文件名和通道名称。

③ 选择是新建选区还是与已设置的选区进行"并"或"交"等操作。如果想反相调用选区，则选择"反相"复选框。

④ 单击"好"命令，则在目标文档中建立一个存储选区。

注意：

"反相"就是将选区之外的图像变成选区。

2. 图层操作

Photoshop 中的图层可以理解为透明胶片。可以在每一张透明胶片上绘制图像的一部分，然后将多张胶片叠放在一起，就可以看到整个图像。

新建一个图像文件时，系统自动建立一个背景图层，这个背景图层相当于一块画布。利用"图层"面板，可以对图层进行创建、复制、合并、删除等操作，也可以隐藏或显示单独的图层。

（1）创建图层

创建图层的步骤如下：

① 单击"图层"面板上的 按钮，弹出图 5-28 所示的"图层"面板菜单。

② 单击"新建图层"命令，弹出"新建图层"对话框，如图 5-29 所示。

③ 参数设置完毕，单击"好"按钮。

（2）复制图层

复制图层的步骤如下：

① 在"图层"面板中单击要复制的图层，使其成为当前层。

② 单击"图层"面板上的 按钮，在"图层"面板菜单中选择"复制图层"命令，打开"复制图层"对话框。

③ 输入新图层的名称，或者采用默认值，单击"确定"按钮。

（3）删除图层

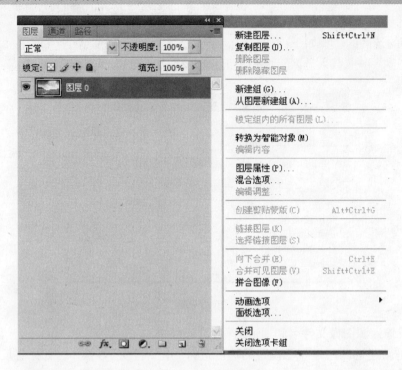

图 5-28 "图层"面板菜单

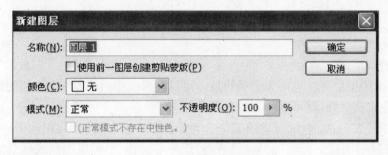

图 5-29 "新建图层"对话框

删除图层的步骤如下:

① 在"图层"面板中单击要删除的图层,使其成为当前层。

② 单击"图层"面板上的 ![](按钮,在"图层"面板菜单中选择"删除图层"命令。

(4) 移动图层

移动图层的步骤如下:

① 在"图层"面板中单击要移动的图层,使其成为当前层。

② 如果需要同时移动多个图层,可在"图层"面板中单击需要同时移动的图层链接标记,将多个图层链接为一个图层组。

③ 在工具箱中选择"移动工具",将光标移到图像中,按住鼠标,向适当的方向拖动。

(5) 设置图层的可见性

如果要分别编辑图像的某一图层,需要将被编辑的图层设为可见,而将其他的图层隐藏起来。当图层可见时,在"图层"面板中会出现一个 👁 图标,单击该图标,则消失,图层被隐藏。

(6) 链接图层

链接图层是将多个图层链接成一个图层组,这时所有的编辑操作将对图层组中所有图层有效。链接图层的步骤如下:

① 按住键盘上面的 Ctrl 键,选中需要链接的所有图层。

② 单击"图层"面板最下方链接图标 🔗 。

③ 所有具有图层链接图标的图层和当前层成为一个图层组。

(7) 将背景图层转换为普通图层

每个图像都具有一个背景图层,背景图层在新建图像时自动产生。背景图层决定了整个图像的尺寸,因此背景图层的图像应该是所有图层中尺寸最大的,否则其他图层中的图像就会被裁剪掉。

背景图层不能进行常规的图层操作。如果需要,可以将背景图层转换为普通图层。具体步骤如下:

① 双击"图层"面板的"背景图层",弹出"建立图层"对话框。

② 输入新图层名称,单击"确定"按钮,即可将背景图层转换为普通图层。

(8) 调整图层排列顺序

调整图层排列顺序就是改变图层在图像中的叠放顺序,但是,背景图层的位置不可以改变,永远在图像的最底层。调整图层排列顺序的步骤如下:

① 在"图层"面板中,选择要改变排列顺序的图层。

② 按住鼠标不放,将其拖到其他层的上方或下方释放鼠标,图层的排列顺序即被改变。

(9) 合并图层

合并图层就是将多个图层合并为一个图层,这样,将使图像文件变小,从而节省磁盘空间。合并图层的具体步骤如下:

① 将所有图层设定为可见,因为合并图层将删除所有不可见的图层。

② 在"图层"菜单中选择"拼合图层"命令。如果图像中有隐藏图层,将弹出警告对话框,以免将有用图层删除。

③ 单击"确定"按钮。

3. 文字操作

在图像上添加文字是制作课件中常见的操作。Photoshop 工具箱中有 4 个文字工具 T T T T ,利用它们可以在图像中添加文字或设置文字模板。

在默认情况下,以前景色作为添加文字的颜色。文字被添加到图像中后,就被当做图像的一部分,可以像处理图像一样来处理文字,但是,对文字应用了图层的效果后,就不能再用文字处理的方法来处理文字了。

(1) 添加文字

添加文字的具体步骤如下:

① 在工具箱中选择"横排文字工具" T ,将光标放在图像中要插入文字的位置,光标变成 I 形时,单击鼠标左键,输入文字,如图 5-30 所示。

② 根据需要设置文字的属性。

字体:选择安装在 Windows 中的字体。

图 5-30 在图像上添加文字

大小:定义文字的大小。

行距:相邻两行文字之间的间距。

字距微调和字距调整:用于控制字间距,正值使字符远离,负值使字符紧排。

基线:用于控制文字在当前行的垂直位置,用此选项可以创建上标或下标。

消除锯齿:使文字的边缘光滑。

旋转:只对垂直排列的文字工具有效。选中此项,则文字以顺时针 90°的方向排列文本。

颜色:设定文字的颜色。

③ 在工具箱中,选择"移动工具",把光标移动到文字上,按住鼠标左键,拖动文字到合适的位置,结果如图 5-31 所示。

图 5-31 添加文字

（2）修改文字

如果输入的文本有错误，或者对文本格式不满意，可以对其进行修改。具体操作步骤如下：

① 将光标放在"图层"面板的文字层的名称上，双击鼠标左键，选中文字图层的所有文字。

② 根据需要重新输入文字，在文字工具属性栏内重新设置文字格式。

③ 单击"移动工具"，查看修改后的文字效果。

（3）对文字使用图层效果

对文字设置图层效果也就是给文字加上各种阴影、发光、浮雕等效果，从而制作出满意的美术字。具体步骤如下：

① 将鼠标指向"图层"面板的"文字"图层的标记 T.，单击鼠标右键，从快捷菜单中选择"混合选项"，在打开的"图层样式"对话框中选项"斜面与浮雕"选项。

② 在弹出的对话框中，选择并调整参数，并可以立即预览效果。

③ 设置完毕，单击"确定"按钮，效果如图 5-32 所示。

图 5-32　设置层效果

5.5.4　图像的基本操作

1. 复制图像

复制图像就是将整个图像或图像中的一部分复制到剪贴板，再用粘贴的办法，将剪贴板中的图像粘贴到图像的其他部分或另一幅图像中。

（1）使用菜单命令

使用菜单命令复制图像的具体步骤如下：

① 选定要复制的图像，或用选框工具选取图像中的一部分。

② 在"编辑"菜单中，选择"拷贝"命令，这时选定的图像或选区就被复制到剪贴板。

③ 选择"编辑"→"粘贴"命令，这时，Photoshop 自动建立一个新图层，并把剪贴板中的图

像粘贴到新的图层中。

　　若要复制所有图层中的图像,就应该选择"编辑"菜单中的"合并拷贝"命令。打开另一幅图像,使之处于活动状态,将复制的图像粘贴到另一幅图像中,结果如图5-33所示。

图5-33　复制图像

　　(2) 使用"仿制图章工具"

　　使用"仿制图章工具",能够从图像中取出一个图样,然后以取来的图样为基础,复制到其他图像中,或复制到同一图像的其他位置。具体步骤如下:

　　① 在工具箱中选取"仿制图章工具" 🔖 。

　　② 在其属性栏上设置必要的参数,也可以不加设置,使用默认值。

　　③ 在"画笔"面板中选择某一规格的画笔。将光标放置在图像中,移到某处,按住Alt键,单击鼠标左键,设置取样点。

　　④ 将光标移动到要放置复制图像的位置,按住鼠标左键,这时取样点有一个"十"字形的光标,新的位置有一个图章形的光标。在新的位置来回移动光标,结果在新的位置又出现了一个同样的图像。复制结果如图5-34所示。

　　(3) 使用"图案图章工具"

　　"图案图章工具" 🔖 可以将图像中的一部分定义为图案,然后将这部分图案绘制到用选框工具选定的选区中。具体操作步骤如下:

　　① 选取工具箱中的"矩形选框工具",选取图像中的图案,如图5-35所示,选取一棵树的顶端部分。

　　② 选择"编辑"→"定义图案"命令,将选区中的图像定义为一个图案。

　　③ 打开另一幅图像,再次使用"矩形选框工具",在图像中画出一个方框。若不选择区域,则在整个图中复制图案。

　　④ 在"画笔"面板中选择一种规格的画笔,选取工具箱中的"图案图章工具" 🔖 。

图 5-34　复制图像

图 5-35　选取图像中的图案

⑤ 将光标放在图像的选定区域，即方框中，按住鼠标左键，在框内来回移动，被定义的图案就被复制到新图像中，如图 5-36 所示。

2. 移动图像

（1）使用工具箱中的"移动工具"

使用"移动工具"移动图像的具体步骤如下：

① 用选框工具选取需要移动的图像。

② 在工具箱中选取"移动工具"。

③ 将光标移动到选取的图像上。

④ 按住鼠标左键不放，拖动鼠标，被选取的图像也随之移动。

图 5-36   复制图案

⑤ 拖到合适的位置后,松开鼠标即可。

(2) 使用菜单命令

使用菜单命令移动图像的具体步骤如下:

① 用选框工具选取图像中要移动的部分。

② 选择"编辑"→"剪切"命令,将选取的图像部分放到剪贴板中。

③ 选择"编辑"→"粘贴"命令,Photoshop 将剪切的选区作为一个新图层粘贴到图像的另一部分,在"图层"面板中可以看到增加了一个图层。

④ 用"移动工具"拖动新图层中的图像,将刚刚粘贴的图像移动到合适的位置。

3. 变换图像

对于粘贴过来的图像,若位置或大小不合适,则需要进行进一步的调整,Photoshop 提供了丰富的调整工具来完成这些操作。具体步骤如下:

① 选择要调整的图像,如果是粘贴过来的图像,要设置为当前层。

② 单击"编辑"→"自由变换"命令,选区边框出现带 8 个控制点的控制框,如图 5-37 所示。

③ 进行下列有关操作。

● 缩放图像:将光标放在控制点上单击并拖动。如果在拖动某个角的控制点的同时按住 Shift 键,则将等比例地改变图像的大小。

● 旋转图像:将光标放在选区的外侧,按住鼠标左键移动,选区中的图像即可随之旋转。

● 拉伸图像:先按住 Ctrl 键,将光标放在控制点上,按住鼠标左键,将其拖到适当的位置即可。

● 对称变形图像:先按住 Alt 键,将光标放在控制点上,按住鼠标左键,将其拖到适当位置即可。

图 5-37 变换图像

● 倾斜变形图像：先按住 Ctrl+Shift 键，将光标放在中间控制点上，按住鼠标左键上下或左右拖动至适当位置即可。

● 透视变形图像：先按住 Ctrl+Alt+Shift 键，将光标放在某个角的控制点上，按住鼠标左键拖动到适当位置即可。

④ 调整完毕，双击确认调整结果。

4. 裁切图像

裁切图像就是将图像选区以外的部分裁掉，裁切的图像选区必须为矩形。使用"裁切工具"裁切图像比较灵活，用户可以事先确定图像的大小，再进行裁切。具体步骤如下：

① 在工具箱中单击"裁切工具" ，调出图 5-38 所示的"裁切工具"属性栏。

图 5-38 调出"裁切工具"属性栏

② 设置裁切以后图像的宽度、高度和分辨率。

③ 将光标移到图像上,按住鼠标拖动,画出裁切图像的大小。

④ 在选区的周围分布着8个控制点,可以利用8个控制点,对选区进行缩放、移动和旋转操作。

⑤确定了选区的范围后,单击鼠标右键,弹出快捷菜单,选择"裁切"命令。这时选区以外的部分就被裁切掉,如图5-39所示。

5. 调整图像文件大小

如果图像大小不合适,利用Photoshop可以对其进行精确的调整。图像文件的大小是由图像的尺寸和图像的分辨率决定的。图像的尺寸越大、分辨率越高,图像文件就越大。分辨率较高的图像其单位长度内包含较多的像素。

改变图像文件的大小有两种途径:一是改变图像的尺寸,二是改变图像的分辨率。改变图像尺寸的具体操作步骤如下:

① 在"图像"菜单中选择"图像大小"命令,打开图5-40所示的"图像大小"对话框。

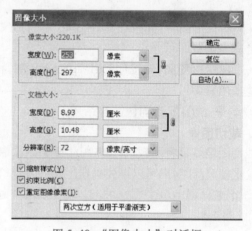

图5-39　"裁切"效果　　　　　　　　　图5-40　"图像大小"对话框

② 在"文档大小"栏中输入图像的"宽度"和"高度"值,也可以在"像素大小"栏中输入"宽度"和"高度"的像素值。

③ 若选中"约束比例"复选框,则长宽比将保持不变。

④ 设置完毕,单击"确定"按钮,图像尺寸即变为设置的大小。

6. 调整图像的色彩和色调

如果图像在色彩和饱和度上有偏差,可以在Photoshop中进行调整。

使用"亮度/对比度"命令调整图像色彩和色调的具体操作步骤如下:

① 选择一个需要调整的区域,若不选择,则对整个图像进行调整。

② 单击"图像"→"调整"→"亮度/对比度"命令,弹出图5-41所示的"亮度/对比度"对话框。

③ 拖动"亮度"和"对比度"滑竿上的滑块,调节亮度和对比度。

④ 设置完毕,单击"确定"按钮。

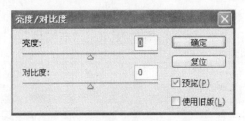

图 5-41 "亮度/对比度"对话框

5.5.5 用 Photoshop 处理扫描图像

1. 扫描图像

大多数图像处理软件都支持扫描仪,在前面已经介绍了如何用扫描仪扫描图像和文字,下面再以 Photoshop 为例介绍扫描仪的使用方法。本例中使用的扫描仪是 HP Color LaserJet 2820 TWAIN。

① 安装扫描仪。在扫描仪产品包装箱中有详细的说明书和驱动软件,只要按其中的提示即可完成安装。

② 启动 Photoshop 软件。

③ 选择"文件"→"导入"→"HP Color LaserJet 2820 TWAIN"命令,如图 5-42 所示。

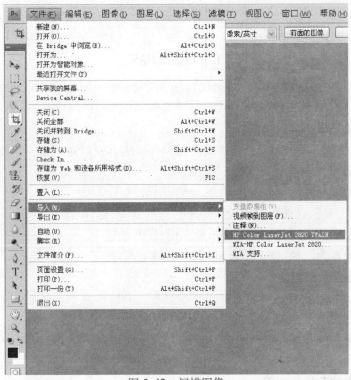

图 5-42 扫描图像

④ 弹出扫描设置界面,将要扫描的图像正面朝下放入扫描仪中,合上盖子。

⑤ 设置合适的色彩和分辨率,选定扫描范围,单击"新扫描"按钮开始扫描。扫描结果如图5-43所示。

图 5-43　扫描结果

⑥ 扫描完成后,单击"接受"这时,图像传送到了 Photoshop 中,可以对它进行修改,或保存备用。

2. 处理扫描照片中的透射阴影

如果被扫描的图像的纸张太薄,图像反面的内容可能会映射到扫描的图像上,影响图像的清晰度,这时需要进行适当的处理。具体步骤如下:

① 打开需要处理的图像。

② 选取"魔棒工具",在属性栏中设置一个合适的容差,如 40 像素。

③ 在图上含有映射区域的地方单击鼠标左键,使其被选中。

④ 将前景色设置为白色,按 Delete 键,选中区域被清除。

3. 提高扫描图像的清晰度

如果扫描的图像不够清晰,可以对其进一步处理。具体步骤如下:

① 打开需要处理的图像。

② 单击"滤镜"→"锐化"→"锐化"命令,图像清晰度立即提高,如果还不够,可再次执行"锐化"命令,直到满意为止。

4. 去除图像中的杂色和划痕

如果扫描得到的图像上有杂色和划痕,可以进行修整。具体步骤如下:

① 打开需要处理的图像。

② 将"图层"面板中的"背景"图层拖到面板下面"新建图层"图标上,复制一个名为"背景副本"的背景图层。

③ 单击"背景副本"图层,然后单击"滤镜"→"杂色"→"蒙尘与划痕"命令,打开图 5-44 所示的"蒙尘与划痕"对话框。

图 5-44 "蒙尘与划痕"对话框

④ 调节"半径"和"阈值"参数,直至预览窗口中图像杂色不明显或划痕消失。

⑤ 单击"确定"按钮。

5.6 动画制作软件Flash CS3

Flash 是一个优秀的平面动画及动态网页制作工具,已越来越多地为动画创作人员所喜爱。随着 Flash 版本的不断升级,其功能也不断增强,目前最新的版本为 Flash CS5,本节将介绍常用的版本 Flash CS3。Internet Explorer 5.0 以上版本可直接浏览 Flash 动画。

5.6.1 Flash 软件的主要特点

① 采用和其他网页动画制作软件完全不同的核心技术,即流控制技术。简单地说,就是可以一边下载一边播放动画。

② 采用了矢量技术,可以将播放的画面进行任意的缩放,而不会有任何失真。

③ 界面友好,简单易学,只要一上手,就会被深深地吸引。无论初学者还是高手们都可以利用 Flash 软件发挥无限的想象力,实现自己的创意。

④ 与 Dreamweaver 和 Fireworks 配合密切,结合完美。

5.6.2　Flash CS3 的界面

在默认安装的情况下,用鼠标单击"开始"按钮,然后选择"所有程序"→"Adobe Design Premium CS3"→"Adobe Flash CS3 Professional",即可启动 Flash CS3 Professinal,如图 5-45 所示。

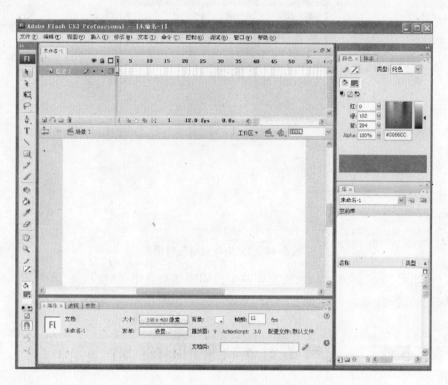

图 5-45　Flash CS3 的主界面

1. 菜单栏

菜单栏集成了"文件"、"编辑"、"视图"、"插入"、"修改"、"文本"、"命令"、"控制"、"调试"、"窗口"、"帮助" 11 个菜单,汇集了 Flash 中的所有命令。

2. 常用工具栏

常用工具栏集成了操作过程中经常用到的命令。如果在 Flash 窗口中没有显示常用工具栏,可以打开"窗口"菜单,选择"工具栏"子菜单下的"主工具栏"命令即可。

常用工具栏提供了 16 个用于文件操作和编辑操作的常用命令按钮。根据图标自左向右的顺序对应的功能依次为:"新建"、"打开"、"保存"、"打印"、"预览"、"剪切"、"复制"、"粘贴"、"还原"、"重做",剩下是 Flash CS3 中独有的按钮,分别为:"吸附"、"平滑"、"校直"、"旋转"、"缩放"、"校准"。

3. 舞台(场景)

舞台(场景)就是 Flash 制作动画的工作区域,也是在测试动画时可以显示的区域。对 Flash

中各种对象(除声音外)的编辑、修改均在舞台上进行,只有在舞台上的对象在测试电影时才会显示。

4. 时间轴面板

时间轴面板是 Flash 进行动画创作和编辑的主要工具,即对动画的所有控制、变化都要靠它完成,如图 5-46 所示。

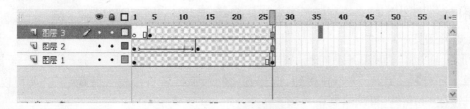

图 5-46　时间轴面板

按照功能的不同,时间轴面板可以分为左右两个区域:层控制区和时间轴控制区。

- 层控制区位于时间轴面板的左侧,是进行层操作的主要区域。
- 时间轴控制区位于时间轴面板的右半部分,主要由若干帧序列、信息栏以及常用工具按钮组成。

5. 库面板

库面板往往位于操作界面的右上侧,其中保存了源文件使用的所有素材和元件,每个素材和元件都有各自的图标、名称、类型及该作品中的使用次数和最后修改日期等标志信息。

6. 浮动面板

Flash CS3 增加了浮动面板的功能。所谓浮动面板,是指设计者能够根据自己工作需要显示或关闭面板,并且可以移动面板的位置。

浮动面板可以灵活地进行组合和拆分,为此,一个浮动面板往往有多个选项卡,而且浮动面板完全可由个人风格来设定。

界面组成还包含有"工具"面板、播放器、启动面板、状态栏等。

5.6.3　绘图工具的使用

绘图工具箱中的各种绘图工具和操作工具是用户创建 Flash 动画的基本工具。许多精彩的 Flash 动画的基本要素就是用它所带的绘图工具箱制作完成的。需要注意的是在 Flash 中建立的图形都是矢量图形。

1. 绘图工具

在 Flash CS3 中,绘图工具用于绘制各种图形。

(1) 线条工具

单击"线条工具"按钮 ，按下"工具"面板上的"笔触颜色"按钮 ，选择好线条颜色后就可以使用鼠标到工作区域来绘制直线了。

按住 Shift 键可以将直线的方向限制在水平、垂直或 45°角的方向。

确定颜色时,在打开的"调色板"对话框中,除了可以用鼠标选定颜色外,还可以通过手工输入具体的十六进制 RGB 值来指定颜色。例如,输入"#FFFFFF"代表白色。

(2) 椭圆工具

单击"椭圆工具"按钮 ，按下"工具"面板上的"填充颜色"按钮 ，选择好填充颜色后,就可以使用鼠标到工作区域来绘制椭圆了。按住 Shift 键,可以绘制正圆形。

(3) 矩形工具

"矩形工具"和"椭圆工具"的使用非常相似,但是"矩形工具"带有另一个参数——圆角的半径。单击属性栏上 下拉按钮,选择圆角的数值或者直接输入圆角数值,便可以绘制圆角矩形。按住 Shift 键,可以绘制正方形。

(4) 铅笔工具

"铅笔工具"用来创建任意形状的曲线。"铅笔工具"有一个"属性"面板,即曲线模式选择按钮 。单击该按钮后可从弹出菜单中选择不同的曲线模式。曲线模式选择菜单中共有 3 种模式可供选择: 直线化(Straighten)、 平滑(Smooth)、 墨水(Ink)。按住 Shift 键,可以使鼠标的移动路线限制在水平或垂直的方向上。

(5) 钢笔工具

"钢笔工具"用于生成精确的路径,作为直线,或者平滑、流畅的曲线。可以生成直线段,曲线段,可以调节直线段的角度和长度,曲线段的倾斜度。

2. 文字工具

"文字工具"用来在工作区中输入文本。

选定"文字工具"按钮 ，在舞台上单击后便可在文本框内输入文字了。文本框右上角的小圆圈表示输入文字的宽度不受限制。如果文本框的右上角变为小方框,则表明文本框设定了宽度,输入的文字超过文本框宽度时就自动换行。

3. 箭头工具

箭头工具包含有两个:"选取工具" 和"部分选取工具" 。箭头工具的基本作用有3 个:选择对象、移动被选定的对象和改变选定对象的形状。选择对象包括以下几种:选择线框对象、选择填充对象、同时选择线框和填充对象以及选择组对象,各种选择方式如图 5-47所示。

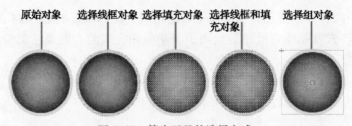

原始对象　　选择线框对象　选择填充对象　选择线框和填充对象　选择组对象

图 5-47　箭头工具的选择方式

单击"选取工具"按钮 ，鼠标变成 形状,将鼠标移到要选择的对象上方,鼠标形状变成 ，单击鼠标,于是这个对象被选中。

当鼠标形状变成 或 时,代表单击鼠标左键后选中的将是对象的边框。双击,则选择整个对象。

4. 刷子工具

"刷子工具"用来涂抹一些选定的区域或直接绘制一些图形。该工具绘制出来的图形是封闭的色块。单击"刷子工具"按钮 ,"属性"面板上会自动显示相关选项。

5. 墨水瓶和颜料桶工具

"墨水瓶工具"用来更改线条颜色、宽度及线条的样式。但只能应用纯色,不能应用渐变色和位图。

"颜料桶工具"是用来填充封闭区域的,它既能填充一个空白区域,又能改变已着色区域的颜色。填充的类型有 5 种,可以实现透明填充、纯色填充、线性填充、放射状填充和位图填充。例如,选择"实线",所填颜色为纯色。其他类型的填充,读者实践一下便可知效果。

6. 套索工具

"套索工具"用来选定工作区内一定区域内的对象。单击"套索工具"按钮 ,"属性"面板上会自动显示相关选项。

当使用任意区域选择的时候,按住 Shift 键可以将选择区域相加;"魔术棒"以模糊的形式,选定颜色差(阈值)在一定范围内的内容作为选定区域。

注意:

被"套索工具"选定的对象必须是矢量图形,若不是,则必须进行转换。可用打散处理的方法进行转换。

7. 吸管工具

"吸管工具"用来摄取颜色,也可以用来摄取文字的样式。吸取后 Flash 会自动将绘图工具转换为"颜料桶工具",并将现在的绘图工具的填充颜色改成刚才所吸入的颜色,这时只要执行填充操作就可填充到其他的图形或文字上。

8. 橡皮擦工具

"橡皮擦工具"用来擦除已经绘制好的区域。单击"橡皮擦工具"按钮,"属性"面板上会自动弹出相关选项。

在使用"橡皮擦工具"的时候,如果按下了"水龙头"按钮 ,则鼠标会变成水龙头形状,此时当鼠标单击到线条或填充部分的任意部分时,就将整个对象删除。使用"橡皮擦工具",只需一个步骤就可以删除整个对象。而使用"套索工具"删除对象时,需要先用"魔棒工具"选中要删除的对象,然后按 Delete 键才能将对象删除。因此,使用"橡皮擦工具"删除对象更简单、方便。

在进行删除操作前,先将对象充分放大,这样有利于进行精确的删除操作。

9. 手形工具和放大工具

当绘图太大以至于窗口显示不下,可以使用"手形工具"来移动绘图的查看区域。当然,也可以通过拖动窗口边上的滚动条,来浏览画面的其他地方。

至此,有关 Flash CS3 的主要工具已介绍完毕。工具的使用和动画的制作过程直接相连,要想熟练的掌握,必须勤加练习。

5.6.4   动画制作的一般过程

Flash 中所有的动画都是由一个个帧(Frame)组成的,当以一定速率顺序播放这些帧的时候,由于视觉暂留的缘故就产生了运动的效果。传统的动画是在纸上画好每一帧,经过修描、上色等工序以后逐帧拍摄下来再播放,这样的动画就是逐帧动画。在 Flash 中制作的动画是补间动画。在补间动画中,只需要指定两个关键帧,它们之间的帧由计算机自动插值生成。补间动画的引入大大减少了动画制作的工作量,同时也使得到动画制作变得非常简单。另外,补间动画生成的文件体积也非常小。

了解并掌握动画制作概念、技术和过程是非常必要的。

1. 对象的选定、编辑、修改、变形

(1) 对象的选定

在 Flash 中,对象大致可以分为两类:层叠对象和舞台对象(或称矢量对象)。所谓层叠对象,就是这种对象的选中状态呈框架显示。舞台对象与层叠对象可以相互转换(俗称"打散"和"组合")。

选择对象是件简单但又不可缺少的事情。选定操作的完成主要依靠于"选取工具",偶尔也会应用"套索工具"。

(2) 对象的编辑

对象的编辑操作除剪切、复制、粘贴、清除以外,还包括以下操作。

● 编辑区域转换:在制作动画的过程中,经常需要在影片编辑区跳转到组件编辑区。单击 按钮便会出现一个影片列表窗口,从中可选定要转换到的影片名。单击 按钮,则会出现组件列表窗口,从中可选定要转换到的组件名。

● 对象转换:层叠对象和舞台对象根据需要可相互转换。层叠对象可以通过"修改"菜单中的"分离"(或称"打散")的命令来打散成为舞台对象。而舞台对象也可以通过"修改"菜单中的"组合"命令来组合成层叠对象。

(3) 对象的修改

● 场景名的修改:单击"窗口"→"其他面板"→"场景"命令,弹出"场景"浮动面板,双击场景名称,输入新的场景名称即可。

● 影片属性的修改:单击"窗口"→"属性"→"属性"命令,在舞台的底部会显示"属性"面板。在这里,可以更改影片的大部分属性。

● 影片属性的设置往往为设计工作的第一步。做好设置后,可以将这些设置存为默认值,下次再创建新文件时就会保留上次的设置。

(4) 对象的变形

先选中对象后,单击"修改"菜单中的"变形"命令,会弹出一个子菜单,不仅可以对选定对象进行缩放或旋转操作,还可以对选定对象进行既缩放又旋转的操作,这样可以加快操作的速度。单击子菜单中的"比例和旋转"命令,在出现的对话框中输入缩放比例和旋转角度即可。

有些变形工具,如"旋转" ↻、"缩放" ▣、"平滑" ⸌、"曲线" ⸝ 等,在"属性"面板上直接提供了按钮,使用起来方便快捷。

2. 库、元件与实例

库,就其形式而言,相当于拍摄电影时的演员剧组,在其中存放有组件、图像、声音等。每个 Flash 动画文件都具有一个库。单击"窗口"菜单中的"库"命令或按 Ctrl+L 组合键,便可打开动画文件的库。

为了方便用户的制作,Flash 程序本身也提供了一些公共库,通过选择"窗口"菜单中的"公共库"子菜单中的命令就可调用这些公共库。

其实,只有这些库在制作动画过程中是远远不够的。Flash CS3 可以直接调用另外一个 Flash 源文件的元件库,真正实现库共享。

元件(或称为符号)是指具有独立身份的,有独立的时间轴和舞台,可以反复引用的对象。在舞台上对元件的引用,就构成了实例。一旦元件本身改变了,则对应的实例也发生相应的变化。利用这种特性,就可以快速地改变整个 Flash 动画中的相同内容。当 Flash 作品中,有些图形元素重复应用,就应该将这些对象制作成元件。这样,既可以大大减小 Flash 动画文件的大小,又可以缩减加载 Flash 动画的时间。

(1) 创建元件

Flash 中元件分为三类:图形(Graphic)、按钮(Button)、电影剪辑(Movie Clip)。这三类元件各有各的用处。图形元件创建静态图片,按钮元件创建简单按钮和动态按钮,电影剪辑创建各种动画剪辑。在 Flash 中,用得最多的是电影剪辑组件,因此 Flash CS3 将电影剪辑作为默认元件,电影剪辑又简称为"MC"。三类元件在库窗口内有专门的图标:（按钮）、（图形）、（电影剪辑）。

(2) 将现有对象转换为元件

为了避免编辑状态来回切换的麻烦,若舞台上有现成的图形对象,则可以将图形对象转换为元件。首先选定图形对象,然后右击,从快捷菜单中选择"转换为元件"命令即可。

不管是新建元件还是转换来的元件,创建完成后都存放在源文件的库中。

(3) 放置实例

拖曳到工作区中的元件副本称为实例(或称实体)。在元件创建完成后,可以通过如下方法将元件的实例放置到舞台上。

选择"窗口"菜单中的"库"命令,打开元件库,选择元件列表中的元件后将之拖曳到舞台上,即可生成对应的实例。可以从库的元件列表中拖曳实例,也可以从该元件的预览窗口中拖放实例。还可将同时选中的多个元件一次拖曳到舞台上。

(4) 改变实例

实例是组成动画的基础,对实例可以进行选取、移动、复制、删除、旋转、缩放、拉伸、排列、分离、组合以及改变引用对象等各种操作。这些操作在动画的制作中是十分必要的。

(5) 形状变化

形状变化包括对象的倾斜、旋转和缩放等操作。

(6) 效果调整

选定某一实例,在"属性"面板中单击"颜色"命令,其中的各个选项依次为"无"(None)、"亮度"(Brightness)、"色彩"(Tint)、"透明"(Alpha)、"高级"(Advanced)等效果。

(7) 修改元件

Flash 允许修改元件中的内容,同样也允许改变元件的属性。首先必须激活元件编辑状态,然后才能对元件中的内容进行修改。通常,激活元件编辑状态有以下简便的操作方法:双击引用该元件的实例,或双击图库中的元件,或修改元件的属性。

3. 层

层是 Flash CS3 中的一个重要概念。一个层就好比是一张透明的薄纸,每张纸上面画着一些图形和文字,而一幅画就是由许多张这样的薄纸叠合在一起而成的。在最上面的一层看得到最下面的一层,如图 5-48(a) 所示。若修改其中的任一层却不会影响其余任何一层,如图 5-48(b)所示。这是层概念的核心,又是层的作用所在。

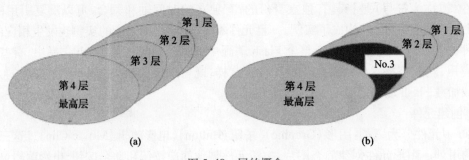

图 5-48　层的概念

(1) 层的建立、编辑和删除

● 新建一个层:每次打开一个新的 Flash 文件时都会有一个默认的层"图层 1"(Layer1),可以在这个层上加入各种对象,如图形或文字。若要增加一个新层,单击层控制区左下角的 图 图标按钮即可。

 按钮用来添加引导层。

● 选择一个层:可以用三种方式来选择一个层,即单击该层的名称,或选择属于该层的帧序列中的一个或多个帧,或在编辑区选择一个对象或元件。

选中后的层即为当前层,在时间轴面板内对应层的所有帧均被选中,在编辑区中该层对应帧的对象也均被选中。按住 Shift 键还可以同时选择多个层。

● 复制一个层:选中要复制的层,选择"编辑"菜单中的"复制帧"(Copy Frames) 命令;然后,建立一个新层,并设为当前层,选择"编辑"菜单中的"粘贴帧"(Paste Frames) 命令即可。

● 删除一个层:选中要删除的层,然后单击层控制区右下角的 按钮即可。

● 改变层的次序:有时层的默认次序可能不符合要求,这时就需要改变层的次序。指向要移动的层,按住鼠标左键不放,把它拖曳到合适的地方,释放鼠标即可。

(2) 层的状态及属性设置

层的状态包括 （隐藏）、 （锁定）、 （显示）、 （外框显示模式）等 6 种状态。

在层控制区中,指向任意一个层,单击鼠标右键,都会弹出一个层的操作菜单,其中包括以下命令。

"全部显示"(Show ALL):表示将所有层设置为可视的状态 。

"锁定其他图层"(Lock Others):表示将该层以外的其他层设置为锁定状态 。

"隐藏其他图层"(Hide Others):表示将该层以外的其他层设置为隐藏状态 。

"属性"(Propertises)：用对话框显示图层的参数设置。

(3) 引导层

引导层(Guide)就是用来摆放对象运动路径的图层。例如，在某一层里有个小圆球，若想让这个小圆球沿着一定的路径运动，就需要用到引导层。用引导层技术制作的动画又叫轨迹动画。

(4) 遮罩层及应用

使用图层遮罩(Mask)功能可以产生类似聚光灯扫射的效果，可以用来制作探照灯、放大镜等效果。遮罩(又叫蒙版)技术在许多图形图像处理软件中都有应用。

每个遮罩层上都有一个实心的图形，起初，被遮罩的层是完全被遮盖的，不可见的，只有当遮罩层上的图形移动到被遮罩的层时，该层上的图形才是可见的。遮罩层就像把被遮罩的层上的图形镂空了似的，且把遮罩层上面的图形放到了被遮罩层下面，这样，当遮罩层上的图形移动到镂空了的地方时，就会显现出来。一个遮罩层可以同时遮罩几个层，从而产生出各种奇幻的效果。

4. 帧的概念

(1) 帧

帧(Frame)是一个和层的概念同等重要的概念。在制作 Flash 动画时，帧的应用始终贯穿于其中。帧，即一幅图像，在 Flash 的时间轴面板中用小方格表示，有点类似于电影胶片中的影像格。在 Flash 中采用定义帧的方法来制作动画，不过 Flash 采用的技术避免了人工将一幅幅图像组合起来的繁琐工作，只要定义起始关键帧，再定义结束关键帧，Flash 就会根据指令，模拟中间的变化过程，如缩放、旋转、变形等。Flash CS3 中各种帧的形态和定义如图 5-49 所示。

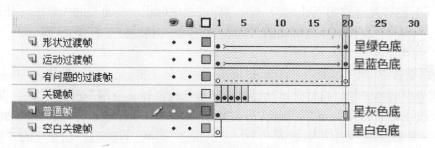

图 5-49 帧的形态和定义

(2) 关键帧

顾名思义，关键帧(用带实心小圆圈的方格表示)在制作动画的过程中是非常关键的，只有定义了关键帧，才可能定义动画的每一个图像。关键帧定义了一个过程的起始和终结，又可以是另外一个过程的开始。那么如何定义关键帧呢？

● 插入关键帧：单击一帧或空白关键帧格或过渡帧格，使其变为选中状态，然后按 F6 快捷键；或单击鼠标右键，在弹出快捷菜单中选择"插入关键帧"命令即可。注意，此时后一个关键帧与前一个关键帧的内容是完全一致的。因此，只要很简单的两个关键帧，就可以制作很多有趣的动画了。

● 空白关键帧(用白色小方格表示)：不包含任何对象的关键帧。单击一帧，使其变为选中状态，然后，单击鼠标右键，在弹出快捷菜单中选择"插入空白关键帧"命令；或从菜单栏的"插入"菜单中选择"插入空白关键帧"命令，即可插入一个空白关键帧。新建图层的第 1 帧初始为空白关键帧。

● 清除关键帧：选定一个或多个关键帧。单击右键，从快捷菜单中选择"清除关键帧"命令，或按 Shift+F5 快捷键即可。

(3) 普通帧

普通帧的存在必须依附于关键帧。普通帧中的内容延续了前一个关键帧的内容。通常可利用普通帧的插入来延长各种对象的显示时间。按 F5 快捷键，或单击鼠标右键，在弹出快捷菜单中选择"插入帧"即可。

(4) 过渡帧

在关键帧之间一般来说要用过渡帧来连接。过渡帧可能会呈现各种不同的形态，有运动（或变形）过渡帧形式、也有有问题的过渡帧形式、甚至可以是空白关键帧之间的过渡形式。Flash 的机制让过渡帧能够适合关键帧的变化，从而平滑地连接过渡关键帧之间的影格。过渡帧一般是由过渡方式来决定的。过渡方式有 3 种：没有（None）、运动（Motion）、形状（Shape）。

(5) 帧属性设置

通过对帧属性的设置，来改变帧的一些基本设置，从而很好地控制帧在动画制作过程中的应用。在时间轴面板的有效帧内单击鼠标，"属性"面板中会出现"补间"、"帧标签"、"声音"等属性。可以在"属性"面板中设置对应的属性。

(6) 标签

有时为了控制影片播放的流程，或为了在制作过程中标识一些重要的关键帧，我们还可设定标签。在 ［　　《帧标签》　　］ 文本框中填写帧的名称（名称自定，但要易记、有意义）即可。

(7) 帧变化类型

在"帧数"面板中设有"变化"列表框，提供了三种变化类型：无、动画、形状，以决定相应的过渡方式，形成典型的过渡帧。这就是运动过渡帧和形状过渡帧。所谓"动画"过渡是指在变化的过程中，可以改变对象的大小、位置、颜色、透明度等，但必须符合限制条件：运动过渡的起止对象一定都是层叠对象，且必须引用的是同一个对象。所谓"形状"过渡是指在变化的过程中，可以改变对象的形状、位置、颜色、透明度等，同样，必须符合限制条件：形状过渡的起止对象一定都是舞台对象。否则，带来的后果是生成了一个无效的过渡帧。当然，舞台对象与层叠对象的转换是非常方便的。

(8) 声音的设定

声音的设定是 Flash CS3 中一个重要组成部分，一个好的作品如果没有好的配音，那么也会失色不少。Flash CS3 没有音频编辑功能，事先应准备一个音频文件，比如 WAV 格式或 MP3 格式的音频文件。

注意：

声音拖入场景后会自动加入当前层的时间轴上。由于声音对象不以实体形式出现，对于层内对象也不会产生影响，不过为了方便操作和便于管理编排，一般建议在空白层加声音，即建一个声音层。

(9) 动作设置

Flash CS3 加强了动作设置的功能，而此动作设置具备了更多的控制能力，可以使编写出来的动画更加短小精悍。

单击"窗口"中的"动作"命令,或指向时间轴上的有效帧,单击鼠标右键,在弹出的快捷菜单中选择"动作"命令,便弹出相应的浮动面板。这个浮动面板包含有两个选项卡:"帧动作"和"影片浏览器"。在"帧动作"选项卡中包含了很多对动作的设置,左边是动作列表,右边是动作命令参数表。⬀按钮会列出动作的控制类型,每一个类型下面又有很多具体命令。

例如,欲在某一帧上设定停止动作,则可按住⬀按钮,选中 🏷 **时间轴控制**,在弹出的列表中选择"停止"(Stop)命令,此时,你发现右边窗口内自动生成了对应命令语句。当然,也可从左边动作列表窗口中直接选择。在某一帧上施加了动作操作成功后,同样发现在该帧上多出了一个标志"a",即 ⬩。影片播放到这一帧时便会停止播放。与之相反功能的是列表中"播放"(Play)命令。

经常使用的动作命令还有"转到"(Go to),用来控制影片播放的顺序。可以在同一场景内实现一帧跳到另一帧,只要事先将需要跳转的帧设定好标签即可;还可以在不同场景之间实现跳转。

在⬀列表中还有很多动作命令,这里作基本的简单介绍,让读者有一定的感性认识就可以了。当读者对 Flash CS3 的认识日益深化时,再来学习这些知识,就能收到更好的效果。

下面以几个实例,说明如何制作简单的 Flash 动画。

5.6.5　动画制作实例

实例一　制作颜色渐变文字。

制作颜色渐变字动画的具体步骤如下:

① 单击常用工具栏的 🗋 按钮,新建一个动画文件。单击工具箱中的 T 按钮,在舞台上单击,出现一个文本框,在文本框内输入文字"FLASH",在下方"属性"面板中将文本的字体大小设置为68,字体设置为"Arial Black",在工作区中新建一个文本对象,如图 5-50(a)所示。

② 选中该文本对象,右击执行"分离"命令,打散该文本对象,此时文本对象变成如图 5-50(b)所示。

(a)　　　　　　　　　　　　　　　　(b)

图 5-50　打散文本对象

③ 单击工具箱中的 🪣 按钮,单击其"属性"面板中的 🪣 按钮,然后从"调色板"面板中选择一种合适的渐变方式,如图 5-51(a)所示。

④ 单击"属性"面板中○按钮,从弹出的模式列表中选择第一种模式:"不封闭空隙"。

⑤ 在工作区选定的各个文字区域中单击鼠标,填充该区域,使用"箭头工具"在工作区空白处单击取消选择,此时所创建的渐变效果如图 5-51(b)所示。

(a)   (b)

图 5-51   渐变效果

⑥ 单击工具箱中 按钮,然后单击工作区中的一个字母,例如"F",如图 5-52(a) 所示。此时该文字周围出现了边界线和旋转控点,如图 5-52 (b) 所示。

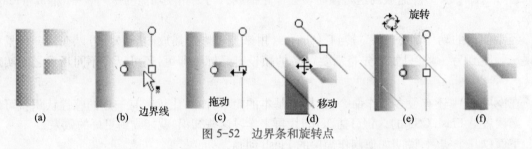

(a)   (b)   边界线   拖动   (c)   (d)   移动   (e)   (f)

图 5-52   边界条和旋转点

⑦ 单击并拖曳小方块,可改变边界线的位置,如图 5-52 (c) 所示。单击并拖曳小圆圈可改变渐变的范围,如图 5-52 (d) 所示。单击并旋转小圆圈,可改变渐变的方向,如图 5-52(e) 所示。图 5-52 (f) 所示为调整后的效果。

⑧ 用同样的方法,将其他字母一一做不同调整,最后的效果如图 5-53 所示。

图 5-53   渐变字

⑨ 选择"文件"菜单中的"保存"命令,在出现的对话框内,系统默认保存类型为"Flash 影片(*.fla)",只需指定路径和文件名即可。

借鉴此例,读者可制作出其他风格的文字,如空心字、浮雕字等。

实例二   制作大小变化的球。

如果想感受 Flash 的强大魅力,可以亲手编辑一段动画,然后陶醉在其中。现在就开始做一个大小变化的球动画。具体步骤如下。

① 新建一个动画文件。选择"插入"菜单中的"新建元件"命令(或按 Ctrl+F8 组合键),弹出"创建新元件"对话框,在"名称"框中输入"ball",在"类型"下拉列表框中选择"图形",单击"确定"按钮,系统进入组件编辑的界面。请注意在场景窗口的左上角"场景 1"的右边增加了一个元件"ball"。

② 选择工具栏中的 "椭圆工具",在"属性"面板中选择线粗为 2.0,在工作区中央画一个圆,在画的过程中会出现一个粗边的小圆圈,令鼠标在拖曳的过程中始终处于正小圆圈,画出来的就是一个正圆。若所画的小球偏离中心坐标点,可使用"对齐工具" 面板中的相关命令按钮,

这样"ball"元件便完成了。后面将引用这个元件。

③ 单击左上角的"场景 1"标签,回到"场景 1"。

④ 单击"窗口"菜单中的"库"命令(或按 Ctrl+L 组合键),调出元件库。选中元件 ball ,图库中便出现了元件"ball"的预览。用鼠标将元件内容拖入"场景 1"中,并把它放在画布中央,然后关闭元件库。

⑤ 在时间轴面板编辑区的第 15 帧处单击,如图 5-54 所示。

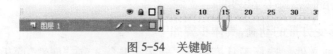

图 5-54 关键帧

⑥ 单击"插入"菜单中的"关键帧"命令(或按 F6 键),在第 15 帧处复制一个关键帧,见图 5-55 所示。

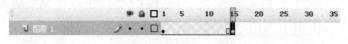

图 5-55 复制关键帧

⑦ 选中第 15 帧,单击左边工具栏的"选择工具"按钮 ,再选择工具栏的"任意变形工具" ,用鼠标拖曳球体右上角的小方块,将实例"ball"放大,如图 5-56 所示。

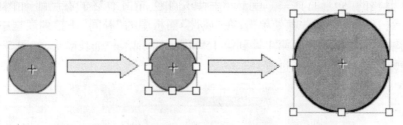

图 5-56 "ball"放大

⑧ 下面是最关键的一步,要使球动起来! 在第 1 到 15 帧之间任一帧处单击,在"属性"面板中的"补间"下拉列表框中选择"动画",如图 5-57(a) 所示,此时发现在时间轴上从第 1 帧到第 15 帧之间出现了一个长箭头,如图 5-57(b) 所示,表明在这两个关键帧之间将产生动画过渡。

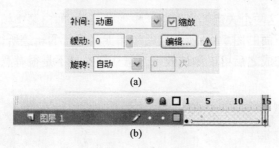

图 5-57 设置补间动画

⑨ 作品完成了,急着想看动画效果吗? 单击"控制"菜单的"测试影片"命令(或按 Ctrl+Enter 组合键),系统立刻打开一个播放器,播放动画,从窗口中可以看到小球体大小变化的动态效果

了。若有不足之处,可以关闭播放器,回到编辑界面中,重新改动。直到满意为止。

⑩ 保存源文件。

执行"测试影片"命令观看动画效果的同时,系统还在相同目录中自动生成一个流文件(*.swf),而且文件名与源文件的文件名相同。Flash 流文件可以用各种播放器直接播放,也可以插入到网页中。若要另选路径和文件名的话,也可执行"文件"→"导出"→"导出影片"命令,在出现的对话框内,选择保存类型为"Flash 电影(*.swf)",此时,可重选路径或文件名即可。

实例三 制作形态变化的动画。

如果要制作圆形变方形的动画,具体步骤如下。

① 新建一个动画文件。选择工具栏中的"椭圆工具" ◎ ,在"属性"面板中选择线粗为 2.0,选择好填充颜色,在作图区左侧画一个实心的圆形。

② 单击时间轴面板编辑区的第 15 帧。

③ 单击"插入"菜单的"空白关键帧"命令(或按 F7 键),在第 15 帧处插入一个空白关键帧,如图 5-58 所示。

图 5-58　插入空白关键帧

④ 选择工具栏的"矩形工具" ▢ ,另选一种填充颜色,在工作区的右侧画一个矩形。

⑤ 在第 1 到 15 帧之间任一帧处单击,在"属性"面板中的"补间"下拉列表框中选择"形状",此时发现时间轴面板上的对象从第 1 帧到第 15 帧之间出现了一个长箭头,如图 5-59 所示,表明在这两个关键帧之间将产生形状过渡。

图 5-59　形状补间动画

图 5-66 所示表明在这两个关键帧之间将产生形状过渡,即由第 1 帧过渡到第 15 帧,中间那些帧由程序自动生成。下面的图 5-60 所示是通过捕捉其运行的轨迹所得,可帮助我们更好地理解运动中的变形情况。完成之后可以测试效果。怎么样? 是不是很有意思!

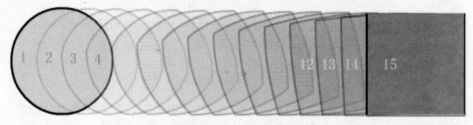

图 5-60　运行轨迹

5.7　　制作视频素材

5.7.1　制作视频素材

1. 用视频采集卡采集

利用视频采集卡可以将录像带、DVD 影碟上的视频信号转换成 AVI 视频文件,其效果是很好的。用视频采集卡采集视频信息的具体步骤如下。

① 安装好视频采集卡,连接好有关连线。

② 启动视频采集卡所带的软件。

③ 设置有关参数,按下录像机或 DVD 影碟机的"播放"按钮。

④ 从窗口中发现要记录的画面时,按下"记录"按钮。

⑤ 记录完毕,单击"停止"按钮,将采集到的视频信息保存到一个 AVI 文件中。

2. 用"超级解霸"软件制作

如果用视频采集卡采集视频信息,则需要配置视频采集卡。一般情况下,可以采用"超级解霸"软件将 DVD 转换 AVI 文件。具体步骤在第 3 章中已经详细介绍。

5.7.2　编辑视频素材

采集到的视频信息往往要通过进一步编辑处理,才能应用到多媒体应用系统中。视频素材编辑需要借助于一些软件实现。最著名的视频编辑软件是 Adobe Premiere。关于 Premiere 在此不做详细介绍,读者可参阅有关书籍,学习 Premiere 的使用。

本 章 小 结

本章介绍了多媒体素材的种类以及采集多媒体素材的一般方法。文本是表达信息的最基本、简单的形式,文本信息可以在课件制作过程中直接输入,也可以先使用有关文本编辑软件(如 WPS、Word 等)编辑完成后,导入多媒体课件中。在多媒体课件中适当使用声音信息可以起到文字、图像等媒体形式无法替代的作用,调动学生的情绪,吸引学生的注意。图像是多媒体课件中的重要组成部分,起到美化课件的作用,形象、直观地表达课件内容。多媒体课件中的图像可以来自不同的途径,如扫描仪、数码相机的图像,可以经不同的软件进行编辑处理,从而获取效果良好的图像。动画也是多媒体课件的主要组成部分之一,能产生模拟或仿真的效果,使课件的内容更加直观,易于理解。视频信息可以直接从录像带或 DVD 影碟上获取,并进行适当的编辑处理,应用于多媒体课件中。

习题与思考

1. 简述多媒体素材的种类和制作途径。

2. 用 Word 制作"多媒体技术应用"艺术字,格式自定。

3. 用 Word 输入公式。

(1) $f(x,y)=\displaystyle\int_0^1 \frac{x^2+3x+2}{(x^3+y^2)^{3/2}}\,\mathrm{d}x$

(2) $f(x)=\sqrt[3]{\dfrac{3x+1}{\sqrt{x^2+3}}}$

4. 简述声音信息的采集和制作方法。

5. 简述常用图像处理软件及主要功能。

6. 简述用抓图软件获取图像的一般步骤。

7. 简述 Photoshop 工具箱中常用工具的作用。

8. 简述 Photoshop 中图层的概念和图层操作的一般方法。

9. 简述 Flash 软件的基本功能。

10. 说明制作简单 Flash 动画的一般过程。

第6章

多媒体创作工具Authorware 7.0

本章要点：
- Authorware 7.0 概述。
- 绘制图形与外部图像的使用。
- 文本对象的处理和应用。
- 对象的显示和擦除。
- 创建动画效果。
- 多媒体素材的使用。

Authorware 是美国 Macromedia 公司推出的适合于专业人员以及普通用户开发多媒体软件的创作工具。它最初为计算机辅助教学而开发，其面向对象、基于图标的设计方式使多媒体开发不再困难，经过多年的发展，Authorware 已经成为功能强大、使用范围广泛的多媒体制作软件，可以制作资料类、广告类、游戏类、教育类等各种类型的多媒体作品。

6.1　Authorware 7.0 概述

6.1.1　Authorware 简介

1. Authorware 的发展

Authorware 于 1987 年问世以来，版本不断更新，功能不断增强。1992 年推出 Authorware 2.0 版本，1995 年先后推出 Authorware 3.0 和 3.5 版，在函数和变量的使用上做了很大的改进，并增加了"框架"图标和"导航"图标，使程序的流程控制更加灵活和方便。1997 年推出的 Authorware 4.0，在编辑系统和编辑环境两个方面都有了很大的改进。1998 年底推出了具有创作网络多媒体学习软件功能的 Authorware 5.0。2001 年 Macromedia 公司又推出了 Authorware 6.0，2002 年发布了 Authorware 6.5 版，2003 年 Authorware 7.0 正式出现在大众面前。

2. Authorware 的功能和特点

Authorware 是多媒体领域的经典软件，它与其他多媒体开发软件的不同之处在于它几乎完全不用编写程序，只需使用一些图标就可以制作出完美的作品。

用 Authorware 制作多媒体非常简单，它直接采用面向对象的流程线设计，通过流程线的箭头指向就能了解程序的具体流向。Authorware 具有以下功能和特点。

（1）面向对象的可视化编程能力

Authorware 程序由图标和流程线组成,采用鼠标对图标的拖放来替代复杂的编程语言。在 7.0 版本中已提供了 14 个图标。这种流程图式的程序直观地表达了程序结构和设计思想,无须编程即可制作出多层次、多页面的复杂的程序结构,整个程序的结构和设计图在屏幕上一目了然。

(2) 优秀的媒体资源整合能力

Authorware 自身并不能完成声音、动画或数字影片的编辑创建,作为专业的多媒体程序开发工具,它只保留基本的图形、文字处理功能,最主要的应用在于将丰富多样的媒体素材整合在一个完整的流程中,以它特有的方式进行合理组织安排,最后形成一个完美的作品。

(3) 强大的人机交互功能

Authorware 有 11 种交互响应方式,每种交互响应方式对用户的输入又可以做出若干种不同的反馈,对流程的控制方便易行,可以创建界面极为友好和人性化的多媒体应用程序。

(4) 提供库和模块功能

Authorware 提供了“库”和“模块”功能,使用户可以重复运用素材,提高程序开发的效率。

(5) 卓越的自我完善能力

Authorware 提供了大量的系统变量和函数,运用这些变量和函数可以进行复杂的运算,并允许用户自定义变量和函数。

Authorware 7.0 不仅继承了先前版本的各种优点,而且在之前版本的基础上对界面、易用性、跨平台设计以及开发效率、网络应用等方面又有了很大改进。

3. Authorware 的安装

Authorware 7.0 的安装与大多数 Windows 应用程序类似,操作十分简便,其安装的主要步骤如下:

① 将 Authorware 的安装光盘放入光驱中,并找到相应的安装程序。

② 双击 Authorware 的安装程序(setup.exe 文件),启动 Authorware 7.0 的安装向导,则自动对安装程序进行解压。解压后,就会出现安装向导,如图 6-1 所示。

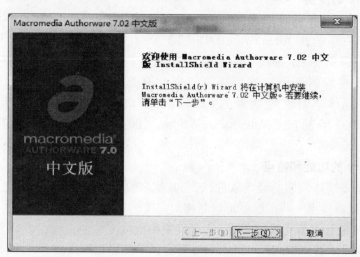

图 6-1   安装向导

③ 单击"下一步"按钮,仔细阅读最终用户许可协议,如果同意,单击"是"按钮,继续进行安装,如图 6-2 所示。

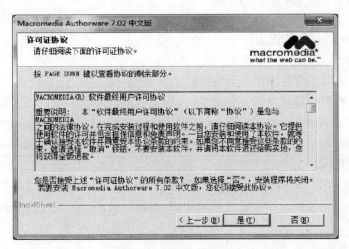

图 6-2 许可证协议

④ 进入安装路径设置界面,如图 6-3 所示。默认路径为 C:\Program Files\Macromedia\Authorware 7.0。如果想改变安装路径,单击"浏览"按钮,选择自己设定的路径。建议使用默认路径,单击"下一步"按钮。

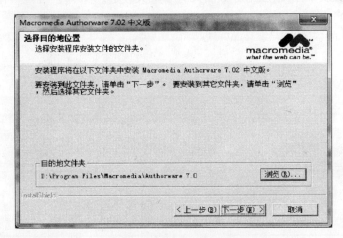

图 6-3 确定安装路径

⑤ 安装向导会要求用户确认是否开始复制文件,进行安装,单击"下一步"按钮,继续安装。

⑥ 按下来是复制文件的过程,安装程序开始将 Authorware 系统文件复制到指定位置中,并在屏幕上显示当前已复制文件的百分比。

⑦ 安装结束后,安装向导显示完成安装的相关信息,此时单击"完成"按钮即可完成安装过程。

6.1.2 Authorware 的工作界面

1. Authorware 的启动和退出

(1) Authorware 7.0 的启动

启动 Authorware 7.0 的方法有以下两种：

● 通过桌面快捷图标启动 Authorware 7.0。这是启动 Authorwarc7.0 最简单、最常用的方法。如果桌面上已经有了 Authorware 7.0 快捷方式图标，双击它，即可启动 Authorware 7.0。

● 通过"开始"菜单启动 Authorware 7.0。选择"开始"→"程序"→"Macromedia"→"Macromedia Authorware 7.0"命令即可。

通过以上两种方法之一启动 Authorware 7.0 后，在进入 Authorware 7.0 主界面之前，系统会出现一个欢迎画面。只要点一下鼠标或稍等片刻，画面就会消失。欢迎画面消失后，出现在屏幕最前面的是"新建"对话框，这是使用"知识对象"的向导窗口，单击"取消"或"不选"按钮，即可进入 Authorware 7.0 主界面，如图 6-4 所示。

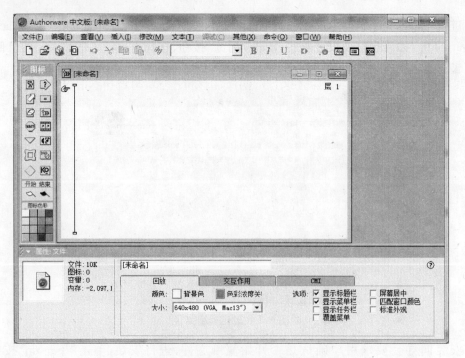

图 6-4　Authonvare 7.0 工作界面

(2) Authorware 7.0 的退出

退出 Authorware 的操作非常简单，可以用以下 3 种方式退出 Authorware：

● 单击程序主窗口右上角的"关闭"按钮。

● 选择"文件"→"退出"命令。

● 按 Alt+F4 组合键。

在关闭主程序时,一定要确定当前操作的文件已经保存,如果没有保存,系统会弹出对话框询问用户是否保存当前文件。

2. Authomare 的菜单栏

Authorware 7.0 的菜单栏包括 11 个菜单,其中包含了 Authorware 7.0 所有的操作命令,如图 6-5 所示。通过菜单命令可以调用 Authorware 7.0 中所有的功能。单击某一个菜单就会弹出一个附属于该菜单的级联菜单,再单击级联菜单中的某个菜单命令,即可完成相应的一个操作。下面简单介绍这些菜单的主要功能。

文件(F) 编辑(E) 查看(V) 插入(I) 修改(M) 文本(T) 调试(C) 其他(X) 命令(O) 窗口(W) 帮助(H)

图 6-5　Authorware 7.0 的菜单栏

① "文件"菜单:包括文件的新建、打开、保存等基本的操作以及文件各种属性参数的设置、文件的导入和输出、模板转换、文件的发布设置、打包、打印等命令。

② "编辑"菜单:包括剪切、复制、粘贴等 Windows 程序的常用命令以及关于图标的命令。

③ "查看"菜单:包括查看当前图标、显示网格以及调出 Authorware 7.0 界面下的工具栏等命令。

④ "插入"菜单:主要用来插入新图标、图片、知识对象、OLE 对象以及一些其他格式的媒体文件,如 Authorware 7.0 动画、GIF 动画等。

⑤ "修改"菜单:用于修改多媒体文件的属性、图标的参数、组合和取消组合各种对象以及调整对象的相对层次和对齐方式等属性。

⑥ "文本"菜单:主要用于定义文字的属性,如字体、字号、文字样式、字符属性等。

⑦ "调试"菜单:主要用于试运行程序、跟踪并调试程序中的错误。

⑧ "其他"菜单:提供了一些高级的控制功能,如链接和拼写的检查、图标尺寸的大小以及声音文件的格式转换等。

⑨ "命令"菜单:提供了一些增强的功能,如转换 PowerPoint 文件、获得网络上的资源、调用超文本编辑器等。

⑩ "窗口"菜单:主要作用是调出或隐藏各种窗口,如按钮窗口、函数面板等。

⑪ "帮助"菜单:可以调出帮助文件以及 Authorware 的使用手册、函数参考等,还可以通过 Internet 得到 Macromedia 公司的技术支持。

3. Authorware 的工具栏

工具栏是 Authorware 窗口的重要组成部分,其中每个按钮实际上都代表菜单栏中的某一个命令,由于这些命令使用频率较高,被放在常用工具栏中。使用工具栏中的按钮,可以大大提高操作的效率。

要调出工具栏或者隐藏工具栏,单击"查看"→"工具条"命令,或者按快捷键 Ctrl+Shift+T,如图 6-6 所示。

默认情况下 Authorware 7.0 的标准工具栏中共有 17 个按钮和一个下拉列表框,如图 6-7 所示。

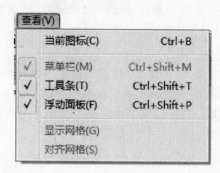

图 6-6 通过菜单命令显示工具栏

图 6-7 工具栏

(新建)按钮:新建一个 Authorware 文件。

(打开)按钮:打开一个已经存在的文件。

(保存)按钮:保存当前所有的 Authorware 文件。

(导入)按钮:用于直接向流程线、显示图标或交互图标中导入多媒体数据文件。单击"导入"按钮,会弹出一个"导入哪个文件?"对话框,供用户选择需要导入的文件。用户可以采用外部链接或内部链接的方式将文件导入到 Authorware 文件中,如图 6-8 所示。

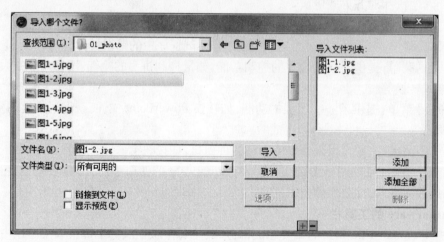

图 6-8 "导入哪个文件?"对话框

(撤销)按钮:撤销最近一次的操作,若要将所撤销的操作重新恢复,可再次单击该按钮。

(剪切)按钮:将选中的对象移动到剪贴板中暂时保存。

(复制)按钮:将选中的对象复制到剪贴板中,但是不移走对象。

(粘贴)按钮:将剪贴板中的内容粘贴到当前光标所在的位置,但是如果没有进行剪切或复制,则"粘贴"按钮是无效的。

（查找）按钮：可以在 Authorware 文件中查找包含所设关键词的对象，图标的名字、包含内容的文字等都可以作为被查找的对象；同时还可以根据需要进行对象的替换，单击该按钮系统将弹出"查找"对话框。例如，把图标标题"测验用知识对象"中的"测验"替换成"考试"，如图6-9所示，在"查找"和"替换"文本框中设置要查找和替换的内容，在"查找"下拉列表框中选择查找范围，选择匹配的规则为"图标标题"，单击"查找下一个"按钮，找到后单击"改变"按钮，最后单击"完成"按钮。

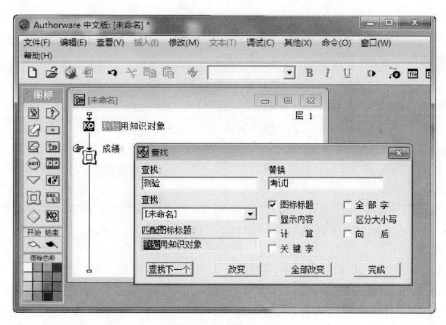

图6-9　"查找"对话框

（文本风格）下拉列表框：在 Authorware 7.0 中，用户可以自定义文本格式，所有定义过的格式都会出现在"文本风格"下拉列表框中。单击相应的文本格式，可以将该格式应用到当前选定的文本中。

B（粗体）按钮：将选定的文本转化为粗体格式。

I（斜体）按钮：将选定的文本转化为斜体格式。

U（下画线）按钮：将选定的文本加下画线。

（运行）按钮：从头开始运行程序。

（控制面板）按钮：单击该按钮，将弹出"控制"面板，再次单击此按钮关闭"控制"面板。

（函数）按钮：单击该按钮，会打开"函数"面板，再次单击此按钮关闭"函数"面板。

（变量）按钮：单击该按钮，会打开"变量"面板，再次单击此按钮关闭"变量"面板。

（知识对象）按钮：单击该按钮，会打开"知识对象"面板，再次单击此按钮关闭"知识对象"面板。

4. Authorware 的"图标"面板

Authorware 是一种基于图标的多媒体开发软件，以往制作多媒体一般要用编程语言，而 Authorware 通过这些图标的拖放及设置就能完成多媒体程序的开发，充分体现了现代编程的思想。因此,"图标"面板是 Authorware 中最核心的组件。

"图标"面板在 Authorware 窗口中的左侧,包括 14 个图标以及用于控制播放的"开始"标志旗、"结束"标志旗和设置图标颜色的图标调色板,如图 6-10 所示。

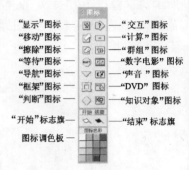

"显示"图标:该图标是 Authorware 中使用最频繁的图标,用来显示文字或图形图像等信息,既可从外部导入,也可使用内部提供的"工具"面板创建文本或绘制简单的图形。

"移动"图标:与"显示"图标相配合,可以移动显示对象以产生简单的动画效果,这些对象可以是文本、图形、图像,也可以是一段数字化电影,有 5 种移动方式可供选择。

"擦除"图标:擦除显示在"演示窗口"中的不需要的对象。

"等待"图标:用于设置一段等待的时间,以便对某些精彩的画面多浏览一会儿,也可以设置为等待用户按键或单击鼠标后才继续运行程序。

图 6-10　"图标"面板

"导航"图标:用于控制程序的跳转结构,当程序运行到该图标时,会自动跳转到其指向的位置,一般与"框架"图标配合使用。

"框架"图标:用于创建一组能实现翻页、导航、查找等交互式功能的框架结构。在默认情况下,它包含一组 8 个不同参数的"导航"图标,其下附属的每个图标都可以在影片中形成一个可以单独显示的"页",作为"导航"图标工作时的目的地。

"判断"图标:其作用是控制程序流程的走向,完成程序的条件设置、判断处理和循环操作等功能,也称为"决策"图标。

"交互"图标:可以实现各种交互功能,共包括 11 种交互方式,如按钮、下拉菜单、目标区、热区域等。

"计算"图标:执行数学运算和 Authorware 程序,用于进行变量和函数的赋值及运算,利用"计算"图标可增强多媒体编辑的弹性。

"群组"图标:对于复杂的文件,可能包含大量的图标,但是流程线的长度是有限的,在屏幕上不可能显示所有的图标,这时可以利用群组图标,其作用是将多个图标组合在一起,使程序流程更方便阅读和管理。

"数字电影"图标:在流程中插入数字化电影文件(包括 *.avi、*.flc、*.mov、*.mpeg 等格式),并对电影文件进行播放控制。

"声音"图标:用于在多媒体应用程序中插入音乐及音效,丰富程序的演示过程。

"DVD"图标:Authorware 7.0 中新增的编辑功能,支持对 DVD 格式的数字视频影片的读取。

"知识对象"图标:用于插入知识对象。

"开始"标志旗:用于设置调试程序的开始位置。将该图标加入到流程线后,运行程序时将从该标志下的图标开始,该图标可以用于调试某段程序的运行状况,对于高度复杂的程序来说非常方便。

"结束"标志旗:和"开始"标志旗相对应,用于设置调试程序的结束位置。

"图标调色板":在程序的设计过程中,可以用来为流程线上的设计图标着色,以区别不同区域的图标。

5. 设计窗口

设计窗口是 Authorware 进行多媒体程序编辑的地方,程序流程的设计和各种媒体的组合都是在设计窗口中完成的。新建一个 Authorware 程序时,设计窗口会自动出现在 Authorware 界面中,设计窗口包含标题栏、流程线、入口点、出口点、插入指针、窗口层次等,如图 6-11 所示。

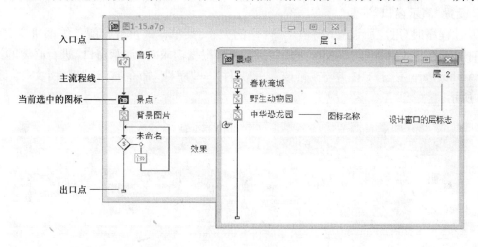

图 6-11 设计窗口

(1) 标题栏

标题栏显示程序文件名或图标名,当设计窗口为第一层时,为程序文件名,否则为所属图标的名称。标题栏右边与其他 Windows 应用程序的窗口标题栏类似,只是"最大化"按钮永远是不可用的。

(2) 流程线

一条被两个小矩形封闭的线段,用来放置设计图标。在第一层设计窗口中的流程线为主流程线,其他设计窗口中的流程线称为分支流程线。

(3) 入口点、出口点

流程线两端的两个小矩形标记分别为"入口点"和"出口点",程序从主流程线的"入口点"开始运行,沿着流程线到"出口点"处结束。

(4) 插入指针

流程线的左边有一个标志称为"插入指针",它指示下一步插入的设计图标的位置。当要在流程线上放置图标时,首先要用插入指针确定放置图标的位置。在设计窗口中图标和图标名以外的区域单击即可确定将要插入的位置。

(5) 窗口层次

设计窗口的右上方是"窗口层次"级别说明,"层 1"为主程序窗口,其他各层为"群组"图标打开后的设计窗口。

6. 演示窗口

"演示窗口"提供了一个所见即所得的工作环境。"演示窗口"是用于显示程序内容的窗口,用户可以在上面输入文字、制作图形,也可以导入外部图像,甚至可以放映一段电影。

(1) 打开"演示窗口"

在流程线上双击显示图标,会自动弹出"演示窗口"。"演示窗口"也是程序执行的输出窗口,单击工具栏上的"运行"按钮或者单击"调试"→"播放"命令,就会弹出"演示窗口"并可以观察到程序的执行效果。

(2) 设置"演示窗口"

在设计程序时,用户所设置的"演示窗口"的大小、菜单样式及背景颜色等都决定着程序最终运行时所看到的效果,因此,在设计程序之前,需要根据需求对"演示窗口"进行必要的设置。

在 Authorware 主窗口中,单击"修改"→"文件"→"属性"命令,打开"属性:文件"面板,如图 6-12 所示。

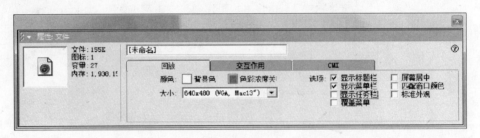

图 6-12　"属性:文件"面板

● "回放"选项卡:主要设置"演示窗口"的大小、颜色、是否显示标题栏、菜单栏等外观。

● "交互作用"选项卡:在"属性:文件"面板中选择"交互作用"标签时,将打开"交互作用"选项卡,如图 6-13 所示。可以对等待按钮的样式、标签、返回页面时的特效等进行设置。

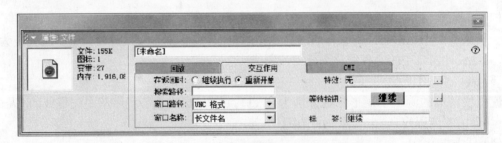

图 6-13　"交互作用"选项卡

● CMI 选项卡:CMI 是"计算机管理教学"的缩写,CMI 选项卡主要是用来在运行一个多媒体课件时对使用者的操作情况进行跟踪。

7. "属性"面板

默认情况下,"属性"面板位于主窗口的底部,用以对所选图标的属性和参数进行设置。选取的对象不同时,"属性"面板中显示的选项内容也不同,如图 6-14 所示。下面简单介绍一下"属性"面板的基本操作。

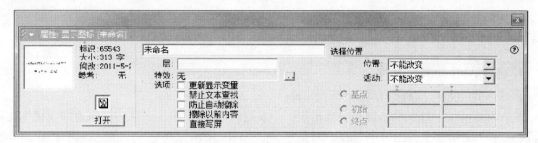

图 6-14 "属性：显示图标"面板

（1）显示"属性"面板

如果"属性"面板不可见，可以单击"窗口"→"面板"→"属性"命令或者按快捷键 Ctrl+I 将其开启。

（2）移动"属性"面板

和其他所有面板一样，用鼠标按住面板名称前面的 ▨ 按钮并拖动，可以将它拖至窗口中的任意位置而成为浮动面板。

（3）关闭"属性"面板

单击"属性"面板标题栏上的"关闭"按钮即可关闭"属性"面板；在扩展状态下，如果"关闭"按钮不可见，这时可以右击面板标题栏，然后在弹出的快捷菜单中单击"关闭"选项，即可关闭该"属性"面板。

（4）折叠"属性"面板：单击"属性"面板的标题栏；或者右击"属性"面板的标题栏，然后在弹出的快捷菜单中单击"折叠"选项即可。

8. 控制面板

使用 Authorware 开发多媒体应用程序时，在制作过程中需要不断地进行调试，以改进和完善程序，从而达到理想的运行效果。"控制面板"的主要作用就是调试运行多媒体程序。

单击工具栏中的"控制面板"按钮 ▨ ，可以打开"控制面板"；也可以通过菜单打开"控制面板"，即单击"窗口"→"控制面板"命令。默认情况下，"控制面板"采用的是缩略模式，如图 6-15 所示；单击"控制面板"上的"显示跟踪"按钮，"控制面板"就会变成完整模式，如图 6-16 所示。

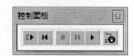

图 6-15 控制面板缩略模式

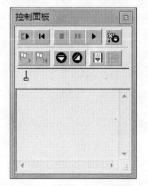

图 6-16 控制面板完整模式

6.1.3 Authorware 的基本操作

1. 创建 Authorware 文件

新建 Authorware 文件的方法有以下几种：

● Authorware 7.0 启动后，屏幕上会出现一个欢迎画面，此时单击画面的任何地方或稍等几秒钟，该画面消失，屏幕上弹出一个"新建"对话框，如图 6-17 所示。这时，可使用"知识对象"向导窗口快速创建多媒体程序，单击"确定"按钮即可跟着向导一步一步地开始创建程序。在此我们单击"取消"或"不选"按钮跳过它，可以进入 Authorware 7.0 主界面。接下来 Authorware 7.0 会自动创建一个新的空白文件，并暂时将其命名为"未命名"，用户可以直接在它上面制作自己的作品。

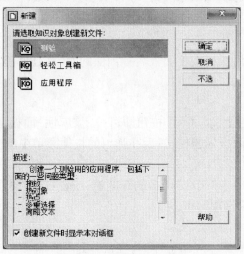

图 6-17 "新建"对话框

● 选择"文件"→"新建"→"文件"命令或者按快捷键 Ctrl+N，如图 6-18 所示，可以创建一个文件。

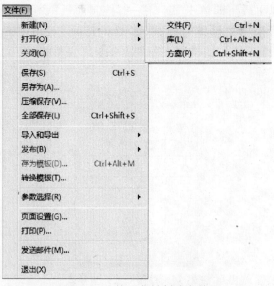

图 6-18 使用菜单创建文件

● 单击工具栏中的"新建"按钮创建新文件。

2. 图标的基本操作

Authorware 的最大特点是基于图标设计,图标的设计是程序开发的重要环节。下面简单介绍图标的一些基本操作。

(1) 添加图标

在"图标"栏上选择需要添加的图标,将其拖动到流程线上,释放鼠标后该图标即被添加到流程线上,如图 6-19 所示。在默认情况下,添加的图标名都是"未命名",用户可以自己给所添加的图标命名。

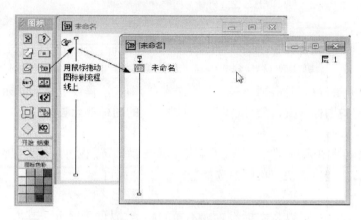

图 6-19　向流程线添加图标

(2) 定位图标

在流程线上,可以看到有一个图标插入点的标志。通过该标志,可以精确定位下一个图标的插入位置,如图 6-20 所示。

在要添加图标的位置单击,图标插入点就会移动到该位置。这时,可以把"图标"面板上需要插入的图标拖动到这个位置,也可以单击"插入"→"图标"命令,在弹出的子菜单中选择需要插入的图标。

(3) 命名图标

流程线上的每一个图标都对应着一个名字,在添加图标时,除了等待图标没有名字外,Authorware 7.0 会自动为每个图标取一个默认的名字——"未命名"。

Authorware 7.0 中允许图标使用重复的名字,即使不命名也不影响程序的运行,但为了今后阅读和调试方便,建议最好为每一个图标指定一个唯一的名字。图标的名字可以是汉字,也可以是数字或英文。为了增强程序的可读性,最好为图标指定一个有意义而且好记的名字。

给图标命名的方法非常简单。只需要在图标或图标的名字上单击,图标名字就会呈反白显示,这时即可重新输入名字。另外,也可以通过该图标的"属性"面板修改图标的名字,如图 6-21 所示。

图 6-20　定位图标插入点

此处可以修改图标的名称

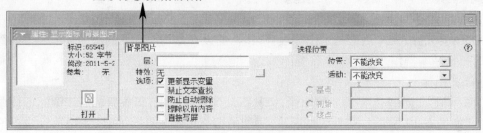

图 6-21 用"属性"面板修改图标的名字

(4) 选择图标

当要编辑图标时,首先要选择图标。在流程线上单击图标,图标呈反白显示时就表示该图标已经处于选中状态了。如果需要选中多个图标,可以先按住 Shift 键,然后依次单击需要选定的图标。如果多个图标是连续图标,则还有一个方法实现,即在流程线上按下鼠标左键拖动一个矩形选框,将需要选定的图标框入,释放鼠标后所有被框入的图标都会被选中。

(5) 删除图标

要删除流程线上的图标,先选定图标,然后按 Delete 键即可。也可以使用鼠标右键菜单删除,在选定图标上右击,在弹出的快捷菜单中选择"删除"命令即可。

(6) 着色图标

在 Authorware 7.0 中,可以将图标设置成不同的颜色,以便于区分。其方法是:首先选定要着色的图标,然后在图标调色板中单击某一种颜色即可。

3. 程序初始化窗口的设置

新建一个文件后,一般要先设置文件的属性。文件的属性可以应用于整个文件,主要包括文件标题的设置、背景色的设置、按钮样式的设置等。

"打开属性:文件"面板的方法有两种:选择"修改"→"文件"→"属性"命令;选择"窗口"→"面板"→"属性"命令,均可打开"属性:文件"面板,如图 6-22 所示。

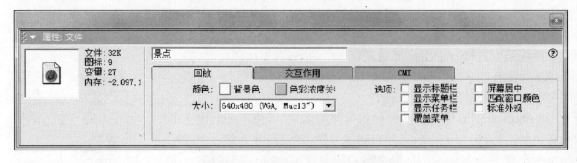

图 6-22 "属性:文件"面板

面板的左侧显示了当前文件的一些基本信息,包括文件的大小、所用图标的总数、变量的总数和当前系统可用内存大小等。

面板的右侧有 3 个选项卡:"回放"、"交互作用"、"CMI",单击每个选项卡都可以进行不同的选项设置。

(1)"回放"选项卡

● "颜色"栏:有两个选项,即"背景色"和"色彩浓度关键",单击前面的颜色按钮会分别出现一个调色板,在"背景色"调色板中,用户可以设置程序运行时演示窗口的背景色,它将应用于整个文件;"在色彩浓度关键"调色板中可以设置关键色,它主要是为视频覆盖卡而设,默认情况下选择洋红色。

● "大小"下拉列表框:可以设置"演示窗口"的大小,它提供的选项分为 3 类:"根据变量"、多种固定尺寸和"使用全屏",如图 6-23 所示。

"根据变量":当程序运行时,可以用鼠标调整"演示窗口"的大小。一旦确定了窗口的大小,最终多媒体程序在运行时将不再改变。

"固定尺寸":可以选择系统预先设置好的"演示窗口"的大小,如 512×342 像素、640×350 像素、800×600 像素等,乘号前面的数值是"演示窗口"的水平尺寸,后面的数值是"演示窗口"的垂直尺寸。

图 6-23 大小下拉列表框

"使用全屏":选择该选项,程序在运行时"演示窗口"会充满整个屏幕。

● "选项"选项组:选项组中包括多个复选框,用于对应用程序的窗口界面进行各种细节设置。

(2)"交互作用"选项卡

"交互作用"选项卡主要是关于程序中的交互功能的一些设置,如图 6-24 所示。

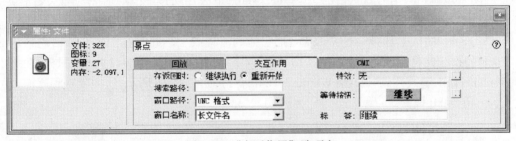

图 6-24 "交互作用"选项卡

● "在返回时"选项组:该选项组中有两个单选按钮,其含义如下。

"继续执行":选中此项,在 Authorware 程序启动时会继续使用以前程序保留的变量信息,继续运行程序。

"重新开始":选中此项,在 Authorware 程序启动时所有的系统变量将被清零并重新赋值,而不会保留上次程序运行产生的结果。

● "搜索路径"文本框:在"搜索路径"文本框中可以输入程序查找的路径。

● "窗口路径"和"窗口名称"下拉列表框:用于指定文件路径和文件名的格式。

● "特效"栏:用于设置由调用的文件返回原文件的过渡方式。

● "等待按钮"栏:用于设置按钮的样式。

● "标签"文本框:显示按钮上的文字,可以在"标签"文本框中修改按钮上的文字。

(3)"CMI"选项卡

CMI 是"计算机管理教学"的缩写,CMI 选项卡主要用于设置各种追踪记录的项目。

4. 制作一个简单的多媒体程序

为了使读者能对 Authorware 7.0 的设计平台有一个初步认识,了解 Authorware 多媒体程序结构的特点,下面通过一个实例的制作,来进一步了解 Authorware 的功能。

本实例将实现幻灯片播放的效果,作品中的每张图片都有不同的过渡效果。本例中用到了计算图标、显示图标,程序的动画流程如图 6-25 所示。

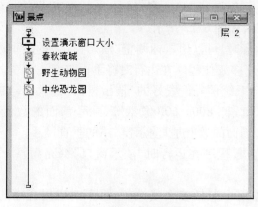

图 6-25　动画流程

制作步骤如下:

① 启动 Authorware 7.0,默认情况下,Authorware 7.0 会自动弹出"新建"对话框,单击"取消"按钮,进入 Authorware 7.0 设计窗口。

② 在"图标"面板上选择"计算"图标,把它拖到流程线上。此时在图标右侧出现默认的图标名"未命名",在此将它改为"设置演示窗口大小"。双击"设置演示窗口大小"图标,在弹出的计算图标编辑器中键入代码:ResizeWindow (640,480),如图 6-26 所示,这样就将程序窗口的尺寸定义为 640×480 像素。

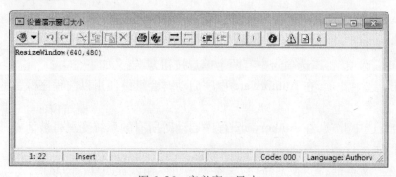

图 6-26　定义窗口尺寸

③ 在流程线上添加 3 个显示图标,分别命名为"春秋淹城"、"野生动物园"、"中华恐龙园",如图 6-25 所示。

④ 双击"春秋淹城"显示图标,打开一个空白的"演示窗口",单击工具栏中的"导入"按钮,弹出"导入哪个文件?"对话框,在其中选择一幅预先准备好的图片,如图 6-27 所示。

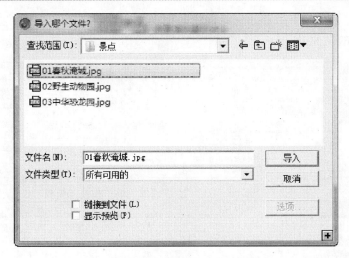

图 6-27 "导入哪个文件?"对话框

这时在"演示窗口"中可以看到一幅图片,用鼠标拖动图片,使之位于"演示窗口"左侧的合适位置,如图 6-28 所示。

图 6-28 向演示窗口中导入图片

⑤ 设置图标的过渡效果。首先在流程线上单击"春秋淹城"显示图标,这时在"属性"面板上可以看到该图标的属性,如图 6-29 所示。

图 6-29　"显示"图标"春秋淹城"的"属性"面板

单击"特效"栏右侧的按钮 <u>..</u>,弹出"特效方式"对话框,该对话框用于设定过渡效果。按照图 6-30 所示的参数设定特效方式,然后单击"确定"按钮。

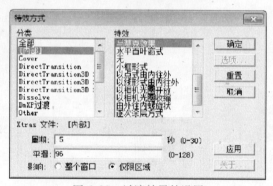

图 6-30　过渡效果的设置

这样,程序在运行到"春秋淹城"显示图标时就会按照刚才设置的过渡方式来显示图片了。

⑥ 按照步骤④ 和⑤ 的操作,分别为"野生动物园"和"中华恐龙园"显示图标导入图片,并分别为这两个显示图标中的图片设置切换效果。

⑦ 设置完成后,保存文件。单击工具栏中的 按钮,可以看到制作效果。

5. 保存 Authorware 文件

程序制作完成后,最后一项重要的事情就是保存自己的成果。保存程序常用的方法有以下几种:

- 单击工具栏中的"全部保存"按钮 。
- 选择"文件"→"保存"命令。
- 按快捷键 Ctrl+S。

在初次保存文件时,以上 3 种方法 Authorware 都会弹出"保存文件为"对话框,在其中指定保存的位置和文件名,这里将文件命名为"实例 01- 景点 .a7p",然后单击"保存"按钮,文件就被保存下来了。当用户自定义一个文件名时, Authorware 7.0 会自动加上扩展名".a7p",以表示这是一个 Authorware 的程序文件。

如果需要把文件另外备份保存,可以选择"文件"→"另存为"命令,同样可以弹出"保存文件为"对话框,在这里可以设置新的路径或新的文件名,单击"保存"按钮即可。

6.2 绘制图形与外部图像的使用

6.2.1 "显示"图标

"显示"图标是 Authorware 中使用频率最高的设计图标,几乎所有的程序都有一个或多个"显示"图标。可以通过"显示"图标创建和编辑文本及图形图像对象,并设置对象的特殊显示效果等。

1. 使用"显示"图标

当需要在多媒体程序中显示文本或图形图像时,就需要用到"显示"图标。方法非常简单,只需要从图标栏上将"显示"图标拖动到设计窗口流程线上的相对位置,即可将"显示"图标加入到程序中,如图 6-31 所示。

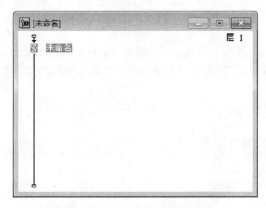

图 6-31　未命名的"显示"图标

2. 设置"显示"图标属性

在 Authorware 程序中,每一个图标都代表各自独特的内容,因此也具有不同的图标属性。前面曾经讲过,可以对导入到"显示"图标内的图像进行属性设置。"显示"图标自身的属性与此很相似,可以使用 4 种方法来为流程中的图标开启"属性"面板,这些方法同样适用于其他的图标。

方法一:在设计窗口中选取一个"显示"图标,选择"修改"→"图标"→"属性"命令,这样即可开启"显示"图标的"属性"面板,如图 6-32 所示。

方法二:在"显示"图标上右击,从弹出的快捷菜单中选择"属性"选项,也可以开启"显示"图标的"属性"面板。

方法三:在按住 Ctrl 键的同时双击设计窗口中的"显示"图标,即可快速地开启"显示"图标的"属性"面板。

方法四:在设计窗口中选取一个"显示"图标,选择"窗口"→"面板"→"属性"命令或者按 Ctrl+I 快捷键,即可开启"显示"图标的"属性"面板。

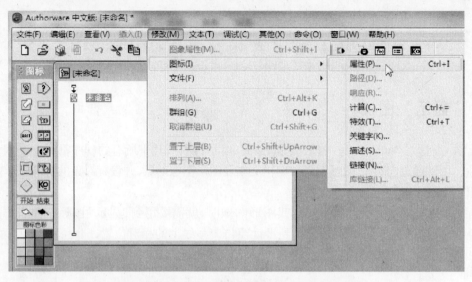

图 6-32　通过"修改"菜单打开"属性"面板

默认情况下,开启的"属性"面板将出现在 Authorware 窗口的下方。单击这个面板的标题栏左侧的移动手柄并向上拖动,可将其以浮动面板的方式显示在窗口中,如图 6-33 所示。

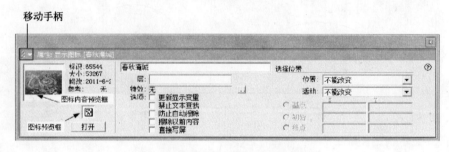

图 6-33　"显示"图标"属性"面板

按"显示"图标"属性"面板中的各选项的含义和用途进行设置,即可达到预期效果。

6.2.2　图形的绘制

在多媒体程序中,图形图像是不可缺少的内容,它们具有信息丰富、视觉直观等诸多优点。Authorware 7.0 提供了最基本的绘图工具。虽然 Authorware 在绘图方面没有其他图形图像处理工具功能强大,但为方便用户使用, Authorware 可以绘制一些简单的图形。绘制完图形后,还可以给这些图形设置相应的属性,如设置线型、颜色、填充样式等,以使图形更加形象、生动。

1. 基本绘图工具

Authorware 提供了 6 种基本绘图工具,这些基本绘图工具位于工具箱中,如图 6-34 所示。使用这些工具可以绘制出简单的矢量图形。这些工具分别是:"直线"工具、"斜线"工具、"椭圆"工具、"矩形"工具、"圆角矩形"工具和"多边形"工具。

本章介绍的图形图像的绘制及编辑都是在"演示窗口"中进行的,在绘制图形时,可以用鼠标在绘图工具箱中单击来选择某种工具,被选择的工具会加亮显示。

图 6-34 基本绘图工具

(1)"直线"工具

"直线"工具主要用于绘制水平线、垂直线或 45 度直线。选中"直线"工具后,在"演示窗口"中按下鼠标左键并拖动即可创建这 3 种直线。

(2)"斜线"工具

"斜线"工具可以绘制各种角度的直线。选中"斜线"工具后,在"演示窗口"中按住鼠标左键并拖动,可以画出任意角度的直线。但如果在使用"斜线"工具时按住 Shift 键,则只能画出水平线、垂直线和 45 度角方向的直线。

(3)"椭圆"工具

"椭圆"工具用于绘制椭圆和正圆。选中"椭圆"工具后,在"演示窗口"中按住鼠标左键并拖动,可以画出椭圆,如某同时按住 Shift 键可以画出正圆,如图 6-35 所示。

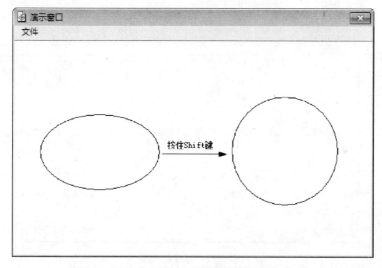

图 6-35 用"椭圆"工具绘制椭圆和正圆

(4)"矩形"工具

"矩形"工具用于绘制长方形和正方形。选中"矩形"工具后,在"演示窗口"中按住鼠标左键并拖动,可以画出矩形。与"椭圆"工具类似,如果同时按住 Shift 键则可以画出正方形,如图 6-36 所示。

(5)"圆角矩形"工具

"圆角矩形"工具用于绘制圆角矩形。在"演示窗口"中按住鼠标左键并拖动,可以画出圆角矩形,同时按住 Shift 键可以画出圆角正方形,但刚刚绘制完毕的圆角矩形四周没有控制点,而是在其内部显示一个控制点,用于控制圆角矩形的弧度,所以称为弧度控制点,如图 6-37 所示。按住该控制点并拖动,可以对圆角矩形进行造型编辑:向中心位置拖动弧度控制点,圆角矩形将逐渐变为一个椭圆或圆形;向外部拖动弧度控制点,圆角矩形将逐渐变为一个矩形或正方形。

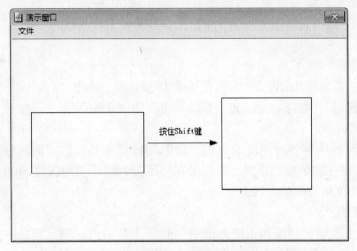

图 6-36　用"矩形"工具绘制矩形和正方形

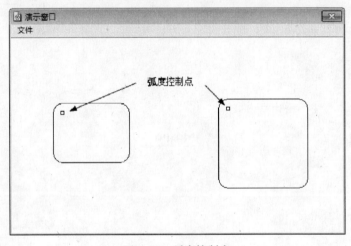

图 6-37　弧度控制点

(6)"多边形"工具

"多边形"工具用于绘制任意多边形或任意的折线。操作方法是：在"演示窗口"中，单击起始点，然后单击结束点绘制一条线段。以后每画出一条直线都需要单击一下，若要结束则双击完成。若将光标移至第一个顶点并单击即可绘制一个封闭的多边形，如图 6-38 所示。

2. 编辑图形

(1)"选择/移动"工具

要想对所绘制的图形进行编辑处理，必须先选中该图形，用"选择/移动"工具来选择对象。因为对象只有在被选中以后才可以进行编辑和修改，所以"选择/移动"工具是 Authorware 中最常用的工具。另外，"选择/移动"工具还可以修改选中对象的大小和长宽。"选择/移动"工具使用的方法如下：

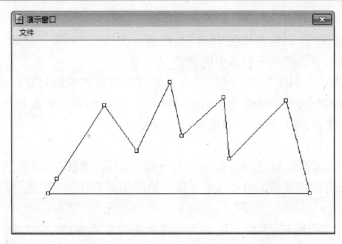

图 6-38 用"多边形"工具绘制不规则图形

● 单个对象的选择。单击"选择 / 移动"工具后,再单击所要选的对象即可将它选中,被选对象周围会出现 8 个控制点,如图 6-39 所示。

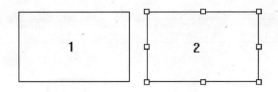

图 6-39 选择单个对象

● 多个对象的选择。当选择多个对象时,可以用"选择 / 移动"工具先选择一个对象,然后按住 Shift 键选择多个对象,这样就可选择多个对象,如图 6-40 所示。

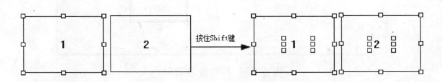

图 6-40 按住 Shift 键选择多个对象

"选择 / 移动"工具的另一个选择多个对象的方法是框选对象。单击鼠标并拖动,出现一个虚矩形框,当松开鼠标时,位于矩形框中的所有对象都被选中了,如图 6-41 所示。

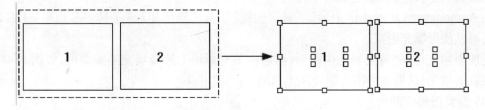

图 6-41 框选多个对象

● 取消选择。如果想要取消选择，只需单击任意空白处即可。当同时选中多个对象之后，想要取消其中的某个对象时，仍需要按住 Shift 键，然后再次单击该对象，这样就可以取消对这个对象的选择，而其他的对象仍然处于被选中的状态。

● 修改对象的大小。利用"选择/移动"工具也可以修改对象的尺寸。选中对象后，在对象的周围会出现 8 个控制点，将鼠标指针移动到控制点上并拖动，可以修改该对象的大小。若在拖动控制点时按住 Shift 键，则可以按比例缩放对象的大小。

（2）设置线型

设置线型包括线宽设置和是否带箭头。打开线型面板，方法是：单击"窗口"→"显示工具盒"→"线"命令；或者按快捷键 Ctrl+L；或者单击绘图工具箱中的"线型"图标，如图 6-42 所示。

线型面板分为上、下两栏：上面一栏用于设置线条的粗细程度，其中，最上面的一项是设置虚线；下面一栏用于选择线型，可以选择普通线条，也可以设置箭头。

修改线型的方法很简单。选择图形对象后，在线型面板上单击线条粗细程度和线型样式即可，如图 6-43 所示。

图 6-42　线型面板

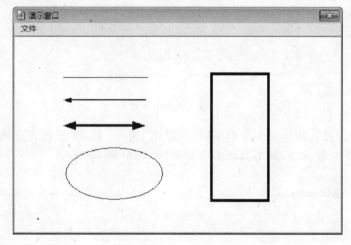

图 6-43　各种线型效果

（3）设置填充样式

Authorware 为绘制的图形提供了多种纹理填充样式，可以根据需要为图形设置不同的填充图案。单击绘图工具栏上的填充工具，或者选择"窗口"→"显示工具盒"→"填充"命令，可以打开填充面板（也可以按快捷键 Ctrl+D）。

在 Authorware 7.0 中，由"矩形"工具、"椭圆"工具、"圆角矩形"工具、"多边形"工具创建的图形都可以使用填充图案。

要使用填充图案，首先要选中图形，然后在填充面板上选择填充图案即可，如图 6-44 所示。如果要取消填充，只需选择填充面板左上角的"无"即可。

（4）设置图形的颜色

设置图形颜色包括设置图形的边框颜色、内部填充颜色及填充样式的颜色等。选择"窗口"→"显示工具盒"→"颜色"命令（也可以按快捷键 Ctrl+K），或者单击绘图工具箱中的"色彩"
工具，可以打开色彩面板，如图 6-45 所示。

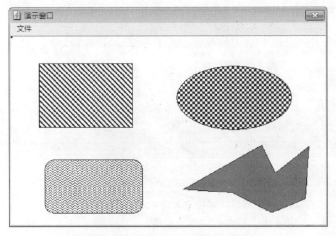

图 6-44　不同样式的填充图案

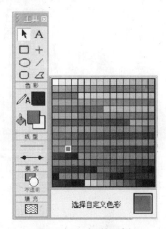

图 6-45　色彩面板

文本及线条色可以用来设置文本或各种线条的颜色；前景色可以设置各种填充花纹的颜色；
背景色用来设置各种填充花纹中的颜色。

设置颜色的方法很简单，以设置前景色为例：选中图形，然后单击"前景色"按钮，接下来在
色彩面板中选择一种合适的颜色即可。

6.2.3　外部图像的使用

实际上，在使用 Authorware 进行多媒体创作过程中，很少直接使用 Authorware 提供的绘图
工具来绘制图形界面。绝大部分的程序界面都是在项目开发策划完成后，根据设计需要和内容
要求，在专业的图形图像编辑工具中完成的，因为 Authorware 可以直接导入这些已经创建好的
图形图像。

1. 导入外部图像

在 Authorware 7.0 中，导入外部图片的方法有如下几种。

（1）粘贴

使用复制和粘贴的方法，可以方便地将外部图片导入到 Authorware 程序中。首先选择需要
的图片，然后按 Ctrl+C 组合键复制图片，再回到 Authorware 中，打开"演示窗口"，然后按 Ctrl+V
组合键粘贴图片，也可以单击工具栏上的"粘贴"按钮，这样被复制的图片就会出现在显示窗
口中。

（2）拖放

可以把图像直接拖入到 Authorware 中。打开 Windows 资源管理器，找到需要的图片，然后
将文件直接拖动到设计窗口的流程线上，系统会自动在流程线上创建一个显示图标，用来装载该
图像，显示图标名为该图片文件名。也可以在图片处理软件的编辑界面上直接把图片拖动到流
程线或演示窗口中，如图 6-46 所示。

图 6-46　从 Firworks 中把图片拖动到流程线上

(3) 从外部文件直接导入图像

单击"文件"→"导入和导出"→"导入媒体"命令，或者单击工具栏中的"导入"按钮，会弹出一个"导入哪个文件？"对话框，供用户选择需要导入的文件。用户可以采用外部链接或内部链接的方式，选择要导入的图片，最后单击"导入"按钮，即可将图片导入到 Authorware 文件中，如图 6-47 所示。

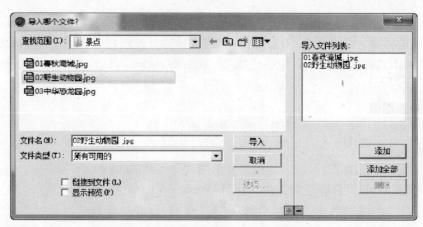

图 6-47　"导入哪个文件？"对话框

如果一次想导入多个图像文件，可单击"导入哪个文件？"对话框右下角的扩展按钮，出现扩展窗口。选中图片，然后单击"添加"按钮，重复几次，即可将选中的文件添加到扩展窗口中；若要删除某个文件，先选中它，然后单击"删除"按钮即可。最后单击"导入"按钮可将"导入文件列表"中的图片文件全部添加到 Authorware 文件中。

2. 设置图像属性

在 Authorware 程序中导入外部图像后，还可以根据需要对其属性进行设置。在"演示窗口"中选择图像后，双击图像或者选择"修改"→"图像属性"命令，系统将打开"属性：图像"对话框，如图 6-48 所示，可以在其中设置图像的属性。

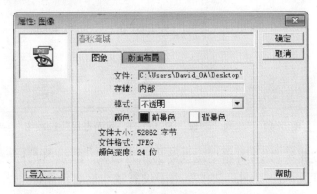

图 6-48　"属性：图像"对话框的"图像"选项卡

（1）替换图像

如果对当前导入的图像不满意，可以单击对话框左下角的"导入"按钮重新打开"导入哪个文件？"对话框，即可将原来导入的图像用新的图像替换掉。

（2）查看图像的属性

在对话框的"图像"选项卡中，可以查看导入图像的一些属性和状态。

"文件"：显示文件的保存路径及名称。

"存储"：显示该文件是内部文件还是外部文件。若在导入时选择了"链接到文件"，则此处显示"外部"；否则，显示"内部"。如果图像文件存储在外部，一旦图像被更名、移动或删除，将无法正常显示，所以尽量少用这种存储方式。

"文件大小"：显示文件的大小。

"文件格式"：显示文件的格式。

"颜色深度"：显示文件的颜色深度（如 8 位、24 位等）。

"模式"下拉列表框：该列表框用于设置图像的显示模式，共有 6 种显示模式可供选择。关于显示模式的具体论述会在后面详细介绍。

"颜色"：单击小方块，弹出"颜色"对话框，可以设置图像的前景色和背景色。

（3）"版面布局"选项卡

在对话框的"版面布局"选项卡（如图 6-49 所示）中，可以着到"显示"下拉列表框，用于选择图像的显示状态。在"显示"下拉列表框中有 3 种显示状态可供选择："比例"、"原始"、"裁切"。这 3 种状态的设置选项不同。

● "比例"状态：在这种状态下，图像以指定的比例缩小或放大显示。其中"位置"文本框用于设置图像左上角在演示窗口中的横纵坐标，"大小"文本框用于设置希望得到的图像的显示尺寸，"非固定比例"文本框显示的是图像的原始大小，"比例 %"文本框用于设置图像的缩放比例。

图 6-49　"属性：图像"对话框的"版面布局"选项卡

● "裁切"状态：在此状态下，可指定图像的显示区域，显示区域以外的部分将被裁切掉。该状态的选项如图 6-50 所示。"大小"文本框用于设置裁切后显示画面的大小，"放置"选择框用于指定显示图像的哪一部分。

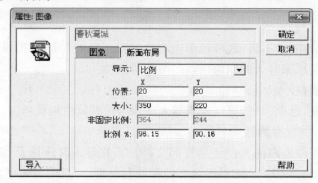

图 6-50　"裁切"状态的选项

● "原始"状态：表示按图像的原始状态显示，不对图片进行修改。当用户对某个图片进行了缩放或是裁切之后并不满意，想恢复到图片最初的模样，可以将显示状态改为"原始"，这样图片就会自动恢复原始图片的样子。

3. 图像的显示层次和模式

在 Authorware 程序中绘制或导入了多个图像后，有时需要对这些图像进行合理的排列，当一个图像遮住了另一个图像时，也要进行一些处理，使需要的图像得到所需要的效果。

(1) 图像的显示层次

当图像对象被创建或导入后，它们就按先后次序一层层放置在演示窗口中。当一个对象覆盖住下面的对象时，便无法直接选择下面的对象。这时就需要调整重叠图像的位置关系，"显示"图标中重叠图片的位置关系的调整方法有以下两种：

● 在同一个图标中。如果所有的图像都在同一个图标中，要修改对象的层次非常简单，首先选中对象，然后选择"修改"→"置于上层"或"置于下层"命令。"置于上层"命令的作用是将图像移动到"演示窗口"中层叠在一起的对象的最上层，如果同时选择了多个对象，当它们移动到顶部时其相对位置不变；"置于下层"命令的作用是将图像移动到"演示窗口"中层叠在一起的对象的最下层，如果同时选择了多个对象，当它们移动到底部时其相对位置不变。

● 在不同图标中。当图像在不同的图标中时，默认情况下，在流程线上后面的图标会覆盖在前面的图标上。如果想改变图像的显示层次，可以在流程线上单击图标，这时"属性"面板的标题栏会变成"属性：显示图标"。在"属性"面板上的"层"文本框中可以键入图标所在的图层数字，如图 6-51 所示。默认情况下，"层"文本框为空值，表示默认为 0 层。在"层"文本框中输入的数字越大，图标中图像的层次越靠上。

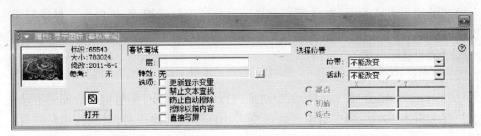

图 6-51 "属性"面板

（2）图形的排列

在"演示窗口"中创建多个对象时，常常希望这些对象有秩序地排列，以使界面看起来显得整齐有序。这时就需要使用 Authorware 提供的对象排列功能。选择"修改"→"排列"命令，系统将自动打开对象排列控制面板，如图 6-52 所示。要想对所选的对象进行排列，首先选中这些对象，然后在对象排列控制面板上选择相应的排列方式。

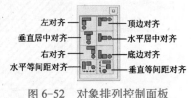

图 6-52 对象排列控制面板

对象排列控制面板中各排列方式中有：左对齐、垂直居中对齐、右对齐、水平等间距对齐、顶边对齐、水平居中对齐、底边对齐、垂直等间距对齐。

（3）图像的显示模式

当多个图像相互重叠时，可以通过显示模式面板来改变图像之间的相互关系。单击绘图工具箱中的"模式"工具，可以打开显示模式面板，如图 6-53 所示。

显示模式面板共提供了 6 种显示模式，各种显示模式介绍如下。

● 不透明模式：这是 Authorware 7.0 的默认模式，在该模式中，上面的图像在自己显示的范围内将完全覆盖下面的图像，也就是说，在上面图像显示的范围内，将看不到下面的内容。

● 遮隐模式：只对从外部导入的图像有效，图像边缘之外的白色背景将变为透明，而边缘线之内的所有像素将保持原有的颜色不变。

● 透明模式：在该模式中，被选择的图像对象的所有白色部分变为透明，而显示出其下方的图像，其他颜色部分则不透明。

图 6-53 显示模式面板

● 反转模式:在该模式中,若图像在白色的背景上,则和不透明模式一样显示。而如果背景色是其他颜色,则被选择对象的白色部分将以背景色显示,而有色部分则以它的互补色显示。

● 擦除模式:在该模式中,图像的背景色如果与其下层图像的颜色不完全一致,则颜色不同的部分将被擦除,但该图像移走后,下面的内容将重新展示出来。也就是说,下面的图像并没有真正地擦除。

● 阿尔法模式:在该模式中,使具有 Alpha 通道(Alpha 通道为图像处理软件中常用的记录透明度信息的一种方法)的图像显示透明或发光效果。如果被选图像没有阿尔法通道,则使用不透明模式显示图像。

显示模式的使用方法为:要对任何一个显示对象使用显示模式,可以先选择该显示对象,使其周围出现控制点,然后在显示模式面板中选择相应的显示模式,便可以在"演示窗口"中直接观察到所选对象的显示效果。

(4) 多个图像的组合

如果要对同一个"显示"图标中的多个对象进行同样的操作,采用前面介绍的方法逐个编辑太麻烦了。在编辑中对一组选中对象进行改变大小或形状的操作时,对象的相对位置会发生错乱。此时,可以将所有对象组合起来后再进行操作。使用组合功能的方法是:首先选中需要组合的所有对象,然后选择"修改"→"群组"命令,即可把所有被选中的对象组合在一起,也可以按快捷键 Ctrl+G 完成组合操作,如图 6-54 所示。

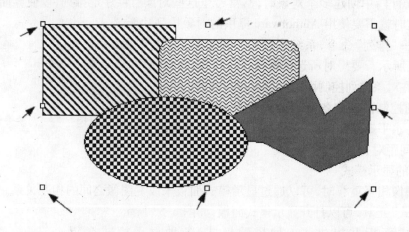

图 6-54 把多个对象组合在一起

对于已经组合的对象,如果发现其中的某个对象还需要修改,可以取消原来的组合。取消组合的方法是:选中已经组合好的对象,然后选择"修改"→"取消群组"命令,即可将对象拆分成一个个单独的对象。

6.2.4 操作实例

实例一 绘制椭圆和圆。

实例说明:用 Authorware 绘图工具中的"椭圆"工具绘制图 6-55 所示的图形。

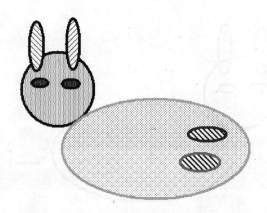

图 6-55　绘制椭圆和圆的效果

创作步骤：

① 在流程线上放置一个显示图标，并命名为"椭圆"。双击打开该"显示"图标。

② 在"演示窗口"窗口中，单击"工具"面板中的"椭圆"工具，如图 6-56 所示。

图 6-56　单击工具箱中的"椭圆"工具

③ 将鼠标移动到要绘制椭圆或圆的位置，此时鼠标指针变为"十"字形状。按住并拖动鼠标，此时"显示窗口"出现一个椭圆。当达到需要的大小时，释放鼠标。椭圆的边缘出现 8 个控制点，表示当前椭圆处于选中状态。拖动这些控制点可以改变椭圆的大小和形状。按住除控制点外的椭圆上的任意部分，可以将椭圆移动到其他位置。

④ 如果要画圆，可以在按住 Shift 键的同时拖动鼠标，在显示窗口中就能画出一个圆，如图 6-57 所示。

图 6-57 绘制椭圆和圆

⑤ 单击"工具"面板中的"选择/移动"工具,选择椭圆或圆,双击"工具"面板中的"圆角矩形"工具,或者在"窗口"菜单中选取"显示工具盒"的"填充"选项,弹出填充面板,选择填充方案,就可以对图形进行填充,如图 6-58 所示。

图 6-58 对椭圆进行填充

⑥ 选中椭圆,双击"工具"面板中的"椭圆"工具,选择"窗口"→"显示工具盒"→"颜色"命令,弹出色彩面板。

⑦ 选择色彩面板中所需的颜色,即可改变选中椭圆边框的颜色。椭圆边框线形宽度的改变同矩形。选择工具箱中填充工具的黑色小方块,可以改变椭圆的前景色,即填充模式中的图案线条的颜色;选择填充工具的白色小方块,可以改变椭圆的背景色,即椭圆的边框内实体部分的颜色,如图 6-59 所示。

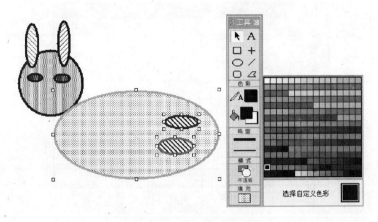

图 6-59 对椭圆进行着色

⑧ 当多个对象重叠放置时,通常通过模式选项来调整它们之间是否透明,如图 6-60 所示。

图 6-60 调整对象是否透明

实例二 导入三个外部图像。

用三种方式从外部导入图像,并对图像的大小、显示模式进行更改。操作步骤如下。

① 建立如图 6-61 所示的流程结构。

② 双击"图像 1"图标,弹出"演示窗口",如图 6-62 所示。单击"文件"菜单,选择"导入和导出"命令,弹出"导入哪个文件?"对话框,如图 6-63 所示。选择对应的图像文件,单击"导入"按钮,图像就会显示"演示窗口"中。选择图像,调整其大小和位置,效果如图 6-64 所示。

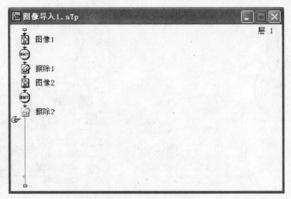

图 6-61 流程结构

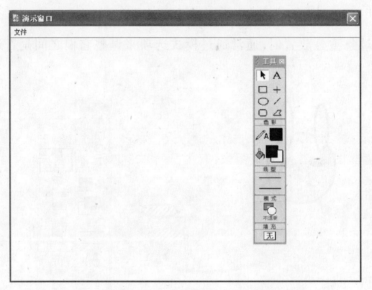

图 6-62 打开"演示窗口"

图 6-63 导入所需图像

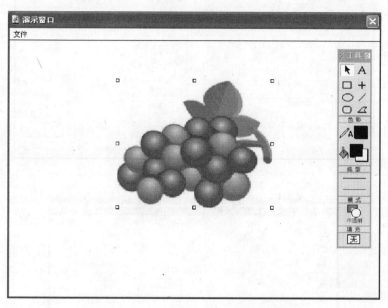

图 6-64 在"演示窗口"编辑导入的图像

③ 对于"图像 2"图标,用另一种方法来导入图像。双击"图像 2"图标,在任意一种图像编辑软件里选择图像,并复制该图像;双击"图像 2"图标,在"演示窗口"中粘贴该图像即可。

④ 对于"图像 3"图标,单击程序主流程线末尾,如图 6-65 所示;再打开"导入哪个文件?"对话框,单击右下角的"+"号按钮,展开导入文件对话框,如图 6-66 所示。选择图像文件"3.jpg",单击"导入"按钮,可看到主流程上线添加了一个名为"3.jpg"的"显示"图标,如图 6-67 所示。更改其名称为"图像 3",双击打开"演示窗口",可看到如图 6-68 所示的导入图像。

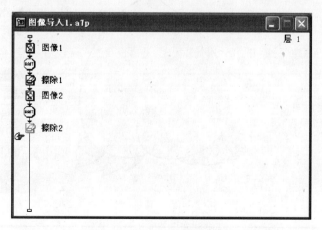

图 6-65 导入图片前主流程线

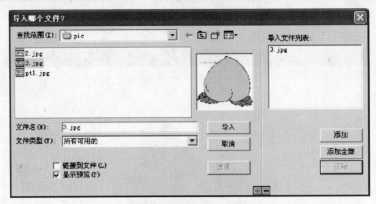

图 6-66   展开对话框

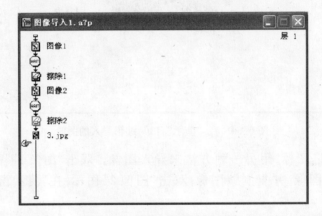

图 6-67   导入图片后主流程线

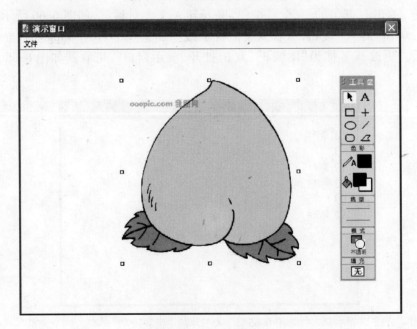

图 6-68   导入的图片

⑤ 将"等待"图标的"时限"设置为 5 秒,如图 6-69 所示;"擦除 1"和"擦除 2"图标的设置,分别如图 6-70 和图 6-71 所示。

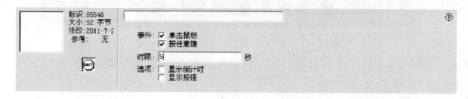

图 6-69 "等待"图标的设置

图 6-70 "擦除 1"图标的设置

图 6-71 "擦除 2"图标的设置

⑥ 程序运行效果如图 6-72 所示。

图 6-72 运行效果图

6.3　文本对象的处理和应用

在使用 Authorware 制作多媒体程序时,为了在画面中表现必要的信息,常常需要使用文字工具在"演示窗口"中输入文字内容。

6.3.1　创建和导入文本

1. 创建文本

文本和图像一样,也是通过"显示"图标在"演示窗口"中进行编辑的。创建文本的方法很简单。在流程线上添加"显示"图标,双击"显示"图标打开"演示窗口",同时系统会自动打开"工具"面板,工具箱上的"文本"工具用于输入和编辑文本的内容和格式。

单击"文本"工具,将鼠标移到"演示窗口"中,鼠标指针变为"I"形。在想输入文字的地方单击,会出现一条标尺和一个闪烁的插入点光标,如图 6-73 所示,在此状态下就可以输入文字了。

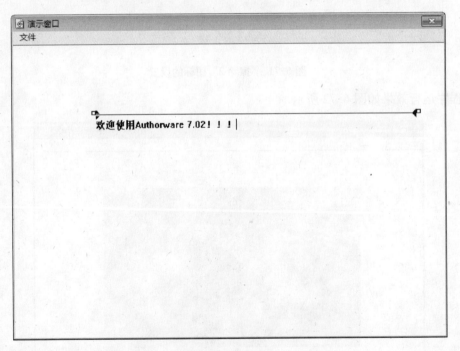

图 6-73　创建文本

输入文本时,按回车键可换行。当输入的文本到达右缩排标志时,会自动进入下一行。文本输入结束后,单击"工具"面板中的"选择/移动"工具,文本标尺消失,输入文本即成为一个对象,可以方便地进行移动、复制或编辑文本操作。

2. 导入文本

在 Authorware 中，可以通过多种方法导入外部文本，如复制和粘贴文本、从外部应用程序窗口中直接拖入文本文件、导入文本文件等，尤其是对于篇幅较大的文本，可以节省精力。Authorware 7.0 支持导入的文本格式有 TXT 格式和 RTF 格式。导入文本的具体操作如下。

① 在流程线上添加一个"显示"图标，双击图标打开"演示窗口"。

② 选择"文件"→"导入和导出"→"导入媒体"命令，弹出"导入哪个文件？"对话框，如图 6-74 所示。在该对话框中选择要导入的文本文件，例如选择一个名为"春秋淹城.txt"的文件。

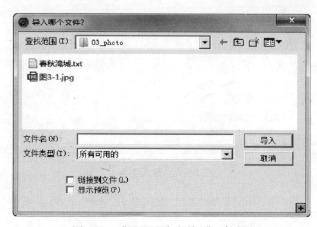

图 6-74　"导入哪个文件？"对话框

接下来会弹出"RTF 导入"对话框，如图 6-75 所示。这个对话框的作用是进行导入文本的各种详细设置。

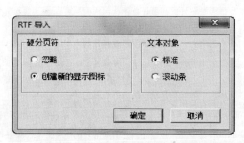

图 6-75　"RTF 导入"对话框

"硬分页符"选项组包含两个单选按钮：如果选中"忽略"单选按钮，则忽略 RTF 文件中的分页符，全部文本导入到一个显示图标中；若选中"创建新的显示图标"单选按钮，则 RTF 文件中的每一页都会在流程线上新建一个"显示"图标。

"文本对象"选项组也包含两个单选按钮：若选中"标准"单选按钮，则导入的文件将创建正常的文本对象，不带滚动条；如果选中"滚动条"单选按钮，则创建带有垂直滚动条的文本对象。

③ 设置完毕后，单击"确定"按钮，即可完成导入，导入的文本如图 6-76 所示。

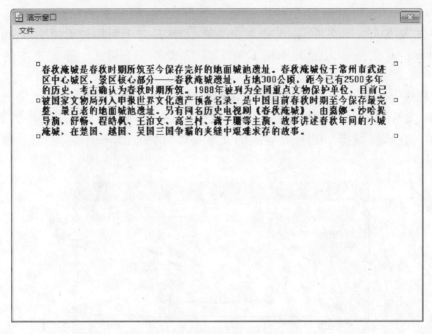

图 6-76 导入文本

如果导入的文本内容过长，一屏很难容下，建议选择"创建新的显示图标"或"滚动条"单选按钮，如图 6-77 所示。

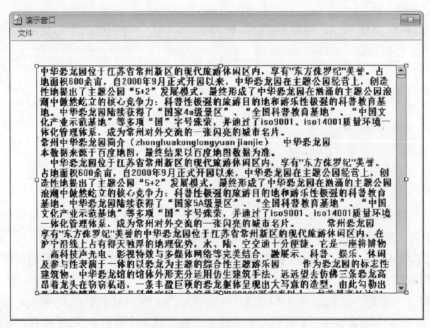

图 6-77 滚动显示

6.3.2　编辑文本

1. 文本的选取、移动、复制、删除和修改

在"演示窗口"中创建文本后,若要删除、移动、复制或修改文本,首先需要将其选中。下面介绍如何选择、取消选择、删除、移动、复制和修改文本。

(1) 选择文本

在演示窗口中,选择文本的方法有如下几种。

● 选取一个文本对象:选择"工具"面板中的"选择 / 移动"工具,后单击文本,即可将其选取。

● 选取多个文本对象:若要选取多个文本对象,可在按住 Shift 键的同时用"选择 / 移动"工具单击每一个文本对象;也可以在选择"选择 / 移动"工具后,单击并拖动鼠标,创建一个选择框,将多个文本对象框入其中。

● 选择全部文本对象:要选择当前窗口中的所有文本对象,可以选择"编辑"→"选择全部"命令,也可以按快捷键 Ctrl+A。

(2) 取消选择的文本

若要取消选择的文本,只需单击"演示窗口"中的空白区域即可。若要从选择的一组文本对象中取消其中的某一个,可在按住 Shift 键后单击要取消选择的文本对象。

(3) 复制文本

● 通过菜单。若要移动、复制文本,首先选择文本,然后选择"编辑"→"复制"命令,再在"演示窗口"中需要复制文本的位置单击,并选择"编辑"→"粘贴"命令。

● 通过快捷键 Ctrl+C 复制文本对象,快捷键 Ctrl+V 粘贴文本对象。

● 通过工具栏中的"复制"、"粘贴"按钮,如图 6-78 所示。

(4) 删除文本

若要删除文本,首先选中文本对象,然后按 Delete 键或者选择"编辑"→"清除"命令。

图 6-78　工具栏中的按钮

2. 文本属性的设置

文本属性包括字体、字号、风格和对齐方式等。

(1) 设置字体

选择要设置的文本,然后选择"文本"→"字体"选项,将弹出如图 6-79 所示的级联菜单,在级联菜单中列出了用过的几种字体;要设置选中的文本为某种字体,单击该字体即可。如果想选择更多的字体,可选择"其他"选项有更多的字体可供选择。

选择"其他"选项,弹出"字体"对话框,如图 6-80 所示。"字体"下拉列表框中列出了系统中所有的字体类型。从"字体"下拉列表框中选择自己喜欢的字体,如"楷体",下边的文本框中显示出选择字体后字体的样式。单击"确定"按钮后,"显示窗口"中的字体变为"楷体"。

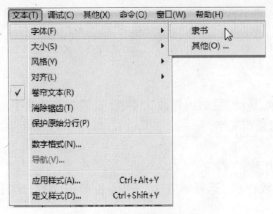

图 6-79 字体设置菜单

图 6-80 "字体"对话框

(2) 设置字体大小

若要设置字体的大小,可以在选择文本对象之后选择"文本"→"大小"选项,在弹出的级联菜单中列出了可选择的字体大小,其中打对号的是当前字体大小,单击某个字号即可,如图 6-81 所示。同样,选择"其他"选项也可以自定义字体大小。

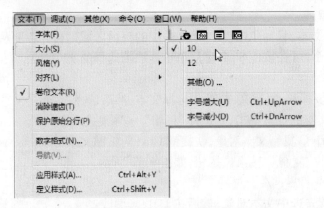

图 6-81 字体大小设置菜单

选择"其他"选项,弹出"字体大小"对话框,在"字体大小"文本框中输入你要求的字体大小,如 100,下边的文本框显示出此时字体的大小。单击"确定"按钮后,显示窗口中的字体大小变为 100。

用户也可以利用 Ctrl+↑组合键和 Ctrl+↓组合键分别增大和缩小文本的字号,每次改动的差值是 1 磅。在将文本字号增大后,文本的笔画边缘会出现锯齿现象,要消除锯齿显示,在选择文本后选择"文本"→"消除锯齿"命令。

提示:在初始状态下输入文字后,如不改变文字的字体,将不能改变文字大小。

(3) 设置字体风格

文本的风格有粗体、斜体、下划线、上标和下标等。首先选择要设置字体风格的文字,然后选择"文本"→"风格"选项,弹出其级联菜单,如图 6-82 所示,其中列出了文本的风格,可以根据需要选择字体风格。

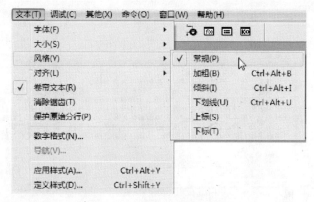

图 6-82 字体风格设置菜单

也通过单击工具栏中的相应按钮来设置字体风格为加粗、斜体、下画线。

(4) 设置字体对齐方式

在 Authorware 的默认情况下,文本的对齐方式是左对齐,即文本从左至右依次排列,如果要改变这种对齐方式,可以选择"文本"→"对齐"选项,在弹出的级联菜单中选择其他对齐方式,如图 6-83 所示。二级菜单中列出了几种对齐方式,如左齐、居中、右齐、正常。其中,左齐、右齐、居中方式与 Word 中相似。

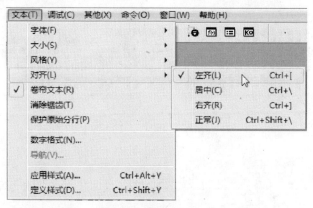

图 6-83 字体对齐方式

文档中的段落可能需要不同的对齐方式,如图 6-84 所示为"春秋淹城",标题为左对齐方式,作者为居中对齐方式,首句为右对齐方式,后两句为正常方式。

(5) 设置文字是否有滚动条

在 Authorware 中处理文本时,当文字的数量很多,在一页中无法完全显示时,可以使用滚动条来节省空间。首先选中文本对象,然后选择"文本"→"卷帘文本"命令,可以为文字加上滚动条,如图 6-85 所示。

(6) 设置文字具有抗锯齿功能

选择"文本"→"消除锯齿"命令,可以为字体加上抗锯齿功能。如图 6-86 所示,显示了使用"抗锯齿文字"与"普通文字"的区别。将文字设置为抗锯齿文字,可以使文字变得更加平滑、美观。

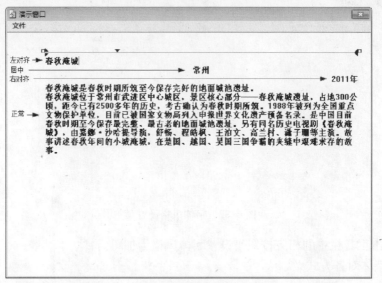

图 6-84　设置文本的对齐方式

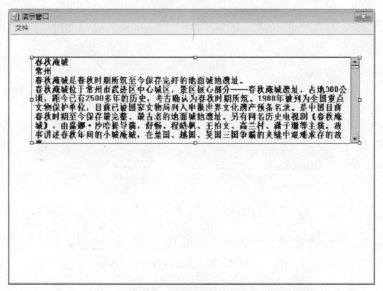

图 6-85　为文字加上滚动条

Authorware

Authorware

图 6-86　普通文字（上）和抗锯齿文字（下）

3. 设置文本版面布局

应用文本时,用户可以设置文本的版面布局。比如,设置文本的缩进以及制表位等。

（1）设置段落缩进

在选择"文本"工具输入文本时,"演示窗口"会出现一条水平线,即标尺,其中有 5 个控制标记,各个控制点的名称如图 6-87 所示。通过拖动标尺上的控制标记,可以为每个段落设置排版格式。

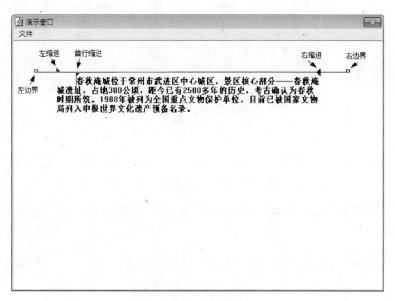

图 6-87　设置段落缩进

文本框的左、右边界控制点可以调整文本框的左右范围,段落的左、右缩进控制点可以调整文本段落的左、右侧边界范围,段落首行缩进控制点可以缩排文本块里每一个自然段中的第一行。

在显示文字范围确认以后,输入的文字将在控制点末尾自动换行,当按下回车键时,文字块便生成一个新的段落。

（2）设置制表位

在制作多媒体作品时,经常需要显示多栏目内容。可以利用 Authorware 提供的制表位来实现多栏目文字的输入。

Authorware 的制表位有普通制表位和小数点制表位两种。普通制表位用于设置一个左对齐的栏目,小数点制表位用于将一栏中所有数据的小数点对齐。若输入的数字为整数,则用小数点制表位使它们右对齐。单击文本标尺上的制表位符号,可以在普通制表位与小数点制表位之间转换。要想删除制表位,只需用鼠标将它横向拖离文本标尺即可。

下面利用制表位来制作一个以表格形式显示的成绩单,最终效果如图 6-88 所示。

制作步骤如下:

① 启动 Authorware 7.0,将新文件命名为"成绩单 .a7p"。然后在流程线上添加一个"显示"图标,命名为"成绩单",双击该"显示"图标,打开"演示窗口"。

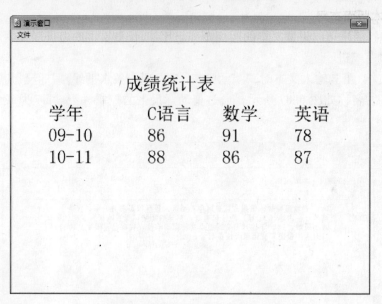

图 6-88 用制表位制作的成绩单

② 单击绘图工具栏中的"文本"工具,再在"演示窗口"的适当位置单击,使窗口中出现文本标尺,如图 6-89 所示。

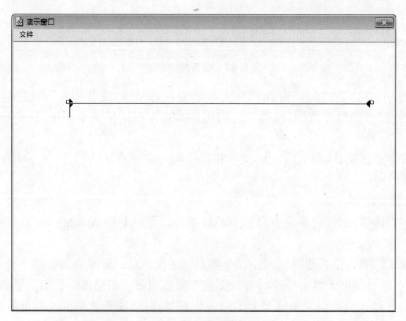

图 6-89 显示标尺

③ 在文本标尺上合适的位置单击,即出现一个普通制表位,继续单击可设置其他的制表位。如果想添加一个小数点制表位,只需要在普通制表位上单击即可。

④ 在制表位状态下输入文字的方法是:每输完一栏中的内容后按 Tab 键,插入点光标就会跳到下一个制表位处。

当输完本行的最后一栏内容后按回车键,则插入点光标进入下一行的第一个制表位,即可开始输入第二行内容。若想改变栏目的宽度,只需拖动制表位符号到适合的位置即可。

⑤ 当输入完毕后,为表格加上一个标题文字,格式可根据需要设置,效果如图 6-88 所示。

⑥ 保存程序文件。

4. 使用 RIF 文本编辑器

RIF 对象编辑器是 Authorware 内置的一个文本编辑器,该编辑器提供了功能强大的文本编辑功能。在编辑器中,可以方便地设置文本风格,如文本 的字体、字号、字形、颜色等属性,并且可以进行文本的复制、剪切和删除等操作,另外还可以插入图形、图像、创建文本链接等。

打开 RIF 对象编辑器的方法是:选择"命令"→"RIF 对象编辑器"命令,即会自动打开 RIF 对象编辑器,如图 6-90 所示。

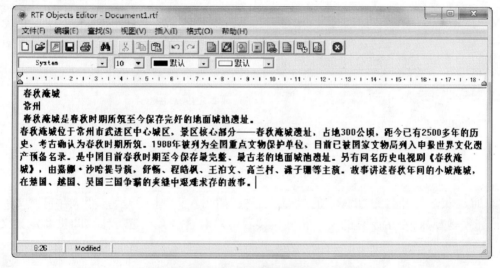

图 6-90　RIF 对象编辑器

RIF 对象编辑器的使用方法与 Word 类似,读者可以参考 Word 的用法来使用它,这里就不再详细介绍了。

6.3.3　操作实例

实例一　导入外部文本。

实例说明:图 6-91 所示是从外部向"显示"图标导入已有的文本文件,这样可以充分利用已有的外部文本资源。

具体的操作步骤如下。

① 向流程图拖入一个"运算"图标,命名为"窗口设置",双击该图标,出现"窗口设置"窗口,窗口大小设置为 300×200 像素,如图 6-92 所示。

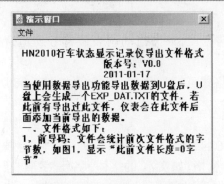

图 6-91 从外部拖入文本文件

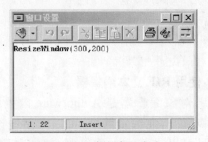

图 6-92 定义窗口大小

② 如果想拖入某个文本文档,直接打开一个文件夹,找到目标文件(只能是 TXT 或 RTF 格式文件),如图 6-93 所示,把该文件夹中名为"fff.txt"的文件拖入 Authorware 的流程线上,自动生成一个名字与外部文档相同的"显示"图标,如图 6-94(a)所示。

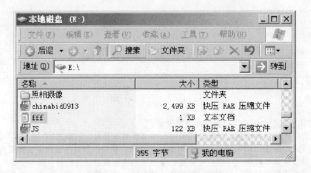

图 6-93 找到一个文本文件

③ 通过双击打开名为"fff.txt"的"显示"图标,如图 6-94(b)所示。可以看到该文件中的文字被完整地载入,包括原有的文字格式。读者可以对这些文字进行修改和重新定义文字的格式。

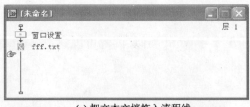

(a) 把文本文档拖入流程线

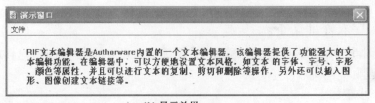

(b) 显示效果

图 6-94 添加外部文档

实例二　　制作一个程序,效果如图 6-95 所示。

图 6-95　最终效果

具体操作步骤如下。

① 建一个文件,命名为"天宁宝塔介绍 .a7p",在"属性:文件"面板中设置窗口大小为 640×480 像素。

② 向流程线上拖动一个"显示"图标,通过双击"显示"图标打开"演示窗口",向"演示窗口" 中导入一个背景图片,如图 6-96 所示。

图 6-96　插入背景图片

③ 流程线上添加另一个"显示"图标,命名为"标题",双击该"显示"图标,在打开的"演示窗口"中输入一个标题"天宁宝塔",并设置成阴影字的效果,选中该文本,在它的"属性"面板中为其设置一个特效。单击"属性"面板中"特效"后面的按钮,打开"特效方式"对话框,在其中设置文本的特效,如图 6-97 所示。

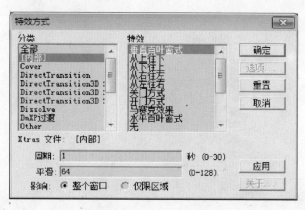

图 6-97　"特效方式"对话框

④ 流程线上再添加一个"显示"图标,命名为"天宁宝塔介绍";双击该"显示"图标,打开"演示窗口",向"演示窗口"中导入文件"天宁宝塔介绍 .txt"。设置该文本带有滚动条,字体为微软雅黑,字号为 12,加粗,颜色为蓝色,适当调整文本的位置,效果如图 6-98 所示,并为文本设置一个特效。

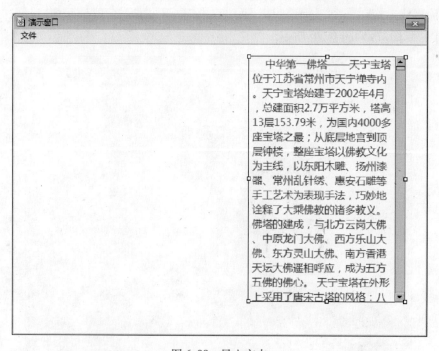

图 6-98　导入文本

⑤ 保存文件,然后运行这个程序,拖动滚动条右侧的滚动块或单击上、下滚动按钮,滚动浏览文本内容,观看运行效果,如图 6-99 所示。

图 6-99 运行效果

本例的流程如图 6-100 所示。

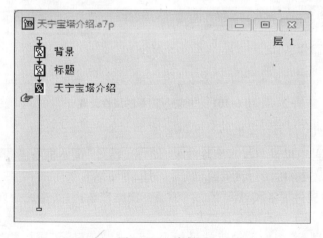

图 6-100 流程图

6.4 对象的显示和擦除

用 Authorware 进行多媒体程序设计时,可以让多个对象在同一演示窗口中显示。但显示内容过多时,会造成重叠,使画面变得凌乱不堪。此时就必须将浏览过的内容和暂时不需要的内容清除掉,就像擦黑板一样。

6.4.1 对象的擦除和擦除过渡效果

"擦除"图标可以擦除任何已经显示在屏幕上的图标,无论是使用"显示"图标、"交互"图标、"框架"图标还是"数字电影"图标显示的对象,都可以使用"擦除"图标把它从屏幕上抹去。但需要注意的是,当使用"擦除"图标来擦除一个设计图标时,它会将擦除该图标中的所有内容,而不能只擦除"显示"图标或"交互"图标中的一部分对象。如果要单独擦除某个对象,可以将该对象单独放在一个"显示"图标中。

1. "擦除"图标

在流程线上添加一个"擦除"图标,然后单击它,在"属性:擦除图标"面板上可以设置"擦除"图标的属性,如图 6-101 所示。

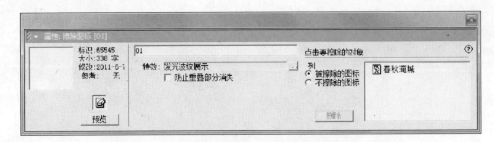

图 6-101 "擦除"图标的属性设置

"属性:擦除图标"面板中各选项的含义如下。

① "特效"文本框:用以设置过渡擦除效果。单击"特效"文本框右侧的浏览按钮,可以打开"擦除模式"对话框,设置擦除的过渡效果,如图 6-102 所示。

"分类"列表框中提供了各种过渡方式。为了方便用户选择,又将这些方式按照其屏幕效果进行分类,该列表中列出了所有的过渡类型。

设置的方法与"显示"图标的过渡效果相同,只不过是"显示"图标的过渡是渐入效果,而"擦除"图标设置的是渐出效果。

② "防止重叠消失"复选框:用来控制擦除显示对象时程序应该如何运行。如果选择该选项,Authorware 会等到"擦除"图标擦除完设置的所有对象后才继续执行程序;如果不选择该选项,Authorware 会在执行"擦除"图标擦除显示对象的同时继续运行下面的程序。

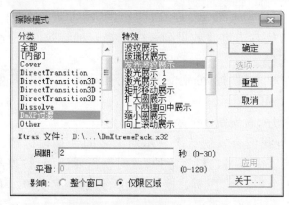

图 6-102 "擦除模式"对话框

③ "列"单选按钮组：该单选按钮组中包括"被擦除的图标"和"不擦除的图标"两个单选按钮。若选择"被擦除的图标"单选按钮，则包含在图标列表中的图标内容将被擦除；若选择"不擦除的图标"单选按钮，则包含在图标列表中的图标将被保留，未包含在图标列表中的图标内容将被擦除。

④ 图标列表：单击"演示窗口"中要擦除或要保留的对象，该对象所属的图标就被加入到该列表中。

⑤ "删除"按钮：单击该按钮，可将图标列表中选定的图标从列表中删除。

2. "擦除"图标的应用

本例是运用"显示"图标和"擦除"图标制作的"常州旅游景点"程序。

具体操作步骤如下。

① 新建一个文件，命名为"常州旅游景点 .a7p"。

② 拖动一个"显示"图标到流程线上，将其命名为"春秋淹城"。

③ 双击该图标，打开"演示窗口"，单击工具栏中的"导入"按钮，导入准备好的一幅图片，调整图片大小以适应"演示窗口"的大小，输入文字"春秋淹城"，适当设置字体、字号和文字颜色，如图 6-103 所示。

图 6-103 导入"春秋淹城"图片

④ 选择"修改"→"图标"→"特效"命令,弹出"特效方式"对话框,从左边过渡效果分类列表中选择一种分类,从右边过渡效果列表中选择一种特效,其他设置不变,单击"确定"按钮。

⑤ 同样的方法拖动"显示"图标,分别命名为"野生动物园"、"中华恐龙园"等,并分别设置其过渡效果,流程图如图 6-104 所示。

⑥ 制作完毕后运行程序,观看制作结果。

⑦ 在该程序运行时,我们会发现二个显示对象之间会互相遮盖,而且有很多显示对象用过之后就不再使用,所以需要将它们擦除掉,此时就需要使用到"擦除"图标。方法是在每个显示图标的后面放置一个"擦除"图标,"擦除"图标分别命名为 01、02,流程图如图 6-105 所示。

图 6-104　流程图

图 6-105　设置擦除后的流程图

⑧ 双击"01"图标,打开"属性"面板,单击"春秋淹城"演示窗口中的"春秋淹城"图片,表示要擦除"春秋淹城"图片,这时"演示窗口"中的图片消失,其"属性"面板中的设置如图 6-101 所示。

⑨ 用同样的方法设置其他"擦除"图标,依次擦除与之相邻的"显示"图标中的图片。

⑩ 设置完成后,保存文件。单击工具栏中的"运行"按钮,可以观看效果。

6.4.2　暂停程序运行

1. "等待"图标

在多媒体应用软件中,当图标连续显示时,如果内容较多或者过渡时间太短,都可能导致无法看清,这时需要一定的停顿。"等待"图标就是实现程序暂停的。

"等待"图标的主要功能是设置等待延时,既可以设置程序暂停一段时间后再运行,也可以设置程序等待用户的响应,直到用户单击按钮后再运行程序。

使用"等待"图标的方法是:拖曳"等待"图标到流程线上,然后双击流程线上的"等待"图标,在其"属性"面板中设置它的属性,如图 6-106 所示。

使用"等待"图标的属性面板可以指定"等待"图标要响应的事件的类型,如鼠标单击或按任

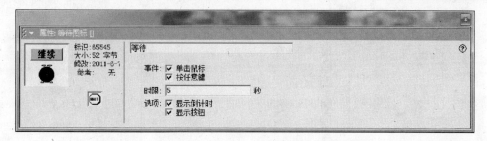

图 6-106 "属性：等待图标"面板

意键。若选中"单击鼠标"复选框，当在"演示窗口"中的任意位置单击，就将结束程序的暂停而继续运行程序；若选中"按任意键"复选框，当按下键盘上的按键时，将继续运行程序；如果同时选中这两个复选框，则无论是发生哪个事件，都可以结束暂停继续运行。

有时用户计划在固定的时间后自动运行程序，可以在"时限"文本框中输入一个时间值来控制。在运行到"等待"图标时，经过文本框中设定的等待时间后，程序会自动结束暂停继续运行下去。

"显示倒计时"复选框：若设定了时限，则该选项是可用的。若选中该复选框，则程序暂停时会在"演示窗口"中出现一个小时钟来显示剩余的等待时间。

"显示按钮"复选框：设置屏幕上是否显示一个等待按钮，当单击该按钮后，会自动结束暂停而继续运动程序。默认情况下，该复选框处于选中状态。如果要更改等待按钮的样式和文字，可以选择"修改"→"文件"→"属性"命令，在"属性"面板的"交互作用"选项卡中设置，如图 6-107所示。

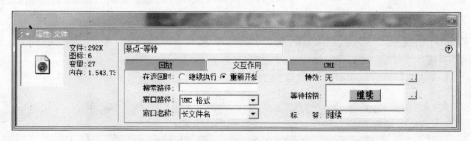

图 6-107 "属性：文件"面板的"交互作用"选项卡

2. "等待"图标的应用

下面将制作一个使用自定义"等待"图标的例子，单击界面上的按钮则结束暂停继续运行程序，并且单击按钮时会发出声音效果。具体操作步骤如下。

① 新建文件，命名为"常州旅游景点 .a7p"。拖曳一个"计算"图标，命名为"设置窗口大小"，双击该"计算"图标，在打开的对话框中将"演示窗口"的大小设置为530×700 像素。

② 向流程线上拖曳 3 个"显示"图标，图标命名如图 6-108 所示，分别向图标中导入准备好的图片素材，并为每个显示图标设置特效效果。

③ 分别在每个"显示"图标下面添加一个"等待"图标，依次命名，如图 6-108 所示。

④ 选择"修改"→"文件"→"属性"命令，打开"属性：文件"面板，在该面板中选择"交互作用"选项卡，如图 6-109 所示。

图 6-108　添加等待图标

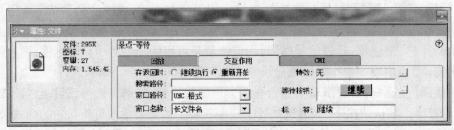

图 6-109　"属性：文件"面板

⑤ 单击"等待按钮"文本框右面的按钮，打开"按钮"对话框，在该对话框中可以选择一种按钮模式，并且可以设置按钮上标签的字体和字号，如图 6-110 所示。

⑥ 如果对系统提供的按钮都不满意，可以自定义按钮的样式。单击"添加"按钮，打开"按钮编辑"对话框。

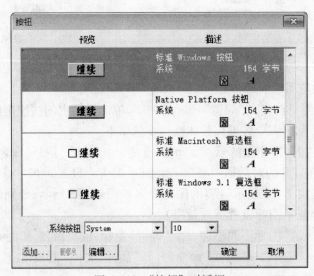

图 6-110　"按钮"对话框

⑦ 从该对话框中可以看出,按钮状态分为 4 类共 8 种。4 类分别是"未按"、"按下"、"在上"和"不允",8 种是指每一类都有其对应的"常规"状态和"选中"状态。在 8 种状态中,"未按"状态是按钮的基本状态,其余 7 种状态可以被设置为与基本状态相同。

首先单击"未按"按钮,表示鼠标未按下时按钮的样式,然后在"图案"后面的"导入"按钮上单击,打开"导入哪个文件?"对话框,如图 6-111 所示,在该对话框中选择未按时按钮的图像,然后单击"导入"按钮返回"按钮编辑"对话框。

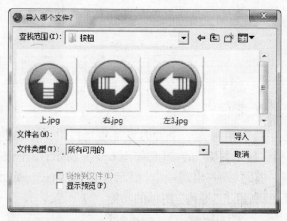

图 6-111 "导入哪个文件?"对话框

⑧ 在"标签"下拉列表框选择"无"项。如果想在单击按钮时能够发出声音,则单击"声音"下拉列表框右面的"导入"按钮,打开"导入哪个文件?"对话框,在该对话框中选择一个声音文件。可以单击"播放"按钮试听导入的声音文件,如图 6-112 所示。

⑨ 用同样的方法设置按钮其他不同状态的图像,最后单击"确定"按钮完成按钮的编辑。

⑩ 在流程线上选择"等待"图标"01",在其"属性"面板中设置其属性,如图 6-113 所示。用同样方法设置其他的"等待"图标。

⑪ 保存程序,单击"运行"按钮浏览程序,完成本例制作。

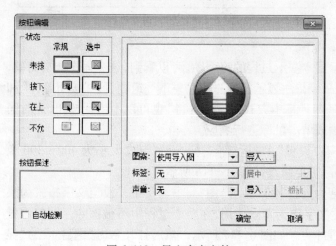

图 6-112 导入声音文件

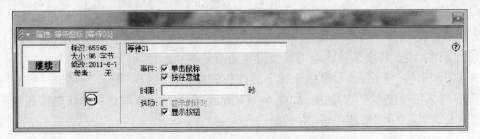

图 6-113 "等待"图标的属性

6.4.3 操作实例

实例一 巧用等待效果(一)。

实例说明:本演示效果可以用来为一个智力竞赛现场提供一个出题板,屏幕上首先出现题目,然后在左上角出现一个"显示答案"的按钮,如图 6-114 所示,单击该按钮,答案便出现;然后过一段时间,自动显示下一道题目,并出现一个"显示答案"按钮……如此继续下去,就是一个简单但很实用的题板。此示例利用了"等待"图标的功能。

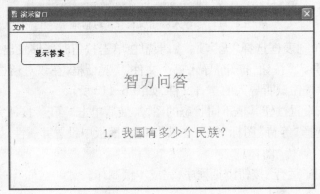

图 6-114 智力答题过程

具体的设计步骤如下。

① 图 6-115 所示是本演示过程的流程图。可以看到,这个程序非常简单,基本思路就是:出题→等待→显示答案→擦除→下一道题目。"按钮等待"和"延时等待"是等待的两种基本方式,"按钮等待"也可以不出现按钮,此时同样可以通过按任意键或单击鼠标进行响应。

② 双击名为"窗口设置"的"运算"图标,设置窗口大小为 400×300 像素,读者可以根据实际需要修改,如图 6-116 所示。

③ 打开名为"智力问答"的"显示"图标,书写文字并设定文字格式为隶书、28 号、紫色。此文字作为背景使用,在整个过程中不被擦除。调整位置使之不会与正文位置冲突。如图 6-117 所示。然后打开名为"题目 1"的"显示"图标,输入第一道题目,设置合适的字体和位置。

图 6-115 流程图

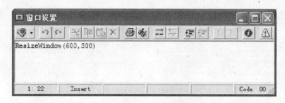

图 6-116　窗口设置

图 6-117　输入背景文字

④ 设置"等待"图标的参数。首先打开"修改"菜单,选择"文件"→"属性"命令,单击"交互作用"选项卡,在"标签"文本框中填入"显示答案"四个字,可以看到其上方的按钮文字也相应变成"显示答案",如图 6-118 所示,以后在"演示窗口"出现的等待按钮上写的文字就是这四个字。按钮的图样有很多种,通过单击"显示答案"按钮右侧的小按钮,可以打开一个选择按钮样式的对话框,选择适合的按钮。也可以自行设计按钮,比如按钮的尺寸、颜色和图案都可以改变。而且可以自己设计很多需要的功能,关于按钮的设计后面的例子专门详细介绍。

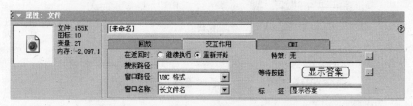

图 6-118　设置"等待"图标的属性

⑤ 双击流程图上名为"按钮等待"的"等待"图标,打开如图 6-119 所示的对话框,选中"显示按钮"复选框,不设时间限制。这样就必须由人来按下按钮,才能继续后面的步骤。如果此时运行该程序,则将停止在如图 6-120 所示的状态。在实际运用时,这个等待的过程正好可以用来让现场选手回答问题。

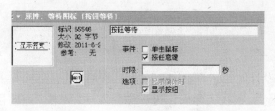

图 6-119　"按钮等待"的设置

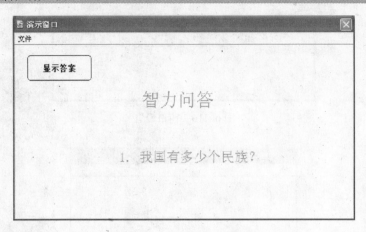

图 6-120　运行过程中的等待

⑥ 打开名为"答案 1"的显示图标,输入第一道题目的正确答案,文字的位置设在问题的正下方,字体和大小调整至合适。

⑦ 答案出现之后,在下一道题目出现之前,希望有一个停留时间,这里实现的方法是添加一个名为"延时等待"的等待图标,如图 6-121 所示,设定等待时间为 3 秒钟,注意设定时间的时候,系统只承认西文字体,如果当前正在用汉语输入,一定要切换成西文输入。该等待的唯一结束方式就是 3 秒钟结束,鼠标单击和键盘按键均没有作用,当然也可以设定鼠标或键盘同时起作用。

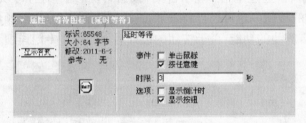

图 6-121　设置"延时等待"图标的属性

⑧ 通过双击打开擦除图标,选定"答案 1"和"题目 1"被擦除,如图 6-122 所示,这样执行了擦除之后,屏幕上只剩下背景文字"智力问答"。这为出第二道题目做好了准备工作。

图 6-122　擦除对象

⑨ 用同样的过程来设计第二道题目:输入题目,设置按钮等待,输入答案。图 6-123 所示是运行到第二道题目的效果。大家在实际操作过程中会发现,从第二道题目开始,要做的工作少了,因为系统会默认很多刚才的设置,比如字体、等待按钮上的文字等,不必每次重新设定。

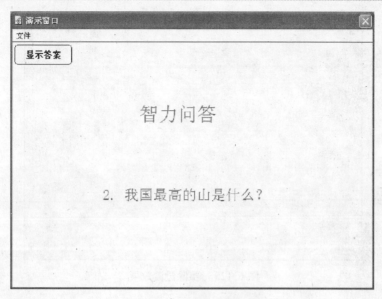

图 6-123   编辑第二道题目

现在来运行整个程序：出题→等待→显示答案→擦除→下一道题目，在按下等待按钮时，等待按钮就会自动消失，如图 6-124 所示。因为等待过程已经结束，自然没有再保留按钮的必要，这是系统自动设定的。

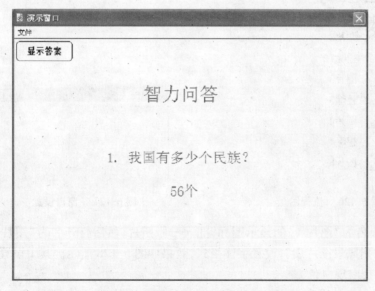

图 6-124   按下"显示答案"按钮，"等待"按钮自动消失，出现答案

实例二   擦除效果。

实例说明：图 6-125 所示是利用擦除图标实现的图片之间的切换效果。可以看到，两张图片正在切换当中，一张正在溶解，另一张正在淡出。这正是擦除图标的功能强大之处，它并不是只能简单地让前一张图片消失，而是提供了多种过渡效果。

图 6-125　擦除过渡效果

具体的设计步骤如下。

① 图 6-126 所示是本程序的流程图。

② 首先双击名为"窗口设置"的运算图标,设置窗口大小为 600×400 像素,如图 6-127 所示。

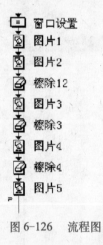

图 6-126　流程图　　　　　　　　　图 6-127　窗口设置

③ 双击打开名为"图片 1"的显示图标,插入一张照片,然后打开名为"图片 2"的"显示"图标,输入文字"常州风景图片展",设置字体格式,效果如图 6-128 所示。其中设置字为透明模式,这样字体周围不会出现白色方框。

④ 分别设置"图片 1"和"图片 2"出现的过渡特效,"图片 1"设成"Dissolve, Patterns"(溶解,图案),"图片 2"的文字设成"Wipe Up"(向上卷出)。打开"修改"菜单,选择"图标"→"特效"选项,弹出"特效方式"对话框,如图 6-129 所示,设置相应的特效和平滑度等(参见前面一个特效的示范,这里不再重复)。

⑤ 图 6-128 和图 6-129 分别显示了图片的显示特效和过渡设置。现在进入关键部分,来设置"擦除"特效,即擦除以前的图片的方式,并且可以和后面的图片出现方式协同工作。"擦除"

图标的"属性"面板如图 6-130 所示,可直接双击"擦除"图标打开,打开之后在"演示窗口"中选定要擦除的对象,可以选多个。用来设置"擦除"图标特效的对话框如图 6-131 所示,有两种打开方式:单击"特效"文本框右端的按钮,或选择"修改"→"图标"→"特效"命令。可以看到,"擦除模式"对话框的结构与图片的"特效方式"对话框几乎完全相同,但是它用来指定图片的擦除方式,所以若设定同一特效,演示时在时间上恰好是个相反过程。

图 6-128　显示特效

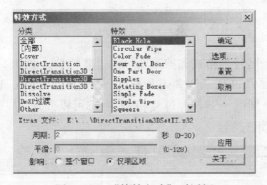

图 6-129　"特效方式"对话框

图 6-130　"属性:擦除图标"面板

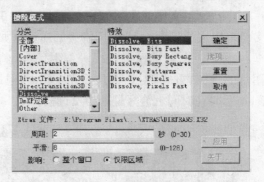

图 6-131 "擦除模式"对话框

⑥ 擦除特效可以自动和后面的图片配合。现在继续设置后面一张图片的出现。打开名为"图片3"的"显示"图标,插入另一张照片,如图 6-132 所示。设置过渡特效,如果和前面的擦除模式不全相同,则按照时间的顺序先后完成过渡特效。但是如果和前面的擦除模式的设置完全相同,则两个过程会同时进行,也就是一张图片以某种方式消失的时候,另一张图片会以相同的方式出现。

图 6-132 插入图片

⑦ 继续设置后面几张照片的格式和擦除图标的过渡特效。图 6-133 所示和 6-134 所示,是两种过渡特效的演示:图 6-133 所示为向左拉出的方式(擦除),图 6-134 所示为方格式溶解的方式(出现)。读者可以分别试一下各种过渡特效,挑选可以分别试一下各种过渡特效,挑选最合适的过渡特效来配合演示过程。

图 6-133 过渡特效 1

图 6-134　过渡特效 2

文字、图像、声音和数字动画信息已经足以表现多媒体作品的主题和内容。不过我们还需要进行简单的动画效果设计来满足创作需要,动画效果可以使多媒体作品更加生动有趣。

6.5.1　"移动"图标

1. "移动"图标的移动对象

Authorware 提供了功能强大的"移动"图标 ,可以实现动画效果。不过"移动"图标本身不会动,也不含有会移动的对象,它必须与"显示"图标配合使用。"显示"图标是 Authorware 动画对象的载体,有了"显示"图标,才能放置各种文字、图像等对象。

Authorware 7.0 支持两种设置移动对象的方法:一种是打开"属性:移动图标"面板,通过单击"演示窗口"中的对象(文本、图形或图像)来指定移动对象;另一种是将移动的"显示"图标拖动到"移动"图标上,在放开鼠标后,"移动"图标由灰色变为黑色,即表明已经指定了移动对象。

需要注意的是,一个"移动"图标只能对一个有内容的"显示"图标中的所有对象进行移动。如果是要移动一个单独的对象,那么这个对象必须单独放在一个"显示"图标中。

另外, Authorware 支持大多数的动画格式,如简单的 GIF 动画、当前十分流行的 Flash 动画、FLI 和 FLC 动画、AVI 数字电影以及 MPEG 视频文件等。

2. "移动"图标的"属性"面板

拖动一个"移动"图标到流程线上,默认情况下将打开"属性:移动图标"面板,如图 6-135 所示。

"属性:移动图标"面板中一些选项的含义如下。

① 移动对象预览框:预览移动对象的内容。若没有确定移动对象,则预览框中显示的是移动方式的示意图。

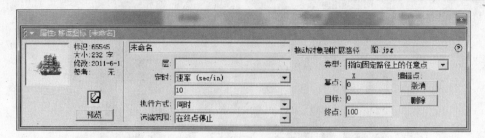

图 6-135 "属性：移动图标"面板

②"层"文本框："移动"图标层次与"显示"图标层次的含义基本一致，层次越高，其越早显示；若此文本框为空，层次设为默认值；显示相同层次时，先出现的显示在下面。若"显示"图标设置为"直接写屏"，则其产生的移动会显示在所有显示对象的上面。"移动"图标中的层次只在移动显示过程中有效；移动结束，则该显示对象的层次重新变为它所在"显示"图标的层次。

③"定时"下拉列表框：该下拉列表框中包含"时间"和"速率"两个选项。若选中"时间"选项，则在下方的文本框中输入的数值、变量或表达式表示完成整个移动过程所需要的时间，单位为秒；若选中"速率"选项，则其下方的文本框中的数值、变量或表达式表示移动对象的移动速度，单位为"秒/英寸"。在制作动画前，必须先明确到底要控制动画的时间还是运动的速度，不同的目的需要选用不同的方式。

④"执行方式"下拉列表框：该下拉列表框中包含"等待直到完成"和"同时"两个选项。若选中"等待直到完成"选项，则程序等待本"移动"图标的移动过程完成后，才继续流程线上下一个图标的执行；若选中"同时"选项，则程序将本"移动"图标的移动过程与下一个图标的运行同时进行。

⑤"类型"下拉列表框：该下拉列表框中包含"指向固定点"、"指向固定直线上的某点"、"指向固定区域内的某点"、"指向固定路径的终点"和"指向固定路径上的任意点"5 种移动类型，如图 6-136 所示。

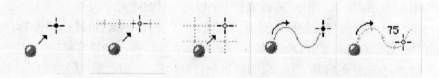

图 6-136　移动图标的 5 种运动类型

在"属性：移动图标"面板中选择不同的移动类型，将出现不同的选项。

⑥"基点"文本框：用于设置移动对象在"演示窗口"中的起点坐标。

⑦"目标"文本框：用于设置移动对象在目标位置的坐标。

⑧"终点"文本框：用于设置移动对象的终点坐标。

6.5.2　动画的类型

各种不同的动画是由在"属性：移动图标"面板中选择不同的动画类型决定的，在"移动"图标对应的"属性"面板的"类型"下拉列表框中，可以看到 Authorware 提供的 5 种移动方式："指向固定点"、"指向固定直线上的某点"、"指向固定区域内的某点"、"指向固定路径的终点"、"指向固定路径上的任意点"，如图 6-137 所示。这 5 种动画方式各有特点，下面进行具体介绍。

图 6-137 "类型"下拉列表框

1. 指向固定点

"指向固定点"是最基本的动画设计方法，可以使对象直接由起点位置沿直线移动到终点位置的动画。这里的起点是对象在屏幕上的最初位置，可以是屏幕坐标内的任意点，终点是预先指定的运动的目标点，如图 6-138 所示。

图 6-138 "指向固定点"运动方式示意图

下面以"滚动字幕"为例来介绍这种方式。字幕效果的制作比较简单，使用指向固定点方式，将文本由下向上移动。滚动字幕制作的要点在于选择合适的运动速度，过快和过慢的速度都会影响字幕的显示效果。最终效果如图 6-139 所示。

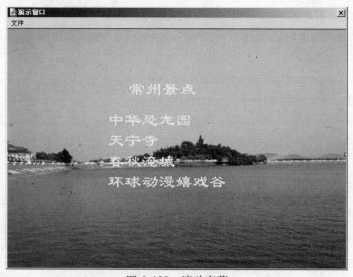

图 6-139 滚动字幕

具体设计步骤如下。

① 启动 Authorware，新建一个文件，将其保存为"滚动字幕 .a7p"。

② 在流程线上添加一个"显示"图标，命名为"背景"，双击该图标打开"演示窗口"，单击工具栏上的"导入"按钮，弹出"导入哪个文件？"对话框，在其中选择一幅图片，单击"导入"按钮，将选择的图片插入到"演示窗口"中，调整"演示窗口"的大小，以使背景图片正好充满整个"演示窗口"，如图 6-140 所示。

图 6-140 背景

③ 在流程线上添加一个"显示"图标,命名为"字幕,双击该图标打开"演示窗口",单击"工具"面板中的"文本"按钮,输入文字,如图 6-141 所示,将其字体设置为隶书,字号设置为 24,色为黄色,然后将其移到演示窗口的下角,使其稍微露出一点。

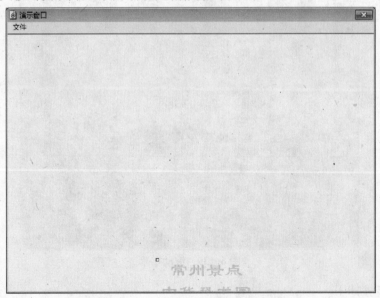

图 6-141 在演示窗口中输入运动文字

④ 在流程线上添加一个"移动"图标,将其命名为"运动"。然后选择文字作为移动的对象,在"属性:移动图标"面板中进行设置,如图 6-142 所示。

在"类型"下拉列表框中选择"指向固定点",在"定时"下拉列表框中选择"时间",在其下面的文本框中输入 5;然后按住文字,将其从下角移到上角。

图 6-142 属性面板

⑤ 保存文件。单击工具栏中的"运行"按钮可以观看效果。

2. 指向固定直线上的某点

"指向固定直线上的某点"是指沿直线定位的动画。这种动画效果是使显示对象从当前位置移动到一条直线上的某个位置。被移动的显示对象的起始位置可以位于直线上,也可以在其直线之外,但终点位置一定位于直线上,如图 6-143 所示。停留的位置由数值、变量或表达式来指定。

3. 指向固定区域内的某点

"指向固定区域内的某点"是指对象从当前点沿直线在设定的时间内匀速移动到指定区域内的某点,如图 6-144 所示。

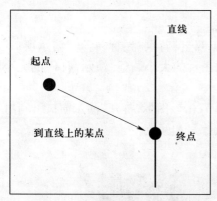

图 6-143 "指向固定直线上的某点"
运动方式示意图

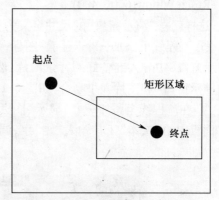

图 6-144 "指向固定区域内的某点"
运动方式示意图

通过制作"鼠标跟随"动画,掌握创建"指向固定区域内的某点"动画的方法。

鼠标跟随是电脑动画和网页中常见的效果;即当鼠标指针移动时,有小图片或文字跟随鼠标移动,产生动态效果,引起观众的注意,这也是人机交互最常用的一种手段,不仅在动画和网页中常用,在多媒体程序中也屡见不鲜。在 Authorware 中可以通过"指向固定区域内的某点"运动方式实现鼠标跟随效果。下面就来看一个实现鼠标跟随效果的例子,如图 6-145 所示。

鼠标跟随效果的制作步骤如下。

① 新建一个文件,命名为"鼠标跟随 .a7p"并保存。然后选择"修改"→"文件"→"属性"命令,打开"属性"面板,在"大小"下拉列表框中选择"根据变量"选项,设置"演示窗口"的尺寸为可变值。

图 6-145　鼠标跟随效果

② 在流程线上添加一个"计算"图标,命名为"窗口大小"。双击该"计算"图标,打开"计算"图标编辑器,输入如下代码:

ResizeWinow(600, 400)

这样就将"演示窗口"的尺寸定义为 600×400 像素。

③ 流程线上添加一个"显示"图标,命名为"背景"。双击"背景"图标,打开"演示窗口",向"演示窗口"中导入准备好的背景图片;然后根据插入的图片的大小调整"演示窗口"的大小,以使"演示窗口"和图片大小吻合,如图 6-146 所示。

④ 在流程线上添加一个"显示"图标,命名为"蝴"。双击该图标,打开"演示窗口",利用"工具"面板中的"文本"工具输入"蝴"字,调整文字的字体、字号和颜色。

图 6-146　背景图

⑤ 在流程线上添加一个"移动"图标,命名为"跟随蝴",双击"跟随蝴"图标,打开"属性:移动图标"面板,选择演示窗口中的"蝴"字作为移动对象,然后按如图 6-147 所示进行设置。

图 6-147 设置"移动"图标的属性

具体设置如下:

在"定时"下拉列表框中选择"时间 (秒)"选项,在下面的文本框中输入 0.05,即移动时间设置为 0.05 秒。

在"执行方式"下拉列表框中选择"永久"选项。

在"远端范围"下拉列表框中选择"在终点停止"选项。

在"类型"下拉列表框中选择"指向固定区域内的某点"选项。

选择"基点"单选按钮,设置移动的起点为窗口的左上方,在 X、Y 文本框中均输入 0
(即坐标位置为 0),如图 6-148 所示。

图 6-148 文字的起点位置

选择"终点"单选按钮,将文字对象移动到窗口的右下方,如图 6-149 所示。在"终点"的 X、Y 文本框中分别输入 600 和 400。这里将终点设置为 (600,400),是因为在前面的"计算"图标中将演示窗口的尺寸设置为 600×400 像素的缘故,这样相当于在矩形区域内创建了一个和窗口同样大小的坐标区域。

图 6-149　文字的终点位置

选择"目标"单选按钮,设置 X 坐标为 CursorX+20,Y 坐标为 CursorY+20,即把文字移动到鼠标指针右下方偏移量 (20,20) 的位置。系统变量 CursorX、CursorY 分别存储了鼠标在"演示窗口"中的坐标,利用这两个变量实现了对鼠标位置的跟踪。

⑥ 按照上面的操作步骤,在流程线上再添加一个"显示"图标和一个"移动"图标。将"显示"图标命名为"蝶",在"演示窗口"中输入"蝶"字;将"移动"图标命名为"跟随蝶",双击图标,打开"属性"面板,按照如图 6-150 所示进行设置。

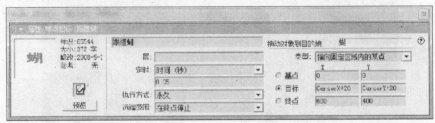

图 6-150　设置移动属性

⑦ 按照上面的操作步骤,在流程线上依次添加"飞"显示图标、"跟随飞"移动图标和"舞"显示图标,如图 6-151 所示。

⑧ 分别在图标"飞"和"舞"的"演示窗口"中输入"飞"和"舞"字。在"属性:移动图标"面板中设置移动过程的持续时间依次延长 0.1 秒,移动目标沿水平方向和垂直方向分别向右、向下偏移 20 像素。

⑨ 保存文件、单击工具栏中的"运行"按钮可以观看效果。

4. 指向固定路径的终点

"指向固定路径的终点"是指沿平面定位的动画。对象沿给定的路径,在设定的时间内,从起点匀速移动到路径的终点,如图 6-152 所示。

图 6-151　添加图标

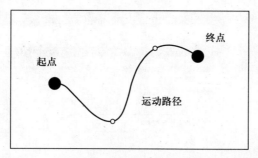

图 6-152 "指向固定路径的终点"运动方式示意图

下面以一个"蜜蜂、蝴蝶在花间飞舞"的例子介绍创建该动画的操作。本例制作的动画效果如图 6-153 所示。

图 6-153 蝶恋花最终效果

具体的制作步骤如下。

① 新建一个 Authorware 文件,将其命名为"蝶恋花 .a7p"并保存。

② 在流程线上添加一个"显示"图标,将其命名为"花",然后双击该"显示"图标,在打开的"演示窗口"中导入一幅背景图片。

③ 单击"插入"→媒体→ Animated GIF 命令,弹出一个对话框,如图 6-154 所示。

单击 Browse 按钮,选择已准备好的 GIF 素材"蜂 .gif"图像,然后单击 OK 按钮,把该图像插入到流程线上。

④ 在流程线上单击插入的 GIF 图像,在"属性"面板中设置它的名称为"蜂";选择"显示"选项卡,在该选项卡中设置"模式"为"透明",如图 6-155 所示。

⑤ 用同样的方法,向流程线上插入第二幅 GIF 图像,取名为"蝶",并在"属性"面板上设置它的模式为透明。

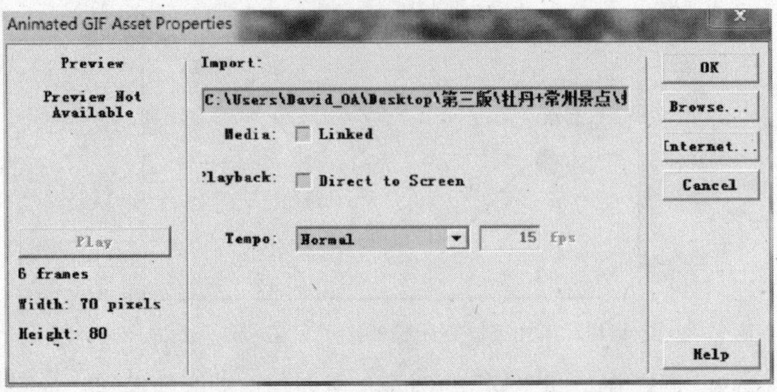

图 6-154 选择一个 GIF 图像

图 6-155 设置第一个 GIF 图像的属性

⑥ 单击"运行"按钮,在"演示窗口"中调整"蜜蜂"和"蝴蝶"的最初位置,如图 6-156 所示。

蝴蝶

蜜蜂

图 6-156 蜜蜂和蝴蝶的最初位置

⑦ 向流程线上添加两个"移动"图标,分别命名为"蝶运动"和"蜂运动",如图 6-157 所示。

⑧ 单击"蝶运动"图标,在"属性"面板上设置它的移动时间为 5 秒,移动的类型为"指向固定路径的终点",如图 6-158 所示。

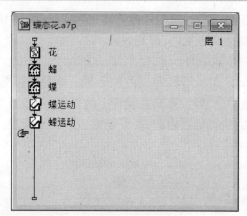

图 6-157 动画流程图

图 6-158 设置"移动"图标

⑨ 设置完毕后,在"演示窗口"中单击蝴蝶图像,使运动的对象为"蝴蝶",这时蝴蝶图像上面出现一个空心的小三角形,这标记着蝴蝶移动的起点;拖动蝴蝶到其他位置,确定运动的终点,这时在演示窗口中出现一条细线,这标记着蝴蝶运动的轨迹。在轨迹上单击,在轨迹上又出现了一个空心的小三角形,用鼠标向上或向下移动该三角形可以改变运动的轨迹;双击三角形可以使三角形变成实心的圆点,这时曲线变成了平滑曲线,使得运动更加自然,如图 6-159 所示。

图 6-159 蝴蝶运动的轨迹

⑩ 蝴蝶的运动设置完毕，接下来，用同样的方法设置蜜蜂运动的轨迹。

⑪ 设置完毕后保存文件。运行文件，观看效果。

5. 指向固定路径上的任意点

"指向固定路径的任意点"是指沿路径定位的动画。这种动画效果也是使显示对象从起点沿路径在设定的时间内匀速移动，最后停留在路径上的任意位置，而不一定非要移动到路径的终点，如图 6-160 所示。停留的位置可以由数值、变量或表达式来指定。

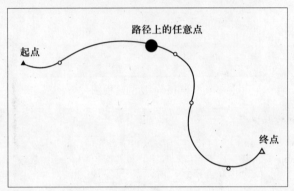

图 6-160　"指向固定路径上的任意点"运动方式示意图

在"指向固定路径的终点"和"指向固定路径上的任意点"运动方式中，需要确定运动路径，这里的路径可以是直线、折线，也可以是不同弧度的曲线，甚至也可以是闭合的环路。

下面用一个地球围绕太阳转动的例子来介绍创建"指向固定路径上的任意点"运动效果的动画。具体的制作步骤如下。

① 新建一个文件，将其命名为"地球绕着太阳转 .a7p"并保存。

② 在流程线上添加一个"显示"图标，将其命名为"太阳和轨道"，然后双击该"显示"图标，在打开的"演示窗口"中绘制一个太阳和一个轨道的图形，如图 6-161 所示。

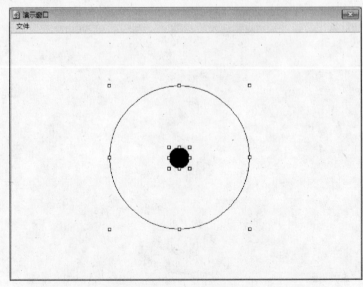

图 6-161　绘制轨道和太阳

③ 向流程线上添加一个"显示"图标,命名为"地球",双击该图标打开"演示窗口",在"演示窗口"中绘制一个地球图形,单击"运行"按钮,适当调整地球的位置,使它最初的位置位于轨道之上,如图 6-162 所示。

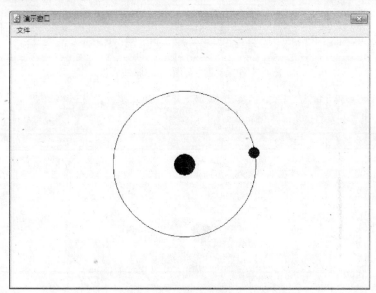

图 6-162　确定地球的起始位置

④ 向流程线上拖拽一个"移动"图标。本例的流程图如图 6-163 所示。

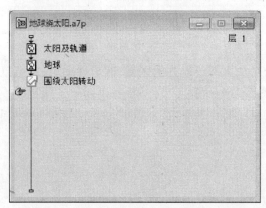

图 6-163　流程图

⑤ 双击"移动"图标,打开"属性"面板,在"属性"面板的"类型"下拉列表框中选择"指向固定路径上的任意点"。在"基点"文本框中输入 0,在"终点"文本框中输入 30,在"目标"文本框中键入 Sec,各选项设置如图 6-164 所示。这里的 Sec 是一个系统变量,其数值为当前系统时间的秒数,如果在计划在半分钟转一圈,取值范围为 0 ~ 30,因此将终点设置为 30。

⑥ 在"演示窗口"中创建一个接近轨道的运动路线,并且注意路径的起点与终点之间要留下一个缺口,如图 6-165 所示。

创建圆形运动轨迹的方法很简单:首先单击运动对象,在运动对象的中心出现一个黑色三角符号,这个符号是一个路径的折线点,将指针定位在折线点上,单击并拖动,可以移动折线点。如

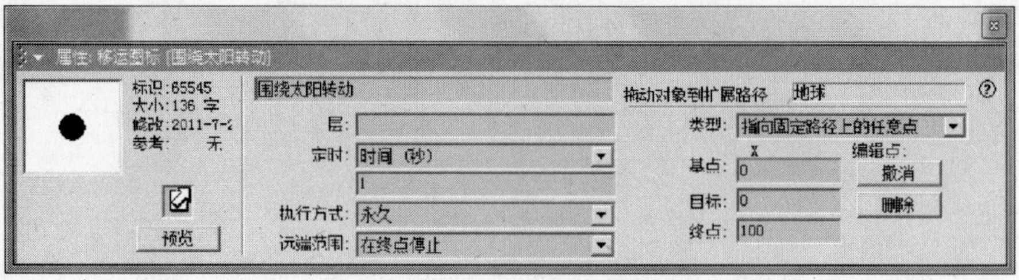

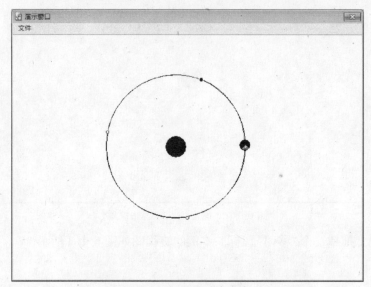

图 6-164   设置移动图标的属性面板

图 6-165   设置运动路线

果将鼠标指针定位在运动对象上折线以外的区域，然后移动对象，可以新建一个折线点，两个折线点之间用直线连接，如图 6-166 所示。

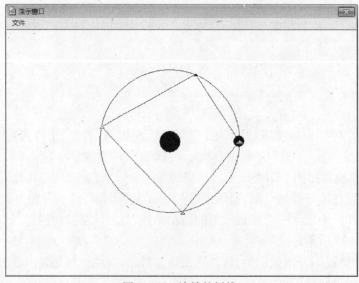

图 6-166   连续的折线

双击一个三角形折线点,该折线点就会变成圆形的曲线点,如图 6-167 所示。把所有的三角形折线点都变成圆形曲线点,就完成了对运动轨迹的制作。

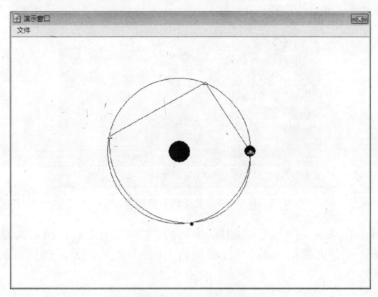

图 6-167　双击折线点

如果路径上有不必要的曲线点或折线点,可以在选中该点后单击"属性"面板中的"删除"按钮,删除被选中的点。如果进行了一步误操作,可以单击"属性"面板中的"撤销"按钮,撤销刚才的操作。

6.5.3　操作实例

实例一　固定终点的动画。

实例说明:图 6-168 实现下面这样的场景。开始时,山里有两只大雁,它们静止不动,单击鼠标,大雁沿直线缓慢飞到右侧设定的点。大雁运动的方式是固定终点的方式,到达预定地点便停下来,作为背景的山始终静止不动。

图 6-168　固定终点的动画效果

具体的制作步骤如下。

① 在流程线上放置一个"显示"图标,命名为"background";双击该图标,打开"演示窗口",利用"导入"命令载入一座山的图片,调整图片的大小至比较合适为止,如图 6-169 所示。

图 6-169　静止的背景图案

② 在流程线上再放置一个"显示"图标,命名为"大雁",用来载入两只大雁的图片,大雁放在窗口的左下角。这是大雁的起始位置,动画启动时,大雁从此处运动到目的地,如图 6-170 所示。

图 6-170　载入大雁对象

③ 由于要求用户在单击屏幕时,大雁才会运动,所以在流程线上加一个"等待"图标,命名为"等待"。双击"等待"图标,打开"属性:等待图标"面板,设定其停止等待的事件为"单击鼠标",如图 6-171 所示。如果同时选中"按任意键"复选框,则按键盘上的任意键也同样有效。"时限"可以不设置(即没有时间限制),也可设置(即在规定的时间结束时结束等待)。

如果选中"显示按钮"复选框,则运行时,出现一个"继续"按钮。

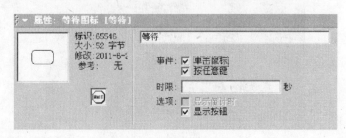

图 6-171　设置等待方式

④ 设置动画类型和效果。在两个"显示"图标之后插入一个"移动"图标。双击流程图上的"background"图标,这时背景图像山出现,然后按住 Shift 键双击"大雁"图标,这样山和大雁同时出现在同一个"演示窗口"中,如图 6-172 所示。此时双击"移动"图标,然后单击"演示窗口"中的大雁图像,这时"移动"图标的作用对象便设定为大雁。"属性:移动图标"面板的设置如图 6-173 所示。"层"(默认值为 0) 设为 1 之后,大雁就出现在背景山的前面。

图 6-172 主大雁和山同时出现在一个显示窗口

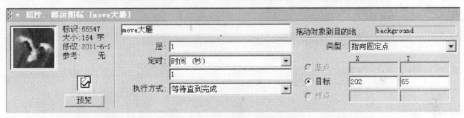

图 6-173 设置动画类型

⑤ 流程图如图 6-174 所示。

图 6-174 大雁运动程序的流程图

实例二 运动物体的重叠设置。

实例说明:演示动画的时候必然会出现两个物体重叠的情况,为了确定在重叠时哪个显示对象位于上面,哪个显示对象位于下面,Authorware 使用了"层"的概念。实例中有两个潜泳者,其中 B 在河底。当 A 从 B 身旁游过时,B 位于前景,挡住了 A;当 A 游过河底时,A 位于前景,挡住了河底,如图 6-175 所示。

具体的制作步骤如下。

图 6-175 重叠效果

① 在流程线上拖入一个"计算"图标,设置窗口大小为 480×320 像素。为了改变演示时的窗口设置,可以打开"修改"菜单,选择"文件"→"属性"命令,如图 6-176 所示,打开"属性:文件"面板,如图 6-177 所示,在"回放"选项卡上,有一组选项,如果这些选项全不选,则出现的效果就是一个没有标题栏、没有菜单栏的窗口,如图 6-175 中显示的那样。在"属性:文件"面板中还有许多其他选项,本例中不做修改,取其默认值。

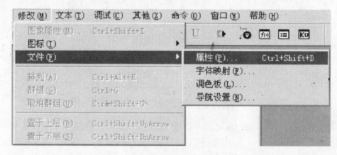

图 6-176 通过菜单打开"属性"面板

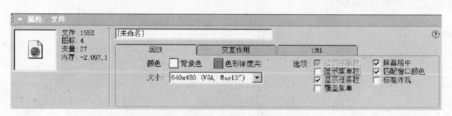

图 6-177 设置"演示窗口"的属性

② 在流程图上添加一个"显示"图标,双击该图标,打开"演示窗口",添加一河底图像,作为背景,拖动边框,改变河底图像的大小至适中。再添加一个"显示"图标,作为 B 的显示窗口。然后用同样的办法,创建人物 A 的显示窗口。如图 6-178 所示,河底和两个潜泳者显示在同一个窗口之中。

③ 为了使演示过程易于控制,添加一个"等待"图标,双击"等待"图标,出现"属性:等待图标"面板,如图 6-179 所示。"事件"设置为"按任意键",并且设定"时限"为 3 秒,3 秒结束后若未按任何键将自动运行以后的步骤;若选中"显示倒计时"复选框,则屏幕上会出现一个小闹钟,显示剩余时间。闹钟如图 6-180 所示。

图 6-178 载入背景和人物

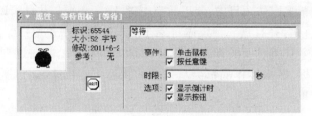

图 6-179 设置等待方式

④ 往流程线上添加一个"移动"图标,用来控制人物 A 的运动;双击"移动"图标,打开"属性:移动图标"面板,双击人物 A 的图像,则人物 A 被选中作为运动对象,在"演示窗口"内拖动人物 A 至终点位置。这里人物 A 的运动方式仍旧是"指向固定点"的方式,这时可以看到"属性"面板上已经记录了终点的信息,如图 6-181 所示。再来看图 6-182,这是"移动"图标的移动参数,注意其"执行方式"设置为"同时",是指它和下一过程同步发生,而不是和前一过程。

图 6-180 小闹钟显示剩余时间

图 6-181 设置人物 A 的移动路线

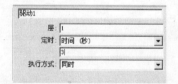

图 6-182 设置人物 A 的移动参数

类似的方法引入控制人物 B 的"移动"图标,它的"层"值设置为 2,即高于人物 A 的层次,表示在相对运动时出现在人物 A 的前面。河底图像的层次不改,系统默认为 0。

⑤ 整个动画的流程图如图 6-183 所示。

为理解方便,前面的例子中一直是一边引入图标,一边设置图标的属性,这样是完全可行的。但从结构化设计的角度,最好的方法是先构建流程图,并导入静止的图像,然后运行动画,在运行的过程中,根据运行情况依次设定参数,直至结束。

图 6-183 流程图

6.6　多媒体素材的使用

6.6.1　使用"声音"图标

在 Authorware 中,除了最常见的文本和图像对象之外,系统还提供了对声音、数字电影以及视频的集成能力。在当前多媒体项目中,使用数字电影、声音和视频往往可以加强作品的表现力,将直接影响到作品的优劣,并且这 3 种媒体对象在多媒体项目中使用得非常广泛。人们常常会把多媒体与漂亮的动画、优美动听的音乐联系在一起。在本章中,将讲述"数字电影"图标和"声音"图标,利用这些图标,多媒体作品都会从呆板的状态下走出来,通过听觉、视觉的全方位作用,给观众以深刻的印象。

1. 导入声音文件

要向 Authorware 文件中加载声音,首先应该在流程线上添加一个"声音"图标,然后再导入声音文件并进行下一步的设置。

将"声音"图标拖动到流程线上后,单击"声音"图标,其"属性"面板如图 6-184 所示。在该"属性"面板中,可以对声音文件进行编辑,包括导入声音文件、设置各项属性等。

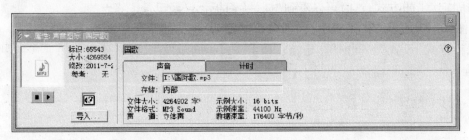

图 6-184　"声音"图标"属性"面板的"声音"选项卡

单击"属性"面板上的"导入"按钮,打开"导入哪个文件?"对话框,如图 6-185 所示,在这里选择想要导入的声音文件。选中要导入的声音文件后,单击"导入"按钮就完成了声音文件的导入。

2. "声音"图标的属性设置

利用"声音"图标"属性"面板中的"计时"选项卡,可以方便地设置声音的播放属性,如执行方式、播放次数、速率、开始片段等,如图 6-186 所示。

下面简单介绍面板中的几个选项。

①"执行方式"下拉列表框:设置声音播放的方式,其中包括 3 个选项。

• "等待直到完成":选择此选项时,程序播放完此声音后才开始执行流程线上的下一个图标。

• "同时":程序将一边播放声音,一边执行流程线上"声音"图标后的图标。

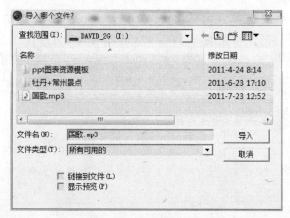

图 6-185 "导入哪个文件?"对话框

图 6-186 "属性:声音图标"面板的"计时"选项卡

● "永久":选择此选项时,可以在"开始"文本框中输入一个表达式,程序会监视这个表达式的值,其值为真时开始播放此声音。

② "播放"下拉列表框:用于设置声音播放的次数,其中包括两个选项。

● "播放次数":播放一定次数,此次数由下方文本框中的值决定。

● "直到为真":选中此选项时,可在其下方的文本框中输入某一个表达式,程序会监视这个表达式的值,其值为真(大于 0 时),停止播放此声音。

③ "速率"文本框:设置播放速度。注意,这里采用百分比来设置,100% 是正常速度,80% 是放慢速度到原来的 80%,以此类推。

④ "等待前一声音完成"复选框:选中此复选框后,只有系统播放完前一个声音之后才会开始播放,这样可以防止发生多个声音交叉的情况。

3. 声音文件的处理

在制作 Authorware 程序时,除了考虑画面、音乐等效果外,还需要考虑的一个重要因素是声音文件的大小,小文件意味着作品可以更方便、快捷地发布,更流畅地播放。

可以采用两种方法来减小声音文件占用的磁盘空间:

● 在 Authorware 支持的声音文件中,可以将 CD 或 WAV 格式的声音文件用 MP3 压缩工具转换成 MP3 格式的文件。

● 采用 MIDI 文件代替 WAVE 文件作为背景音乐。

Authorware 软件提供了一个实用的转换工具,下面简单介绍一下。

选择"其他"→"其他"→ Convert WAV to SWA 命令(用于可将占用存储空间大的 WAV 格

式转换成压缩比高的 SWA 格式），弹出格式转换对话框，如图 6-187 所示。单击 Add Files(添加文件) 按钮，指定需要进行格式转换的 WAV 文件，可以同时指定多个文件；单击 Rcmove(删除) 按钮可以从待转换文件列表中删除指定的文件；单击 Convert (转换) 按钮可以对文件进行转换。

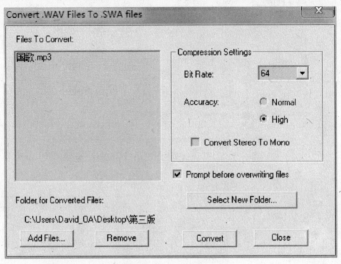

图 6-187　格式转换对话框

下面简单介绍一下转换过程中的主要参数。

● Bit Rate(位速率)：从下拉列表框中可以选择不同的位速率，默认是 64。比特率越高压缩后的文件效果越好，但压缩比也越小，也就是说得到的 SWA 文件会比较大。

● Accuracy（精度）：可以选择 Normal（正常）或 High（精密）。同样，选择 High 单选按钮时，SWA 文件效果更好，但同时文件也会比较大。

● Convert Stereo To Mono(立体声转换为单声道)：立体声转换为单声道。

● Select New Folder(选择新文件夹)：可以指定转换后得到的 SWA 文件的保存目录。

在这里，选择一个名为"国歌 .mp3"的文件 (9 267.2 KB)，设置好上述各项后单击 Convert 按钮，就会弹出如图 6-188 所示的进度指示对话框，在转换过程中，单击"停止"按钮可以终止转换过程。

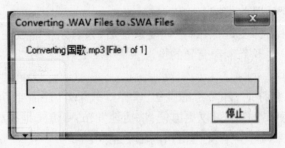

图 6-188　显示格式转换进程的对话框

转换完成后，可以看到"国歌 .swa"文件大小仅为 387 KB，而声音的播放效果并没有明显的改变，可见这个转换是相当有效的。

4. 声音应用实例

前面已经介绍了在 Authorware 中导入和设置声音属性的方法。下面制作一个有声音的程序。首先我们使用"移动"图标制作一个升旗的程序,然后为升旗程序添加一段背景音乐。

升旗程序的具体制作步骤如下:

① 新建一个 Authorware 7.0 文件,将其命名为"升旗 .a7p"并保存。

② 在流程线上添加 3 个"显示"图标,分别命名为"背景"、"旗杆"和"旗帜";添加一个"移动"图标,命名为"升旗",如图 6-189 所示。

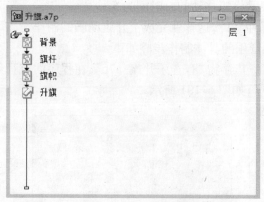

图 6-189 动画流程

③ 双击"背景"图标,导入一幅图片作为升旗的背景,调整图片的位置,使之位于"演示窗口"的中央,并且充满整个窗口。

④ 双击"旗杆"图标,在打开的"演示窗口"中,绘制一条竖线作为旗杆,设置旗杆的颜色和粗细。然后双击"升旗"图标,在"演示窗口"中调整旗杆的位置,使它处于一个合适的位置,如图 6-190 所示。

图 6-190 设置旗杆的位置

⑤ 双击"旗帜"图标,导入一幅旗帜图片;双击"升旗"图标,在"演示窗口"中将旗帜的初始位置放在旗杆的下面。

⑥ 单击"升旗"图标,打开"属性"面板,在"类型"下拉列表框中选择"指向固定点"选项。然后在"演示窗口"中单击旗帜,将旗帜确定为移动对象。接下来向上移动旗帜,将旗帜置于旗杆的顶部,也就是旗帜移动的终止位置。然后在"定时"下拉列表框中选择"时间(秒)"方式,在下面的文本框中输入5,表示旗帜移动的总时间为5秒。

⑦ 全部设置完毕后保存文件,这样就完成了升旗动画的制作。

为升旗程序添加背景音乐的具体制作步骤如下:

① 打开"升旗.a7p",将其存为"有音乐升旗.a7p",在程序的流程线上的适当位置添加一个"声音"图标,命名为"国歌",如图 6-191 所示。

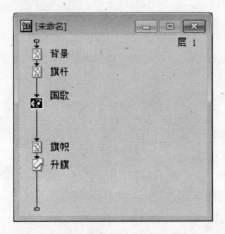

图 6-191　添加声音图标

② 打开声音图标的属性面板,在该面板中单击"导入"按钮导入准备好的声音文件"国歌.mp3",如图 6-192 所示。

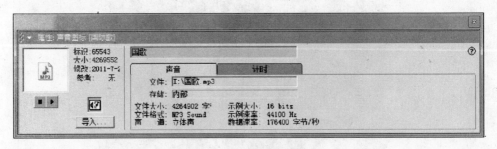

图 6-192　声音图标属性面板

③ 单击"计时"选项卡,设置导入声音的各项属性,"执行方式"设置为"同时",播放次数为1。

④ 为了使国旗在旗杆上的运动与国歌播放的声音同步,要根据声音文件播放的声音设置"移动"图标运动的时间。本例中,运动的时间设置为48秒。

⑤ 全部设置完毕后,保存文件,运行程序,效果如图 6-193 所示。

图 6-193 最终效果

6.6.2 使用"数字电影"图标

1. 导入数字电影文件

向 Authorware 文件中导入数字电影文件的方法和前面所述导入声音文件的方法相似,首先应该在流程线上添加一个"数字电影"图标,然后双击此图标,打开"属性"面板,在"属性"面板中单击"导入"按钮,打开"导入哪个文件?"对话框,在其中选择想要导入的数字电影文件即可。

2. "数字电影"图标的属性设置

将"数字电影"图标拖入程序流程线或双击"数字电影"图标,均可弹出"属性:电影图标"面板,如图 6-194 所示。

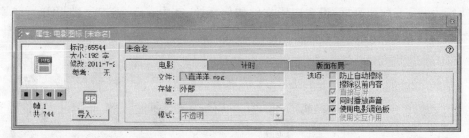

图 6-194 "属性:电影图标"面板

通过"属性"面板用户可以查看已导入影像文件的各方面的参数,以及设置和控制影像文件的播放及显示。"属性"面板共有 3 个选项卡:"电影"、"计时"、"版面布局"。

(1) ■ ▶ ◀ ▶ 按钮组

该按钮组用于控制数字电影的播放。其中，■ 按钮用于停止数字电影的播放，▶ 按钮用于播放数字电影，◀ 按钮用于逐帧倒播数字电影，▶ 按钮用于逐帧顺序播放数字电影。

(2)"导入"按钮

单击"导入"按钮，可打开"导入哪个文件？"对话框，可以从中选择所要导入的电影文件。

(3)"电影"选项卡

"电影"选项卡主要用于显示和设置电影文件的路径、存储方式、层与显示模式等属性。

● "文件"文本框：显示导入的电影文件的路径。

● "存储"文本框：显示当前的电影文件是内部文件还是外部文件。

内部文件与外部文件的区别：内部文件指电影文件存储在 Authorware 作品文件内部，可以使用"擦除"图标擦除电影对象，并且可以设置各种擦除过渡效果，但是这必然会增加 Authorware 文件的大小，因此一般只适合于文件比较小的情况。外部文件并不存储于 Authorware 文件内部，所以相对来说，这时多媒体程序的代码较小，但不能对外部电影文件应用擦除过渡效果。对于外部存储的影像文件，必须保证当 Authorware 程序运动到此数字电影图标时能打开相应的电影文件。

● "层"文本框：在此文本框中可以输入电影播放时所在的层次。层次越高，显示时画面越靠前。

● "模式"下拉列表框：此下拉列表框中可以设置画面模式，主要有以下几个选项。

"不透明"：对象会遮住其后面的所有显示对象，这种动画执行更快，占用很少的空间，通常以外部文件方式存储的动画总是采用这种显示模式。

"透明"：对象中有颜色的区域将覆盖掉它下面的对象，而其无色区域将不覆盖下面的对象。

"遮隐"：对于一个设置该模式的对象，所有空白区将从显示对象边缘移去，只保留显示对象的内部部分，类似于被遮蔽的效果。

"反转"：对象的白色部分将以背景色显示，而有色部分将显示成它的互补色。

● "选项"选项组：可以通过这些选项设置数字电影文件的声音通道是否播放以及电影文件的调色板。

(4)"计时"选项卡

"计时"选项卡主要用于设置电影文件的播放参数，通过这个选项卡的设置可实现对已导入的电影文件的播放进行控制，如图 6-195 所示。

● "执行方式"下拉列表框：设置电影文件如何播放，其中有 3 个选项，即"同时"、"等待直到完成"、"永久"，可以通过下拉列表框进行选择。

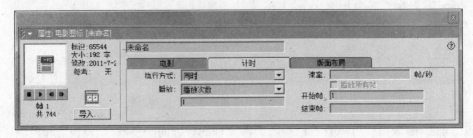

图 6-195　"计时"选项卡

"同时"：如果选中该选项，那么在电影文件播放的同时将继续执行流程线下面的图标。

"等待直到完成"：如果选中该选项，当程序运行到"数字电影"图标时，程序将等待电影文件的播放结束。只有当电影文件播放完毕之后，程序才继续下面的流程。

"永久"：只要右侧"开始帧"的条件为真，则播放"数字电影"图标，同时执行流程线上后面的图标。

● "速率"文本框：用户可以设置一个支持可调节速率的以外部文件保存的数字电影。通过输入一个数值、变量或者一个条件表达式来加快或减缓动画播放的速率。

● "播放所有帧"复选框：选中该复选框时，系统将不略过任何帧，而尽可能快地播放电影，但并没有在"速率"文本框中所设定的速率快。该选项可以使电影在不同的系统中以不同的速率播放。它只对以内部文件方式保存的电影文件有效。

● "开始帧"和"结束帧"文本框：用来设定电影文件的播放起始帧和结束帧。

● "播放"下拉列表框：可以设置电影文件播放的次数，它包括 3 个选项。

"重复"：重复播放电影，直到擦除或用 MediaPause 函数暂停。

"播放次数"：可以在下面的文本框中输入电影文件的播放次数。

"直到为真"：电影文件将一直播放，直到下面文本框中的条件变量或条件表达式值为真。

(5)"版面布局"选项卡

可以在"版面布局"选项卡中设定"数字电影"对象在"演示窗口"中是否可以被移动及其可以移动的区域，如图 6-196 所示。此选项卡与"显示"图标的"版面布局"选项卡设置相同，所以在此不再赘述。

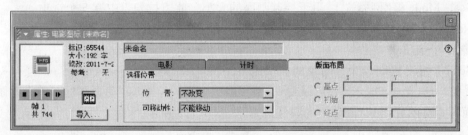

图 6-196 "版面布局"选项卡

6.6.3 Flash 动画和 GIF 动画对象的使用

1. 使用 Flash 动画

在流程线上合适的位置单击，然后选择"插入"→"媒体"→ Flash Movie 命令，弹出图 6-197 所示的对话框，在这里单击 Browse 按钮，弹出"打开文件"对话框，可以指定要插入的目标 Flash 文件 (*.swf)，并对其进行必要的设置。

下面对主要选项进行简要介绍。

① Media（媒体）：包括两个选项。如果选中了"Linked（链接）"复选框，只对 Flash 动画进行外部引用，而不是将其导入到 Authorware 文件中，因此发布作品时应该同时发布 Flash 动画文件；如果选中了"Preload（预载）"复选框，在程序运行过程中提前加载 Flash 动画，使播放流畅。

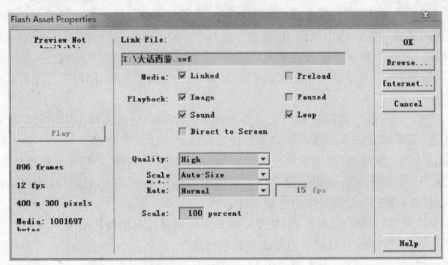

图 6-197 插入 Flash 动画文件

② 回放 (Playback)：包括 Image（图像）、Paused(暂停)、Sound（声音）、Loop（循环）、Direct to Screen(直接写屏) 等选项，用于控制 Flash 动画的重放，选中某些复选框可以实现相应的功能。

③ Quality（品质）：用于控制动画画面的质量，其中包含 4 个选项，分别是 High（高）、Low（低）、Auto-High(自动—高)、Auto-Low(自动—低)。

④ Scale Mode（比例模式）：用于控制画面的大小。此下拉列表中有 5 个选项。

⑤ Rate（速率）：用于控制播放速度，其中包括 Normal(正常)、Fixed(固定)、Lock-step(锁步)3 个选项。

⑥ Scale（缩放）：可以设置对象的显示比例，100 为原始大小。

设置完毕后，单击 OK 按钮，可以看到，流程线上多了一个 Flash 动画图标。单击此图标，在"属性"面板上可以看到 Flash 动画的属性设置，如图 6-198 所示。

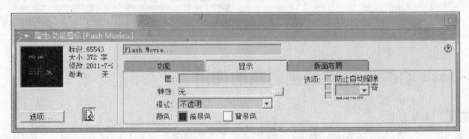

图 6-198 Flash 动画图标的属性设置

2. 使用 GIF 动画

在流程线上合适的位置单击，然后选择"插入"→"媒体"→"Animated GIF"命令，弹出 Animated GIF Asset Properties 对话框，单击 Browse 按钮，弹出 Open animated GIF file 对话框，可以指定要插入的目标 GIF 文件，并对其进行必要的设置。设置好上述选项后，单击 OK 按钮，可以看到，流程线上多了一个 GIF 动画图标。双击此图标，则会打开 GIF 动画图标的"属性"面板，参数设置与前述其他对象的设置类似，不再赘述。

6.6.4　操作实例

实例一　插入 Flash 动画。

本例将通过插入 Flash 动画文件来实现动态效果，如图 6-199 所示。

图 6-199　动态效果图

具体的操作步骤如下。

① 启动 Authorware，新建一个文件，将其保存为"大话西游 .a7p"。

② 打开"属性：文件"面板，设置文件的背景颜色为黑色，然后在流程线上添加一个"显示"图标，命名为"背景"，双击该"显示"图标打开"演示窗口"，向"演示窗口"中输入文字"大话西游"，并设置其字体、字号等属性。

③ 在流程线上"显示"图标的下面单击定位插入点，然后选择"插入"→"媒体"→ Flash Movie 命令，弹出如图 6-200 所示的对话框。

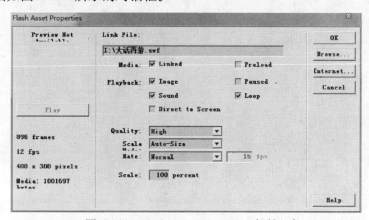

图 6-200　Flash Asset Properties 对话框

④ 设置完毕后,单击 OK 按钮,可以看到流程线上多了一个 Flash 动画图标。

⑤ 保存文件,单击工具栏中的"运行"按钮,可以看到运行效果。

实例二 导入数字电影。

实例说明:随着计算机技术的发展,数字电影已广泛地应用在多媒体演示中,同时使用数字电影能更好地发挥多媒体的优点。在 Authorware 中可以方便地处理数字电影,图 6-201 所示是加载数字电影的多媒体实例。

图 6-201　加载数字化电影的效果

具体的制作步骤如下。

① 在流程线上放置一个"计算"图标,命名为 ResizeWindow,通过双击打开该图标,运行时窗口的大小调整为 400×280 像素。

② 创建程序主界面。在流程线上放置一个"显示"图标,并命名为"背景",双击打开,导入背景图像,如图 6-202 所示。

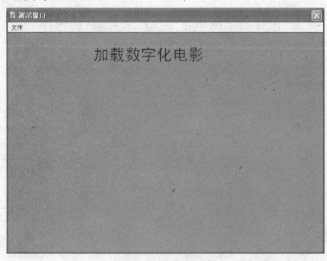

图 6-202　背景图形

③ 在流程线上放置一个"数字电影"图标,命名为 Movie,其"属性"面板如图 6-203 所示。

图 6-203 影视图标属性对话框

④ 单击"导入"按钮,弹出"导入哪个文件?"对话框,如图 6-204 所示。在对话框中列出了可以导入的文件。Authorware 支持的电影文件的类型有:Bitmap Sequence、FLC/FLI、Director、MPEG、Video for Windows 等。选中"显示预览"选项,在对话框的右侧会出现一个方框,在方框中对选中的电影文件进行预览。选中要导入的文件,单击"导入"按钮,弹出加载电影文件的进程对话框,显示当前加载电影的帧数。当加载过程完毕,该对话框自动关闭。

图 6-204 文件导入对话框

⑤ "属性:电影图标"面板中,单击左侧的播放控制按钮可以对加载的电影进行预览。其功能如图 6-205 所示。

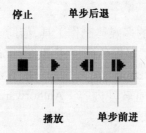

图 6-205 预览电影播放

⑥ 单击"计时"标签,弹出"计时"选项卡,对影像的播放进行设置。

⑦ 单击"版面布局"标签,弹出"版面布局"选项卡,对"位置"和"可移动性"进行设置,如图 6-206 所示。在"位置"下拉列表框中可以选择对象的位置关系,确定对象显示在哪里。"可移动性"决定了用户是否可以移动对象。

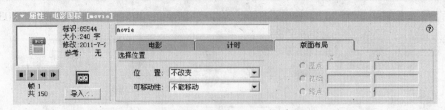

图 6-206　"版面布局"选项卡

⑧ 在"电影"选项卡中,"模式"下拉列表框中的选项用于设置对象的显示模式,如图 6-207 所示,其中共有 4 个选项。

- ●"不透明":播放电影将全部覆盖其下面对象。
- ●"遮隐":在电影帧的后面放置一个不透明的影像板,其形状与电影帧上的图像相吻合。
- ●"透明":允许在电影帧后面的其他对象显示出来。
- ●"反转":使电影帧的像素点转变成它下面的对象像素点的颜色,而生成一种反色效果。

若选择"同时播声音"选项,则能播放包含在数字电影中的声音;如果不希望播放伴音,清除该选项。

图 6-207　选择电影播放模式

⑨ 在流程线上放置一个"交互"图标,拖动一个"计算"图标到其右侧释放,建立一个按钮响应,双击"计算"图标,输入函数"Quit()"。

至此,就实现了在 Authorware 中加载数字电影。

本 章 小 结

　　Authorware 为用户提供了丰富的多媒体制作工具,借助于这些工具,可以轻松地编制多媒体程序,展示自己的才能。本章介绍了多媒体集成工具 Authorware 的基本知识,重点介绍如何使用 Authorware 创建一个多样性的 Authorware 程序的一般方法。在此基础上,掌握添加文本和图像的方法,从而提供更多的信息,丰富软件内容。Authorware 工具包含 14 种图标和"开始"、"结束"标志及调色板,为用户设计、调试程序提供了方便。

习 题 与 思 考

1. 简述 Authorware 的主要功能。
2. 说明 Authorware 流程线的功能。
3. 简述创建一个 Authorware 程序的一般方法。

4. 什么是 Authorware 图标？说明 Authorware 图标的作用。

5. 如何使用图标构成 Authorware 程序？

6. 新建一个文件，导入两幅图片，并分别设置不同的浏览效果，然后以"我的图片 .a7p"为文件名保在"我的作品"文件夹中。

7. 在 Authorware 中创建一个文本，分别改变文本的字体、字号、风格和颜色。

8. 在 Word 中输入一首竖排的古诗，然后导入到 Authorware 中形成竖排效果。

9. 制作一个全班同学的电子相册，将其顺序播放，综合运用"显示"图标、"等待"图标和"擦除"图标。

10. 制作一个升旗的程序，旗杆可以使用绘图工具绘制。

11. 制作一个有背景音乐的电子相册。

12. 在 Authorware 中如何制作动画？ Authorware 动画有哪几种形式？

第7章

Authorware交互响应的创建与实现

本章要点：
- 按钮响应。
- 热区域响应。
- 热对象响应。
- 目标区响应。
- 下拉菜单响应。
- 条件响应。
- 文本输入响应。
- 按键响应。
- 重试限制响应。
- 时间限制响应。

通过前面几章内容的学习，我们学会了如何将文本、图形、图像、声音、数字电影、Flash 动画和 GIF 动画等应用到多媒体程序中去，但是仅仅应用这些知识创建的程序只能供用户浏览，无法与用户进行交互。本章将介绍如何使用 Authorware 创建可实现人机交互的多媒体程序。

7.1 多媒体的交互性

7.1.1 交互概述

1. 交互简介

Authorware 中的人机交互机制主要包括 3 个部分：用户输入、交互界面和程序响应。用户输入指的是用户所做的单击、双击、按键、输入文本等操作；交互界面主要是指为用户提供输入的界面；程序响应指的是用户输入后，程序执行的动作或实现的结果。任何一种人机交互机制都不可缺少这 3 个部分。

Authorware 程序的交互性主要是通过"交互"图标实现的，通过"交互"图标显示交互界面。此外，"交互"图标中还可以创建文本、图形、图像等对象。但是"交互"图标不能独立存在，必须在它右边添加至少一个响应分支，以实现交互结构。

当程序运行到"交互"图标时，首先在屏幕上显示"交互"图标中所包含的文本、图形、图像等对象，然后程序暂停，等待用户选择合适的分支，再对此做出响应。

2. 交互结构的建立

Authorware 7.0 中的交互类型共有 11 种。无论建立哪种类型的交互结构，方法都是类似的。

不同类型的交互结构,其属性的设置有所不同,下面介绍最基本的交互结构的建立方法。

① 新建 Authorware 文件,拖动一个"交互"图标到设计窗口的程序流程线上,命名为"交互响应"。

② 拖动一个"显示"图标到"交互"图标的右侧,在弹出的"交互类型"对话框中,使用默认的"按钮"响应类型,单击"确定"按钮,交互结构的第一个响应分支添加完成。

③ 继续向"交互"图标右侧添加 3 个"显示"图标,构成交互结构的另外 3 个分支。

这样,一个具有 4 个响应分支的交互结构就建立完成了。它由交互图标、交互类型符号、响应分支和响应图标等 4 部分组成,如图 7-1 所示。任何一个交互结构基本上都是由这 4 个部分组成的。

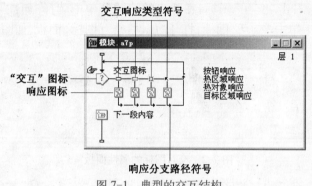

图 7-1 典型的交互结构

交互结构 4 个部分的功能如下。

①"交互"图标:"交互"图标是交互结构的核心,创建交互结构首先必须添加"交互"图标。"交互"图标可以直接作为"显示"图标使用,为其添加文本、图形、图像等对象。它是"显示"图标、"等待"图标、"擦除"图标等的组合。当程序运行到交互结构时,程序暂停执行,等待用户响应。

② 交互响应类型:交互响应类型定义了用户可以与多媒体作品进行交互的控制方法,也称交互类型。Authorware 7.0 中的交互响应类型一共有 11 种,当程序运行到"交互"图标时,会自动判别"交互"图标下的响应类型,显示一些交互界面,如按钮、热区域、文本输入区等。

③ 响应分支:一旦用户与多媒体作品进行交互,它将沿着相应的分支执行,该分支被称为响应分支或交互分支,执行的内容被称为响应。

④ 响应图标:响应分支中包含的图标称为响应图标。响应图标可以是一个单一图标,也可以是复杂的程序模块。"显示"图标、"计算"图标、"擦除"图标、"等待"图标、"导航"图标、"DVD"图标、"知识对象"图标等都可以直接作为响应图标,"交互"图标、"数字电影"图标、"声音"图标、"框架"图标、"判断"图标等不能直接作为响应图标。当把这些图标添加到"交互"图标右侧时,系统会自动添加一个群组图标,并将这些图标置于此群组图标中。

7.1.2 交互响应的过程

在交互结构中,对于每个响应分支,自上而下包含 3 个部分,依次为:响应类型标识符、响应图标和返回路径,如图 7-1 所示。"交互"图标右侧的横向流程线称为交互流程线。交互流程线与响应分支交叉处为交互类型标识符,不同的交互类型对应的交互类型标识符不同。响应图标与交互类型标识符一一对应。当用户与程序进行交互时,程序首先在交互流程线上反复查询等待,判断是否有与用户的操作相匹配的响应类型。如果有,则进入相应的分支,执行响应图标中的内容,然后根据当前分支的返回路径的设置,或者返回交互结构接着查询、判断,或者直接退出交互结构,继续执行程序流程线上的其他图标。

7.1.3　"交互"图标属性的设置

在程序流程线上,右击"交互"图标,在弹出的快捷菜单中选择"属性"选项,或者在"属性"面板已经打开的状态下单击"交互"图标,打开"属性:交互图标"面板,如图 7-2 所示。

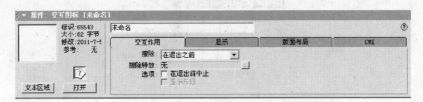

图 7-2　交互图标的属性面板

"属性:交互图标"面板的左侧区域有两个按钮,分别为"文本区域"按钮和"打开"按钮。单击"文本区域"按钮,将会打开"属性:交互作用文本字段"对话框,该对话框用来进行"文本输入"响应类型的相关设置,这里不再讨论。单击"打开"按钮,将"交互"图标切换到编辑状态,同时打开绘图工具箱。

"属性:交互图标"面板的右侧包含 4 个选项卡,分别为"交互作用"选项卡、"显示"选项卡、"版面布局"选项卡和 CMI 选项卡,下面介绍各选项卡的作用。

(1)"交互作用"选项卡

●"擦除"下拉列表框:用于确定"交互"图标中的内容何时被擦除,其中包含 3 个选项。

"在退出之前":表示当程序退出交互结构时自动擦除"交互"图标中的内容,是默认的擦除方式。通常情况下,可以在"交互"图标中输入当前交互结构的说明性文本、标题或在"交互"图标中导入图片作为背景。在此擦除方式下,"交互"图标中的内容会一直显示在演示窗口中,直到程序退出交互结构后被自动擦除。

"在下次输入之后":表示当用户激活另一个响应分支时擦除"交互"图标中的内容。但是当激活的响应分支其分支流向设置为"重试"、"继续"或者"返回"时,执行完该分支后,"交互"图标中的内容又重新显示在"演示窗口"中。

"不擦除":表示"交互"图标中的内容即使是当程序退出交互结构时也不会被自动擦除,只能使用"擦除"图标进行擦除。

●"擦除特效"文本框:用于设置擦除"交互"图标中的内容时所使用的过渡效果,默认为"无"。单击文本框右侧的按钮,在弹出的"擦除模式"对话框中可以选择擦除的过渡效果。

●"选项"选项组:该选项组中有两个复选框,分别"在退出前中止"和"显示按钮"。如果选中"在退出前中止"复选框,表示程序在退出"交互"图标之前暂停,直到用户按任意键或单击鼠标时,程序才继续运行。当"在退出前中止"复选框被选中后,"显示按钮"复选框才可用。此时选中该复选框,表示当程序退出交互结构之前会暂停执行,同时在"演示窗口"中显示一个按钮,只有用户单击该按钮时程序才能继续运行。

(2)"显示"选项卡

"显示"选项卡如图 7-3 所示。

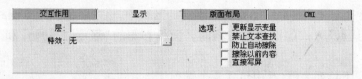

图 7-3 "显示"选项卡

● "层"文本框:在该文本框中可以输入一个数值,该数值用来确定当前"交互"图标中显示内容的层次。数值越大,显示内容的层次越高,显示的时间越早。

● "特效"文本框:用于设置"交互"图标中的内容出现时所使用的过渡效果,默认为"无"。单击文本框右侧的按钮,在弹出的"特效方式"对话框中可以选择显示的过渡效果,如图 7-4 所示。

● "选项"选项组:其中包含 5 个复选框。

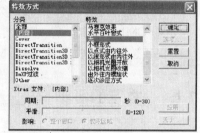

图 7-4 "特效方式"对话框

"更新显示变量"复选框:当"交互"图标显示的信息中含有变量时,若选中该复选框,表示当 Authorware 执行到"交互"图标时会自动更新其中的变量并显示。

"禁止文本查找"复选框:当选中该复选框时,如果进行文本查找,Authorware 将不会在该"交互"图标中进行查找。

"防止自动擦除"复选框:当选中该复选框时,"交互"图标中的内容不会被自动擦除,而只能使用"擦除"图标擦除。

"擦除以前内容"复选框:当选中该复选框时,程序运行到该"交互"图标时,将自动擦除其上面其他图标中的内容。

"直接写屏"复选框:当选中该复选框时,该"交互"图标中的内容将显示在"演示窗口"的最上层,不会被其他图标覆盖。

(3)"版面布局"选项卡

"版面布局"选项卡如图 7-5 所示。

图 7-5 "版面布局"选项卡

● "位置"下拉列表框:用于设置"交互"图标中的对象在"演示窗口"中的显示位置,其中包含4个选项。

"不改变":显示对象始终处于当前位置,不可移动。

"在屏幕上":显示对象可以出现在窗口中的任意位置。

"沿特定路径":显示对象只能放置在固定的路径上,该路径的创建方法和数字电影中"指向固定路径的终点"方式的设置方法相同。面板右侧的区域用于设置路径中的点。

"在某个区域中":显示对象只能放置在固定的区域中,该区域的创建方法和数字电影中"指向固定区域内的某点"方式的设置方法相同。面板右侧的"基点"、"初始"和"终点"用于创建区域。

● "可移动性"下拉列表框:其中包含3个选项。

"不能移动":显示对象在"演示窗口"中不可移动。

"在屏幕上":显示对象可以移动到"演示窗口"中的任意位置,但是显示对象必须完整地显示在窗口中,不能超出窗口的范围。

"任何地方":显示对象可以移动到"演示窗口"中的任意位置,也可以移出窗口的范围。

(4) CMI 选项卡

CMI 选项卡主要用于设置 CMI(计算机管理教学系统)的属性。

7.1.4　交互的类型

当给交互结构添加第一个响应分支时会弹出"交互类型"对话框,如图 7-6 所示。Authorware 中的交互类型一共有 11 种,每种交互类型对应于一个符号,称为交互类型符号。

下面对每种交互类型进行简单介绍。

① 按钮:创建按钮,用户通过此按钮与计算机进行交互。当程序运行到"交互"图标时,在"演示窗口"中显示按钮,用户单击此按钮,程序进入该响应分支,执行该分支的响应图标。

图 7-6　"交互类型"对话框

② 热区域:创建矩形区域,用户通过此区域与计算机进行交互。当程序运行到"交互"图标时,在"演示窗口"中会出现矩形的区域(运行状态下此区域边框可能不可见),使用鼠标单击、双击或指向该区域内时,程序进入该响应分支,执行该分支的响应图标。

③ 热对象:选中一个对象,用户通过此对象与计算机进行交互。当程序运行到"交互"图标时,在"演示窗口"中显示被设置为热对象的对象,使用鼠标单击、双击或指向该对象时,程序进入该响应分支,执行该分支的响应图标。

④ 目标区:用户通过移动目标对象与计算机进行交互。当程序运行到"交互"图标时,等待用户将"演示窗口"中的目标对象移动到设置好的目标区域,当用户将目标对象移动到目标区域时,程序进入该响应分支,执行该分支的响应图标。

⑤ 下拉菜单:创建下拉菜单,实现用户与计算机的交互。如果程序中创建了下拉菜单类型的交互,运行时,用户可以通过单击相应的菜单项进入相应的分支。

⑥ 条件：设置条件，实现用户与计算机的交互。程序运行到交互结构时，如果条件成立，程序进入该响应分支，执行该分支的响应图标。

⑦ 文本输入：创建可输入文本的区域，用户通过输入文本与计算机进行交互。

⑧ 按键：设置按键，用户通过按键与计算机进行交互。程序运行到交互结构时，当用户敲击键盘上的指定键时，程序进入该响应分支，执行该分支的响应图标。

⑨ 重试限制：限制用户进行交互尝试的次数。

⑩ 时间限制：限制用户交互尝试的时间。

⑪ 事件：用于对 ActiveX 控件的交互进行控制。

当交互结构已有分支的情况下，再给其添加其他分支时，新创建分支的交互类型和属性设置将和上一个分支相同。如果想改变某响应分支的交互类型，可以单击此分支的交互类型符号，在打开的"属性"面板中单击"类型"下拉列表框，在其中选择要设置的交互类型即可，如图 7-7 所示。

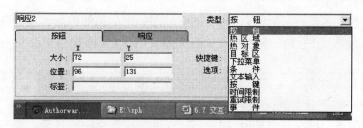

图 7-7　响应分支"响应 2"的属性面板

当一个交互结构添加的响应分支多于 5 个时，交互结构右侧的响应分支名称列表中会自动添加滚动条。此时，可通过对滚动条的操作来选择要查看或设置的响应分支。包含 11 种不同类型的交互结构，如图 7-8 所示。

所有类型响应分支的"属性"面板中都包含两个选项卡：与交互类型名称相同的选项卡，用于设置本交互响应分支类型特有的属性；"响应"选项卡，其中包含各种类型的响应分支共有的属性。以"按钮"类型为例，其"属性"面板的第一个选项卡为"按钮"选项卡，第二个选项卡为"响应"选项卡，如图 7-9 和图 7-10 所示。

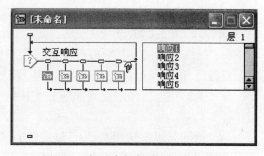

图 7-8　交互响应类型按钮响应示例

图 7-9　"按钮"选项卡

图 7-10 "响应"选项卡

"响应"选项卡的各选项及其功能如下。

① "范围"选项：用于设置交互响应的作用范围。如果选择"永久"复选框，表示该交互分支在整个程序流程范围内都有效。

② "激活条件"文本框：用于设置交互响应的激活条件。当文本框中输入的变量或表达式的值为真时，该交互响应分支才有效；否则，该交互响应分支被禁用。当文本框中不输入任何内容时，该响应分支一直有效。

③ "擦除"下拉列表框：用于设置该分支的响应图标中信息的擦除方式，其中包含 4 个选项。

● "在下一次输入之后"：在另一个交互响应分支激活后，擦除当前交互响应图标中的显示内容。

● "在下一次输入之前"：在另一个交互响应分支激活前，擦除当前"交互"响应图标中的显示内容，即当前交互响应分支执行完毕后自动擦除当前分支响应图标中的内容。

● "在退出时"：当退出交互结构时，擦除当前交互响应图标中的显示内容。

● "不擦除"：不擦除当前交互响应分支中的内容，直到使用"擦除"图标才能将其擦除。

④ "分支"下拉列表框：用于设置当前交互响应分支执行完毕后程序的流向，其中包含 4 个选项。

● "重试"：当前交互响应分支执行完毕后，程序返回"交互"图标，等待新的交互，是 Authorware 7.0 的默认选项。

● "继续"：当前交互响应分支执行完毕后，按顺序判断该分支右侧其他分支是否满足激活条件，若满足，自动执行；否则，返回"交互"图标，等待新的交互。

● "退出交互"：当前交互响应分支执行完毕后程序退出交互结构，继续执行流程线上的其他图标。

● "返回"：只有选中"永久"复选框时，"分支"下拉列表框中才出现"返回"选项。表示当前交互响应分支在程序运行期间一直有效，可以随时与该分支进行交互响应。当按住 Ctrl 键的同时单击返回路径上的箭头，可以循环改变该响应分支的程序流向。

⑤ "状态"下拉列表框：设置交互响应动作正误状态的判断，其中包含 3 个选项。

● "不判断"：程序不会对用户的响应操作做记录，这是系统默认的选项。

● "正确响应"：程序执行过程中，记录用户正确响应操作的次数，并将结果存放在系统变量 TotalCorrect 中。选中该选项后，响应图标的名称左侧会出现一个"+"号。

● "错误响应"：程序执行过程中，记录用户错误响应操作的次数，并将结果存放在系统变量 TotalWrong 中。选中该选项后，响应图标的名称左侧会出现一个"−"号。

按 Ctrl 键的同时单击响应图标名称前面的符号 (+、− 或空白)，可以循环改变该响应分支的状态。

⑥"计分"文本框:在该文本框中输入一个数值或表达式,可以对正确响应和错误响应计分。正确响应使用正值,错误响应使用负值。

7.2 按 钮 响 应

按钮响应是多媒体程序中使用最广泛的一种交互类型。创建交互响应分支时,如果选择按钮响应类型,程序运行时在"演示窗口"中会显示一个按钮,当用户单击或双击此按钮时,进入此交互响应分支,执行响应图标中的内容。按钮的大小和位置以及名称都是可以改变的,并且还可以加上伴音。Authorware 7.0 中提供了一些标准按钮,这些按钮可以任意选用,如不满意还可自建按钮。

7.2.1 建立按钮响应

创建一个简单的按钮响应类型交互结构的步骤如下。

① 新建 Authorware 文件,拖动一个"交互"图标到程序流程线上。

② 拖动一个"群组"图标到"交互"图标的右侧,在弹出的"交互类型"对话框中选择"按钮"类型,单击"确定"按钮关闭此对话框,第一个交互响应分支就创建好了。

③ 双击"群组"图标,在里面添加相应的图标并进行属性设置。

④ 单击交互流程线上的响应类型符号,在打开的"属性"面板中对当前交互响应分支进行设置。

⑤ 重复步骤②~④,继续添加其他的交互响应分支。

⑥ 双击"交互"图标,可直接设置各个按钮的大小和位置。

⑦ 保存程序,运行并查看结果。

注意:当建立一个响应分支后,在此分支后(右侧)继续添加交互响应分支,新的响应分支自动生成与前一个响应分支相同的交互类型和属性。

7.2.2 设置按钮响应属性

单击交互流程线上的响应类型符号 -ᑎ-,打开"属性"面板,如图 7-11 所示。

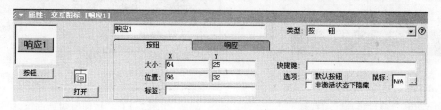

图 7-11 "按钮"响应方式的属性面板

"按钮"选项卡中的各选项及其功能如下。

①"大小"文本框:用于精确定义按钮的大小。其中 X 用于定义按钮的宽度,Y 用于定义按钮的高度,均以像素为单位。按钮的大小也可以在"演示窗口"中直接调整,在编辑状态下,直接拖拽按钮的边框即可。

②"位置"文本框:用于精确定义按钮的位置。其中 X 用于定义按钮左上角的 X 坐标,Y 用于定义按钮左上角的 Y 坐标,坐标值均以像素为单位。按钮的位置也可以在"演示窗口"中直接调整,在编辑状态下,直接将按钮拖拽到合适位置即可。

③"标签"文本框:定义按钮上显示的文本标签。在此文本框中输入变量名称,可以动态地改变该按钮的文本标签。如果此文本框中不输入内容,则按钮以响应分支的名称作为默认的文本标签。

④"快捷键"文本框:允许用户为该按钮定义快捷键。如果需要使用多个快捷键,则两个快捷键之间可以用"|"隔开,如在文本框中输入"A|a",表示程序运行时,按大写字母 A 或小写字母 a 都可以触发当前的按钮交互响应。如果使用组合键,则可在文本框中直接输入组合键名称,如在文本中输入"CTRLA",表示程序运行时,可以使用 Ctrl+A 组合键触发当前的按钮交互响应。在使用组合键作为快捷键时,要注意使用的快捷键不要和应用程序窗口中的某些常用快捷键重复。

⑤"选项"选项组:用于设置按钮的显示形式,包括两个选项。

● "默认按钮"复选框:将回车键设置为该按钮的快捷键,即当程序运行时,只需按回车键即可触发当前的按钮交互响应。

● "非激活状态下的隐藏"复选框:当该按钮无效时自动隐藏。

⑥"鼠标"文本框:用于定义将鼠标移动到该按钮上时光标的显示形状。单击文本框右侧的按钮,打开如图 7-12 所示的"鼠标指针"对话框。在此对话框中选择要设置的鼠标指针形状,单击"确定"按钮即可。也可以单击"添加"按钮,添加更多的光标形状。

在 Authorware 中可以使用系统自带的按钮,也可以自定义按钮。单击按钮响应"属性"面板左侧的"按钮"按钮,打开"按钮"对话框,如图 7-13 所示。

图 7-12 "鼠标指针"对话框

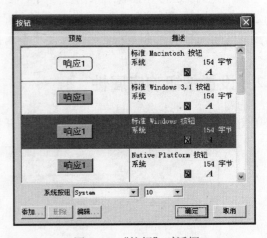

图 7-13 "按钮"对话框

在此对话框中列出了很多种类型的按钮,有标准按钮、复选框和单选按钮3类,用户可以根据需要选择要使用的按钮类型。单击"系统按钮"下拉列表框,可以改变按钮的字体;单击字号下拉列表框,可以改变按钮标签的字号。修改之后单击"确定"按钮即可。

单击"按钮"对话框中的"添加"按钮,弹出如图7-14所示的"按钮编辑"对话框。"按钮编辑"对话框左侧的"状态"选项组中有8个按钮,分别对应于按钮的8种状态:常规状态下的"未按"、"按下"、"在上"、"不允"和选中状态下的"未按"、"按下"、"在上"、"不允"。"未按"是指鼠标指针没有放在此按钮上时按钮的状态;"按下"是指鼠标放到此按钮上并且按下去时按钮的状态;"在上"是指鼠标放到此按钮上时按钮的状态;"不允"是指按钮失效时的状态。选中任何一种状态都可以对其进行编辑。

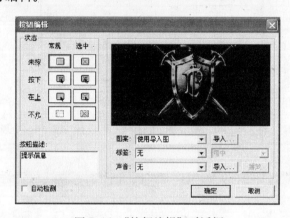

图 7-14 "按钮编辑"对话框

单击"图案"下拉列表框右侧的"导入"按钮,可以将计算机中的任意图片作为按钮的图案;单击"标签"下拉列表框,选择"显示卷标",可以在按钮上显示文本标签,同时可以在右侧的对齐方式下拉列表框中选择文本标签在按钮上显示的对齐方式,可以设置为左对齐、居中或右对齐方式;单击"声音"下拉列表框右侧的"导入"按钮可以给按钮当前状态添加所使用的声音。设置完成后单击"确定"按钮即可回到"按钮"对话框中。

7.2.3 按钮响应实例

新建一个按钮交互的程序,该程序的功能是通过单击按钮实现春、夏、秋、冬4幅图片的切换。程序文件命名为"春夏秋冬"。具体的制作步骤如下。

① 新建一个 Authorware 文件,以"春夏秋冬 .a7p"命名并保存。选择"修改"→"文件"→"属性"命令,在窗口下方的"属性:文件"面板中,将"背景色"设置为淡绿色,选中"选项"选项组中的"显示标题栏"复选框,如图7-15所示。

② 在程序流程线上添加一个"交互"图标,命名为"按钮交互",双击此"交互"图标,在打开的"演示窗口"中输入文本"浏览图片",将文本字体设置为"楷体",字号为36,文本模式为"透明",拖曳文本到合适位置。

③ 拖曳一个"显示"图标到"交互"图标的右侧,在弹出的"交互类型"对话框中选择"按钮"类型,单击"确定"按钮。将此分支响应图标命名为"春",如图7-16所示。

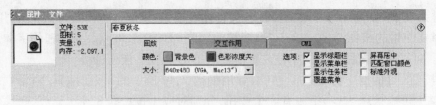

图 7-15 "属性：文件"面板的设置

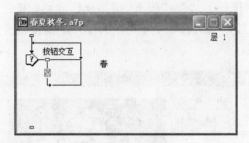

图 7-16 添加显示图标作为响应分支

④ 双击显示图标"春"，在打开的"演示窗口"中导入图片"春 .jpg"，调整图片的大小和位置，如图 7-17 所示。

图 7-17 导入图片"春 .jpg"

⑤ 单击此分支的交互类型符号，打开"属性：交互图标 [春]"面板，单击"鼠标"文本框右侧的按钮，在弹出的"鼠标指针"对话框中选择"手形"，然后单击"确定"按钮，如图 7-18 所示。

单击面板左侧的"按钮"按钮，在弹出的"按钮"对话框中单击"添加"按钮，打开"按钮编辑"对话框。在此对话框中选择按钮的"常规"、"未按"状态，单击"图案"下拉列表框右侧的"导入"按钮，选择一个按钮图片；单击"标签"下拉列表框，选择"显示卷标"选项，如图 7-19 所示。

图 7-18 设置鼠标指针为"手形"

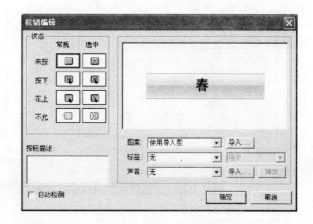

图 7-19 按钮的"常规"、"未按"状态属性设置

单击"确定"按钮,返回"按钮编辑"对话框。再单击"确定"按钮,按钮就编辑完成了。

以同样的方法设置按钮的"常规"、"按下"状态的属性。

⑥ 单击"属性:交互图标 [春]"面板中的"响应"选项卡,在"擦除"下拉列表框中选择"在下一次输入之后";在"分支"下拉列表框中选择"重试",如图 7-20 所示。

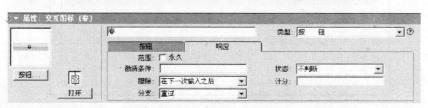

图 7-20 "响应"选项卡

⑦ 向"交互"图标右侧依次添加 3 个显示图标,分别命名为"夏"、"秋"、"冬",设计窗口的程序流程如图 7-21 所示。向新添加的 3 个"显示"图标中分别导入相应的图片,并调整图片的大小和位置。

⑧ 将新添加的 3 个响应分支属性设置为与第一个相同,设置方法同上。

⑨ 向"交互"图标右侧再添加一个群组图标,交互类型为"按钮",响应图标命名为"退出",该按钮实现的功能是:程序运行时,若单击"退出"按钮则程序退出交互结构,继续执行交互结构后面的其他图标。新添加的"退出"分支的属性默认与前 4 个分支属性相同。

单击"退出"分支的交互类型符号,打开"属性:交互图标 [退出]"面板,选择"响应"选项卡,在"分支"下拉列表框中选择"退出交互"。此时可以看到"退出"分支的响应流程箭头指向退出交互的方向,如图 7-22 所示。

⑩ 双击"交互"图标,将 5 个按钮调整到合适位置,如图 7-23 所示。

⑪ 保存文件并运行,运行结果如图 7-24 所示。

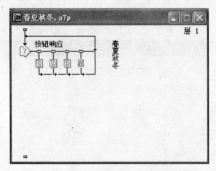

图 7-21 添加 4 个分支的设计窗口

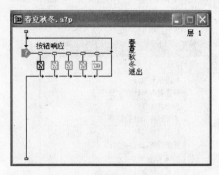

图 7-22 "退出"响应分支的程序流向

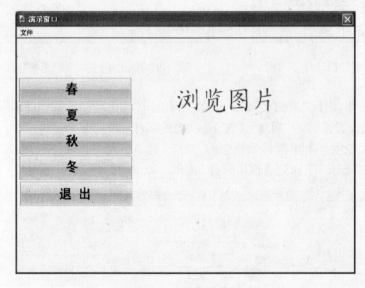

图 7-23 按钮的位置

图 7-24 运行结果

7.3 热区域响应

热区域响应是多媒体程序中比较常用的一种交互方式。创建交互响应分支时,如果选择热区域交互类型,程序运行时在"演示窗口"中会自动定义一个矩形区域,当使用鼠标单击、双击或将鼠标指针移动到此区域时,进入此交互响应分支,执行响应图标中的内容。在编辑状态下,热区域是一个矩形虚线框,用户可以随意调整热区域的大小和位置;当程序运行时,矩形虚线框不会显示在"演示窗口"中,不能对其进行更改。

7.3.1 建立热区域响应

创建一个简单的热区域交互类型的交互结构的步骤如下。

① 新建一个 Authorware 文件,拖动一个"交互"图标到程序流程线上。

② 拖动一个"群组"图标到"交互"图标的右侧,在弹出的"交互类型"对话框中选择"热区域"类型,单击"确定"按钮关闭此对话框,第一个交互响应分支就创建好了。

③ 双击"群组"图标,在其中添加相应的图标,并进行属性设置。

④ 单击交互流程线上的交互类型符号,在打开的"属性"面板中对当前的交互响应分支进行属性设置。

⑤ 重复步骤②~④,继续添加其他交互响应分支。

⑥ 双击"交互"图标,"演示窗口"中出现热区域响应的矩形虚线框,即热区域。使用鼠标可以调整热区域的大小和位置。一些说明性的文本和图片可以导入到该"交互"图标中。

⑦ 保存程序,运行并查看结果。

7.3.2 设置热区域响应属性

单击交互流程线上的交互类型符号,打开"属性"面板,如图 7-25 所示。热区域响应的属性与按钮响应的属性基本相同。

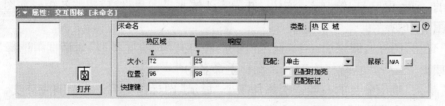

图 7-25 "热区域"响应方式的属性面板

"热区域"选项卡中的各选项及其功能如下。

①"大小"文本框:用于精确定义热区域的大小。其中 X 用于定义热区域的宽度,Y 用于

定义热区域的高度,均以像素为单位。热区域的大小也可以在"演示窗口"中直接调整,在编辑状态下,直接拖曳矩形热区域的边框即可。

②"位置"文本框:用于精确定义热区域的位置。其中 X 用于定义热区域左上角的 X 坐标,Y 用于定义热区域左上角的 Y 坐标,坐标值均以像素为单位。热区域的位置也可以在"演示窗口"中直接调整,在编辑状态下,直接将热区域拖曳到合适位置即可。

③"快捷键"文本框:允许用户为该热区域定义快捷键。如果需要使用多个快捷键,则两个快捷键之间可以用"|"隔开,如在文本框中输入"A|a",表示程序运行时,按大写字母 A 或小写字母 a 都可以触发当前的热区域交互响应。如果使用组合键,则可以在文本框中直接输入组合键名称,如在文本框中输入"CTRLA",表示程序运行时,可以使用 Ctrl+A 组合键触发当前的热区域交互响应。在使用组合键作为快捷键时,要注意使用的快捷键不要和应用程序窗口中的某些常用快捷键重复。

④"匹配"下拉列表框:用于设置热区域的匹配方式,其中包含 3 个选项。

● 单击:当单击响应区域时激活该响应。

● 双击:当双击响应区域时激活该响应。

● 指针处于指定区域内:当把指针移动到响应区域内时激活该响应。

⑤"匹配时加亮"复选框:选中该复选框,当激活该响应区域时,该区域呈高亮显示。该选项只有在匹配方式选择"单击"或"双击"时才有效。

⑥"匹配标记"复选框:选中该复选框,则程序运行时,热区域内左侧中央位置会出现一个匹配标记。

⑦"鼠标"文本框:用于定义将鼠标移动到该热区域上时光标的显示形状,与按钮响应类型的该属性相同。

7.3.3　热区域响应实例

新建一个热区域交互响应的程序,该程序要实现的功能是:当运行程序时"演示窗口"中显示 4 幅水果图片,当把鼠标指针移动到某种水果上时,鼠标指针变为手形,并且显示该水果的英文注释。具体创作过程如下。

① 新建一个 Authorware 文件,以"看图识水果 .a7p"命名并保存。

② 拖曳一个"交互"图标到设计窗口的流程线上,命名为"看图识水果"。双击该"交互"图标,在打开的"演示窗口"中绘制 4 个矩形,并导入 4 幅水果图片,然后调整各矩形和图片的大小和位置,如图 7-26 所示。

③ 在"交互"图标右侧添加一个"显示"图标,在打开的"交互类型"对话框中选择"热区域"响应类型,如图 7-27 所示,并将该"显示"图标重命名为"苹果"。

④ 在"苹果"响应分支的右侧依次添加 3 个"显示"图标作为另外 3 个响应分支,分别命名为"橘子"、"香蕉"和"葡萄",如图 7-28 所示。

⑤ 双击"交互"图标"看图识水果",在"演示窗口"中空白处单击,然后将 4 个矩形的虚线区域分别移动到相应位置并调整大小,如图 7-29 所示。

图 7-26 交互图标"看图识水果"中的内容

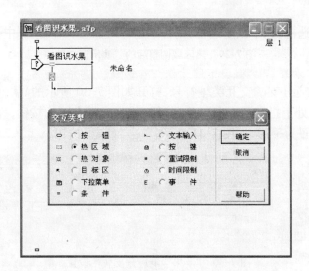

图 7-27 交互类型的设置

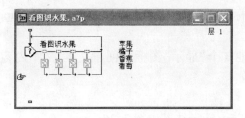

图 7-28 交互结构中的 4 个响应分支

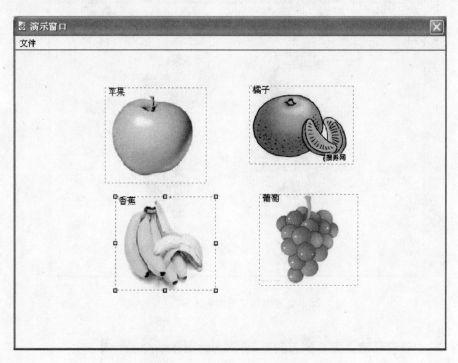

图 7-29　热区域调整后的"演示窗口"

⑥ 双击"苹果"响应分支的交互类型符号,打开如图 7-30 所示的"属性"面板,在"匹配"下拉列表框中选择"指针处于指定区域内";单击"鼠标"文本框右侧的按钮,打开"鼠标指针"对话框,将鼠标指针形状设置为手形,如图 7-31 所示,单击"确定"按钮。

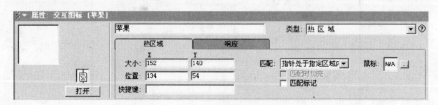

图 7-30　"苹果"响应分支属性设置

⑦ 以同样的方法设置其他 3 个响应分支的属性。

⑧ 双击"苹果"显示图标,在打开的"演示窗口"中输入文本"apple",设置文本的大小和颜色,并调整文本的位置。

⑨ 以同样的方法在其他 3 个"显示"图标中创建文本,文本内容分别为"orange"、"banana"和"grape"。

⑩ 保存程序并运行。

程序流程图如图 7-32 所示,运行结果如图 7-26 所示。

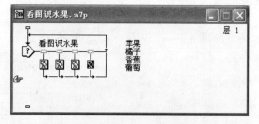

图 7-31 "鼠标指针"对话框　　　　图 7-32 程序流程图

7.4 热对象响应

热对象响应与热区域响应相似,都是对指定的区域产生响应。所不同的是,热对象可以是屏幕上任意复杂形状的特定对象。因此热对象的响应区域可以是任意形状的,且程序运行时可以在"演示窗口"中任意移动。需要注意的是,必须为热对象响应类型的分支设置具体的热对象,否则程序无法正确运行。

7.4.1 建立热对象响应

创建一个简单的热对象响应类型交互结构的步骤如下。

① 新建一个 Authorware 文件,拖动一个"群组"图标到程序流程线上。双击"群组"图标,在打开的第二层设计窗口中添加"显示"图标(显示图标的个数由热对象的个数决定),接着在各"显示"图标中创建热对象。

② 拖动一个"交互"图标到程序流程线上。

③ 拖动一个"群组"图标到"交互"图标的右侧,在弹出的"交互类型"对话框中选择"热对象"类型,单击"确定"按钮关闭此对话框,第一个交互响应分支就创建好了。

④ 双击"群组"图标,在其中添加相应的图标并进行属性设置。

⑤ 单击交互流程线上的交互类型符号,打开热对象交互响应分支的"属性"面板。双击"演示窗口"中的对象,将其设置为该响应分支的热对象,接着对当前交互响应分支进行其他属性的设置。

⑥ 重复步骤③~⑤,继续添加其他的交互响应分支。

⑦ 双击"交互"图标,在"演示窗口"可以创建说明性的文本或者导入图片作为背景。

⑧ 保存程序,运行并查看结果。

7.4.2 设置热对象响应属性

单击交互流程线上的交互类型符号,打开"属性"面板,如图 7-33 所示。

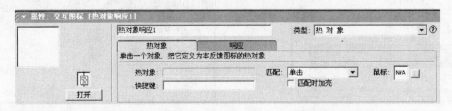

图 7-33 "热对象"响应方式的"属性"面板

"热对象"选项卡中的各选项及其功能如下。

①"预览"框:当为响应分支设置热对象之后,该框中会显示热对象的预览。

②"热对象"文本框:用于显示热对象的名称,即热对象所在图标的名称,文本框为空时表示还没有为该响应分支设置热对象。

③"快捷键"文本框:允许用户为热对象定义快捷键。与热区域响应的属性设置相同。

④"匹配"下拉列表框:用于设置热对象的匹配方式,其中包含 3 个选项。

● 单击:当单击热对象时激活该响应。

● 双击:当双击热对象时激活该响应。

● 指针处于指定区域内:当把指针移动到热对象上时激活该响应。

⑤"匹配时加亮"复选框:选中该复选框,当激活该热对象时,该热对象呈高亮显示。该选项只有在匹配方式选择"单击"或"双击"时才有效。

⑥"鼠标"文本框:用于定义将鼠标移动到该热对象上时光标的显示形状。与热区域响应类型的该属性相同。

7.4.3 热对象响应实例

新建一个热对象交互响应的程序,该程序要实现的功能是:当运行程序时"演示窗口"中显示 4 个形状,当把鼠标指针移动到某个形状上时,鼠杯指针变为手形:当双击画面中相应的图形时,"演示窗口"下端显示相应的注释。具体制作步骤如下。

① 新建一个 Authorware 文件,以"看图识图形 .a7p"为文件名并保存。

② 拖动一个"群组"图标到程序的流程线上,命名为"四种图形"。双击该"群组"图标,在第二层设计窗口中添加 4 个显示图标,分别命名为"圆形"、"正方形"、"圆角矩形"和"三角形"。

③ 在"圆形"、"正方形"、"圆角矩形"和"三角形" 4 个"显示"图标中,分别绘制相应的图形,将 4 个图形分别填充为蓝色、黄色、红色和绿色,调整图形的大小和位置,如图 7-34、图 7-35、图 7-36 和图 7-37 所示。

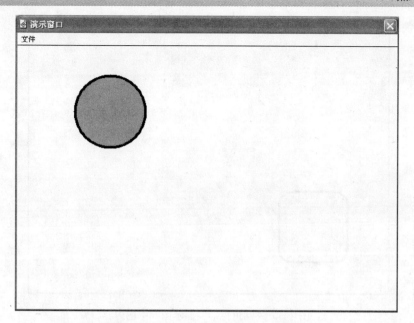

图 7-34 "圆形"显示图标中的内容

图 7-35 "正方形"显示图标中的内容

④ 在主流程线上的"群组"图标下方添加一个"交互"图标,命名为"热对象"。在此"交互"图标右侧添加一个"显示"图标作为第一个分支,并在弹出的"交互类型"对话框中选择"热对象",图标命名为"圆形对象",如图 7-38 所示。

⑤ 双击"圆形对象"响应分支中的"显示"图标,在"演示窗口"中输入文本"这是一个圆形",设置文本的格式,效果如图 7-39 所示。

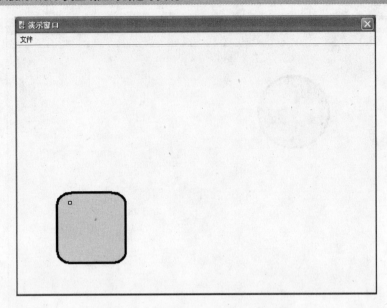

图 7-36   "圆角矩形"显示图标中的内容

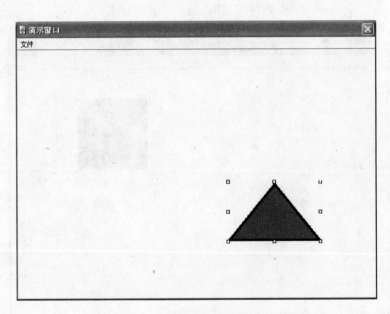

图 7-37   "三角形"显示图标中的内容

⑥ 双击"形状"群组图标中的"圆形"显示图标,在打开的"演示窗口"中显示该图标中的内容,接着双击"圆形对象"响应分支的交互类型符号,打开"属性"面板,单击"演示窗口"中的"圆形"形状,将其设置为该响应分支的热对象,设置"属性"面板中的匹配模式为"双击",鼠标形状为手形,如图 7-40 所示。

⑦ 以同样的方法在"交互"图标右侧再添加 3 个"显示"图标,分别命名为"正方形对象"、"圆角矩形对象"和"三角形对象",如图 7-41 所示。在这 3 个显示图标中分别创建文本"这是一个正方形"、"这是一个圆角矩形"和"这是一个三角形"。

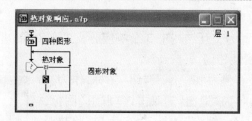

图 7-38 添加"圆形对象"响应分支后的程序流程

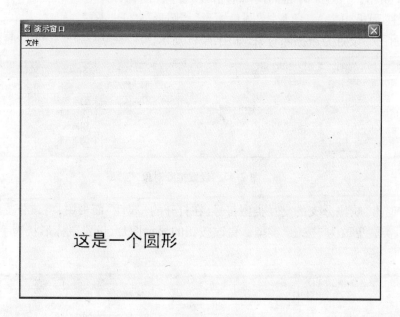

图 7-39 "圆形对象"显示图标中的内容

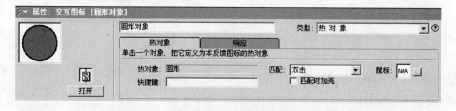

图 7-40 设置热对象之后的"圆形对象"响应分支属性板

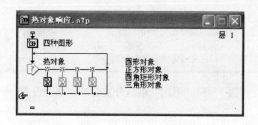

图 7-41 添加 4 个分支的交互结构

⑧ 按照步骤④～⑥的方法,分别将"群组"图标中的"正方形"、"圆角矩形"和"三角形"3个"显示"图标中的形状设置为交互结构中 3 个响应分支的热对象,并将此 3 个响应分支属性设置为与第一个响应分支的属性相同。

⑨ 在"交互"图标的最右侧添加一个"群组"图标,作为交互结构的第 5 个分支,并命名为"退出"。双击该"群组"图标,在第二层设计窗口中添加一个"擦除"图标,命名为"擦除热对象",如图 7-42 所示。按住 Ctrl 键的同时双击该"擦除"图标,在打开的"属性"面板中将"三角形"、"圆角矩形"、"圆形"、"正方形" 4 个显示图标设置为被擦除对象,如图 7-43 所示。

图 7-42 "退出"群组图表中的内容

图 7-43 设置擦除对象

⑩ 双击"退出"响应分支的交互类型符号,在打开的"属性"面板中,将该分支由默认的交互类型"热对象"类型更改为"按钮"类型。更改按钮的显示图片,设置鼠标形状为手形,如图 7-44 所示。

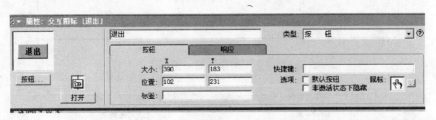

图 7-44 "退出"按钮的属性设置

⑪ 在图 7-44 所示的"属性"面板中,单击"响应"选项卡,在"分支"下拉列表框中选择"退出交互",如图 7-45 所示。

图 7-45 "退出"响应分支的响应属性设置

⑫ 在交互结构下方添加"显示"图标"欢迎再来",双击该"显示"图标,在打开的"演示窗口"中创建阴影特效的文本"欢迎再来"。

⑬ 保存程序并运行。程序的流程图与运行结果如图 7-46 和图 7-47 所示。

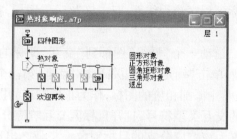

图 7-46 程序流程图

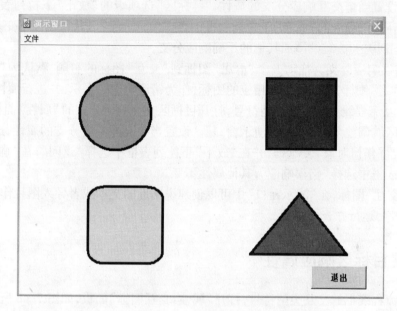

图 7-47 程序运行效果

7.5 目标区响应

如果希望在程序运行时,将"演示窗口"中的某个对象拖到一个指定的区域内,那么在建立交互结构时,应采用目标区响应方式。要创建目标区响应,必须确定目标对象和目标区,其中目标区包括正确区域和错误区域。

7.5.1 建立目标区响应

创建一个简单目标区响应类型交互结构的步骤如下。

① 新建一个 Authorware 文件,拖动一个"群组"图标到程序流程线上。双击"群组"图标,在打开的第二层设计窗口中添加"显示"图标("显示"图标的个数由目标对象的个数决定),接着

在各"显示"图标中创建目标对象。

② 拖动一个"交互"图标到程序流程线上,双击该"交互"图标,在"演示窗口"中绘制矩形作为目标对象的正确位置。

③ 创建正确响应分支。拖动一个"群组"图标到"交互"图标的右侧,在弹出的"交互类型"对话框中选择"目标区"类型,单击"确定"按钮关闭此对话框,第一个交互响应分支就创建好了。

④ 双击"群组"图标,在其中添加相应的图标,作为正确响应的提示,并进行属性设置。

⑤ 单击交互流程线上的交互类型符号,打开目标区交互响应分支的"属性"面板。单击"演示窗口"中的对象,将其设置为该响应分支的目标对象。将随之出现的虚线矩形区域移动到指定的目标区。设置当前交互响应分支的属性,"目标区"选项卡的"放下"下拉列表框中选择"在中心定位","响应"选项卡的"状态"下拉列表框中选择"正确响应",其他属性不变。

⑥ 重复步骤③~⑤,继续添加其他的正确响应分支。

⑦ 创建错误响应分支。拖动一个"群组"图标到"交互"图标的右侧,默认为"目标区"交互类型。双击"群组"图标,在其中添加相应的图标,作为错误响应的提示,并进行属性设置。

⑧ 单击交互流程线上的交互类型符号,打开目标区交互响应分支的"属性"面板。将随之出现的虚线矩形区域调整至铺满整个"演示窗口"。设置当前交互响应分支的属性,选中"目标区"选项卡中的"允许任何对象"复选框,并在"放下"下拉列表框中选择"返回",在"响应"选项卡的"状态"下拉列表框中选择"错误响应",其他属性不变。

⑨ 双击"交互"图标,在"演示窗口"中可以创建说明性的文本或者导入图片作为背景。

⑩ 保存程序,运行并查看结果。

7.5.2 设置目标区响应属性

单击交互流程线上的交互类型符号,打开"属性:交互图标"面板,如图 7-48 所示。

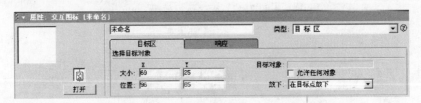

图 7-48 "目标区"响应方式的"属性"面板

"目标区"选项卡中的各选项及其功能如下。

① "大小"文本框:用于精确定义目标区域的大小。其中 X 用于定义目标区域的宽度,Y 用于定义目标区域的高度,均以像素为单位。目标区域的大小也可以在"演示窗口"中直接调整,在编辑状态下,直接拖曳矩形目标区域的边框即可。

② "位置"文本框:用于精确定义目标区域的位置。其中 X 用于定义目标区域左上角的 X 坐标,Y 用于定义目标区域左上角的 Y 坐标,坐标值均以像素为单位。目标区域的位置也可以在"演示窗口"中直接调整,在编辑状态下,直接将目标区域拖曳到合适位置即可。

③ "预览"框:当为响应分支设置目标对象之后,该框中会显示目标对象的预览。

④"目标对象"文本框:用于显示目标对象的名称,即目标对象所在图标的名称,文本框为空表示还没有为该响应分支设置目标对象。

⑤"允许任何对象"复选框:若选中该复选框,表示"演示窗口"中的所有对象都作为当前响应分支的目标对象。

⑥"放下"下拉列表框:用于定义将目标对象拖动到目标区域后产生的动作,其中包含3个选项。

● "在目标点放下":选中该选项时,当将目标对象拖动到目标区域并释放鼠标后,目标对象将停留在鼠标释放的位置。

● "在中心定位":选中该选项时,当将目标对象拖动到目标区域并释放鼠标后,目标对象会自动停留在目标区域的中心位置。

● "返回":选中该选项时,当将目标对象拖动到目标区域并释放鼠标后,目标对象会自动返回到原来的位置。

7.5.3 目标区响应实例

新建一个目标区交互响应的程序,该程序要实现的功能是:当运行程序时,"演示窗口"中显示4种动物和4个作为动物目标位置的矩形框,当使用鼠标左键将某种动物移动到正确的矩形内时,该动物停留在矩形的中心处;否则,该动物自动返回到原来位置。具体的制作步骤如下。

① 新建一个 Authorware 文件,并以"对号入座 .a7p"为文件名保存。

② 添加一个"群组"图标到流程线上,命名为"动物"。双击该"群组"图标,在第二层设计窗口中添加4个"显示"图标,分别命名为"老虎"、"猴子"、"小熊"和"孔雀",如图 7-49 所示。

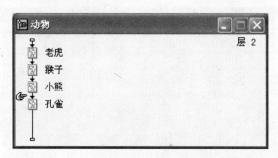

图 7-49 "动物"群组图标中的内容

③ 在4个"显示"图标中分别导入各种动物图片,调整各动物图片的大小和位置。

④ 在"群组"图标的下方添加一个"交互"图标,命名为"对号入座"。双击该"交互"图标,在打开的"演示窗口"中输入相应的文本,并绘制4个矩形,作为4个动物的正确位置,如图 7-50 所示。

⑤ 在"交互"图标右侧添加一个群组图标,并在弹出的"交互类型"对话框中选择"目标区"响应类型,将此"群组"图标命名为"小熊正确位置",双击该"群组"图标,在第二层设计窗口中添加一个"显示"图标,命名为"正确响应",如图 7-51 所示。双击"正确响应"图标,在打开的"演示窗口"中创建文本"恭喜你!",如图 7-52 所示。

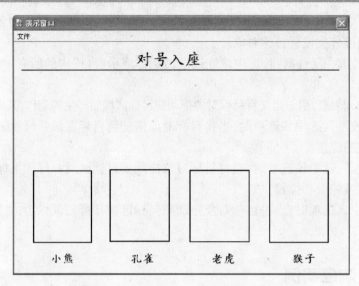

图 7-50　"交互"图标"对号入座"中的内容

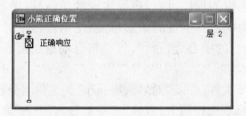

图 7-51　"小熊正确位置"图标中的内容

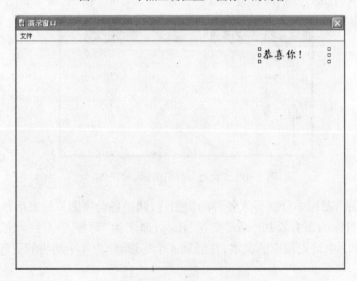

图 7-52　"正确响应"图标中的内容

　　⑥ 双击"动物"群组图标中的"小熊"图标,在打开的"演示窗口"中会看到小熊的图片。按住 Shift 键不放并双击"对号入座"图标,接着双击"小熊正确位置"响应分支的交互类型符号,打开如图 7-53 所示的"演示窗口"。

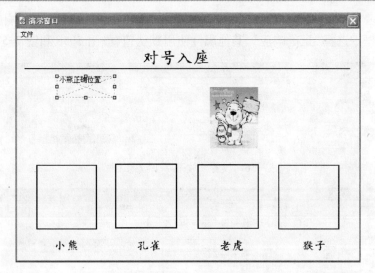

图 7-53　双击"小熊正确位置"响应类型符号后的"演示窗口"

⑦ 此时在整个程序窗口下方打开该交互响应分支的"属性"面板,如图 7-54 所示。单击"演示窗口"中的小熊,将其设置为当前响应分支的目标对象,同时,"小熊正确位置"虚线框移至小熊图片上。将"小熊正确位置"虚线框移动到"演示窗口"下方的第一个矩形处,作为小熊的目标区,调整该虚线框的大小和位置与矩形框相同,如图 7-55 所示。

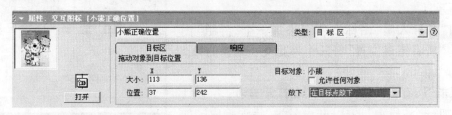

图 7-54　"小熊正确位置"的属性设置

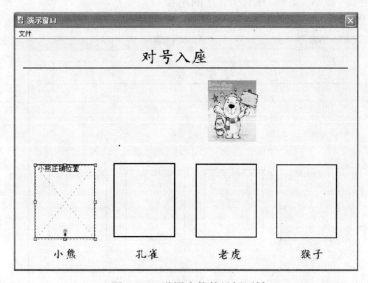

图 7-55　设置小熊的目标区域

⑧ 在"目标区"选项卡中的"放下"下拉列表框中选择"在中心定位";在"响应"选项卡中的"状态"下拉列表框中选择"正确响应",其他属性使用默认值,如图 7-56 和图 7-57 所示。

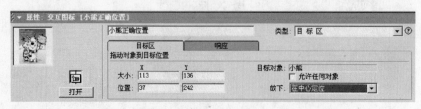

图 7-56 设置"放下"下拉列表框

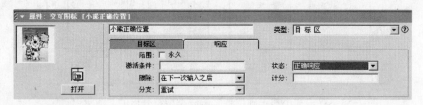

图 7-57 设置"状态"下拉列表框

⑨ 按照同样的方法再往交互结构中添加 3 个响应分支,并设置目标对象、目标区域和响应属性,设计窗口的交互流程和各响应分支的目标区域分别如图 7-58 和图 7-59 所示。

⑩ 向"对号入座"图标右侧再添加一个"群组"图标,命名为"所有错误位置"将其作为此交互结构的第 5 个响应分支。

⑪ 双击"所有错误位置"图标,在打开的第二层设计窗口中添加一个"显示"图标,并命名为"错误响应",如图 7-60 所示。双击该"显示"图标,在打开的"演示窗口"中创建文本"太可惜了!"。

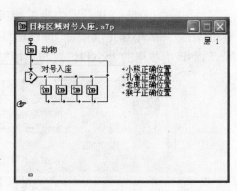

图 7-58 添加 4 个响应分支的程序流程

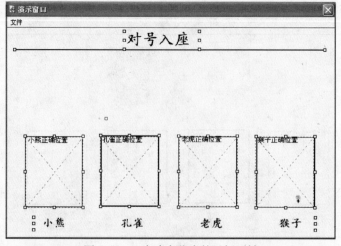

图 7-59 4 个响应分支的目标区域

⑫ 双击"所有错误位置"响应分支的交互类型符号，在打开的"属性"面板中，选中"允许任何对象"复选框，将"演示窗口"中的"所有错误位置"虚线框调整至铺满整个窗口，如图7-61所示。接着在"目标区"选项卡中的"放下"下拉列表框中选择"返回"；在"响应"选项卡中的"状态"下拉列表框中选择"错误响应"，其他属性使用默认值，如图7-62和图7-63所示。

⑬ 保存程序并运行。

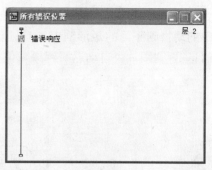

图7-60 "所有错误位置"图标中的内容

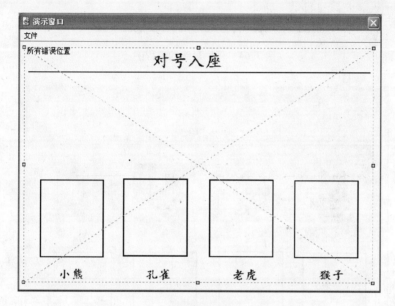

图7-61 "所有错误位置"目标区域

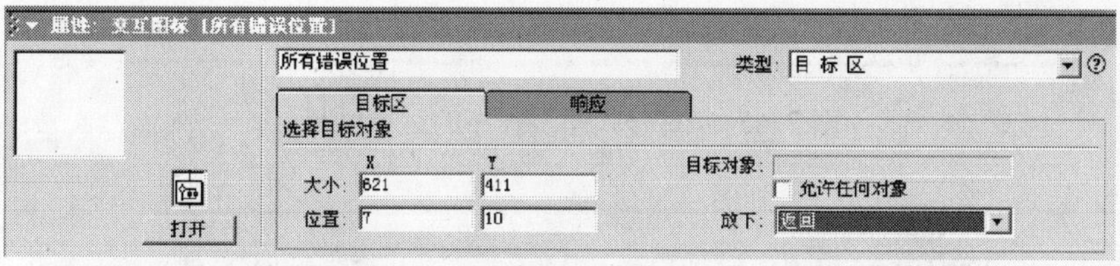

![图7-62 属性设置]

图7-62 "所有错误位置"响应分支的"目标区"属性设置

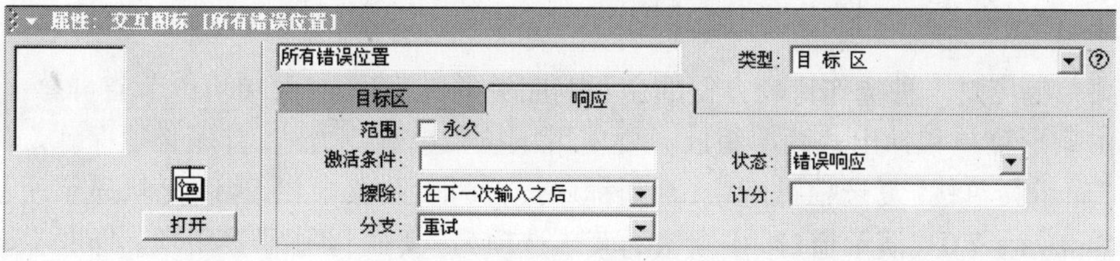

![图7-63 属性设置]

图7-63 "所有错误位置"响应分支的"响应"属性设置

　　程序最终的流程以及运行结果如图 7-64 和图 7-65 所示。当程序运行时,拖动"演示窗口"中的动物到下面的矩形框中,如果拖动到正确位置,图片就会停留在矩形框内,并显示正确提示信息;否则图片会自动返回到原来位置,同时显示错误提示信息。

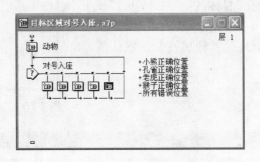

图 7-64　程序最终的流程图

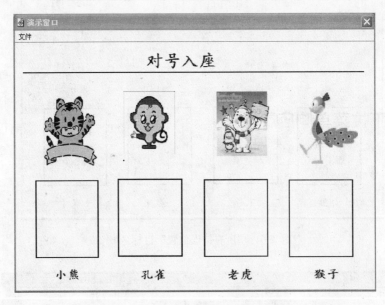

图 7-65　"对号入座"程序的运行结果

7.6　下拉菜单响应

　　下拉菜单响应是一种操作比较方便的交互响应类型,创建下拉菜单可以节省屏幕上的空间。下拉菜单由条形菜单和弹出式菜单组成。要使用下拉菜单响应方式,首先必须保证文件的属性设置中的"显示菜单栏"复选框被选中,否则程序运行时没有菜单栏,也就无法显示所创建的菜单项。Authorware 7.0"演示窗口"中默认的菜单选项为"文件 | 退出"菜单项。下拉菜单对应的交互类型符号为 ▤。

7.6.1 建立下拉菜单响应

创建一个简单的下拉菜单响应类型交互结构的步骤如下。

① 新建一个 Authorware 文件,拖动一个"交互"图标到程序流程线上。

② 拖动一个"群组"图标到"交互"图标的右侧,在弹出的"交互类型"对话框中选择"下拉菜单"类型,单击"确定"按钮关闭此对话框,第一个交互响应分支就创建好了。

③ 双击"群组"图标,在其中添加相应的图标并进行属性设置。

④ 单击交互流程线上的交互类型符号,在打开的"属性"面板中对当前交互响应分支进行属性设置,在"响应"选项卡中的"范围"选项组中选中"永久"复选框,在"分支"下拉列表框中选择"返回"。

⑤ 重复步骤②~④,继续添加其他的交互响应分支。

⑥ 向程序流程线上继续添加"交互"图标,并重复步骤②~④。每个"交互"图标对应于条形菜单中的一个主菜单,交互结构右侧的响应分支对应于该主菜单的弹出式菜单选项。

⑦ 保存程序,运行并查看结果。程序运行时,用户可以通过选择菜单项来激活相应的分支路径。

7.6.2 设置下拉菜单响应属性

单击交互流程线上的交互类型符号 ▣,打开其"属性"面板,如图 7-66 所示。

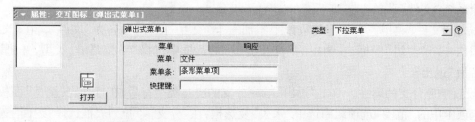

图 7-66 "下拉菜单"响应方式的"属性"面板

"菜单"选项卡中的各选项及其功能如下。

①"菜单"文本框:显示当前菜单选项所属菜单的名称。

②"菜单条"文本框:用于输入菜单项的名称。输入菜单项名称时需要用英文半角的引号括起来,程序运行时,该菜单项显示为输入的菜单项名称。当不输入任何内容,程序运行时,该菜单项显示的名称默认为该响应分支的名称。

③"快捷键"文本框:允许用户为该菜单项定义快捷键。快捷键可以是 Ctrl 或 Alt 组合键,设置方法是在该文本框中输入"CTRL"或"ALT",然后在其后面输入相应的字母。例如输入"CTRLA",则程序运行时,按 Ctrl+A 组合键即可激活该菜单项。如果在该文本框中只输入字符"A",则默认的快捷键为 Ctrl+A。

7.6.3   擦除文件菜单

Authorware 7.0"演示窗口"中系统默认有一个"文件"菜单,其中只有一个"退出"菜单项,如图 7-67 所示。如果在程序制作时不需要该菜单,可以将其去除。

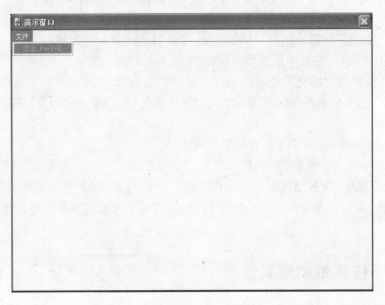

图 7-67   系统默认的"文件"菜单

擦除系统"文件"菜单方法如下。

① 构造"文件"菜单。在程序流程线上添加一个"交互"图标,命名为"文件"。在"文件"图标右侧添加一个"群组"图标,在弹出的"交互类型"对话框中选择"下拉菜单"类型,并将该响应分支命名为"退出"。

② 设置响应分支的属性。双击"退出"响应分支的交互类型符号,在打开的"属性"面板中,在"响应"选项卡中的"范围"选项组中选中"永久"复选框,在"分支"下拉列表框选择"返回"选项。

③ 擦除系统"文件"菜单。在"文件"图标的下方添加一个"擦除"图标,命名为"擦除文件菜单",按住 Ctrl 键的同时双击该"擦除"图标,打开"属性"面板,接着单击"演示窗口"中的"文件"菜单项,将该菜单设置为"被擦除的图标"。

④ 运行程序,"演示窗口"中的"文件"菜单不再显示。

7.6.4   下拉菜单响应实例

新建一个下拉菜单交互响应的程序,该程序要实现的功能是:当运行程序时,"演示窗口"的菜单栏中显示两个菜单,通过单击菜单中的菜单项,可以浏览相应的风景图片。具体的制作步骤如下。

① 新建一个 Authorware 文件,并以"风景名胜 .a7p"为文件名保存。

② 按照上文所述的方法设置擦除"文件"菜单的程序流程以及"擦除"图标的属性,如图

7-68 和图 7-69 所示。

③ 在流程线上添加一个"交互"图标,命名为"五岳"。拖动一个"群组"图标到此"交互"图标的右侧,在打开的"交互类型"对话框中选择"下拉菜单"类型,并将此响应分支命名为"东岳泰山",如图 7-70 所示。

④ 双击"东岳泰山"图标,在打开的第二层设计窗口中添加一个"显示"图标,命名为"泰山",通过双击打开该"显示"图标的"演示窗口",导入一幅泰山的图片,如图 7-71 所示。

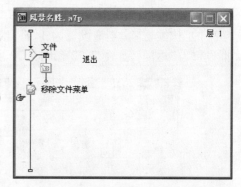

图 7-68 擦除"文件"菜单的流程

图 7-69 "移除文件菜单"的"属性"面板设置

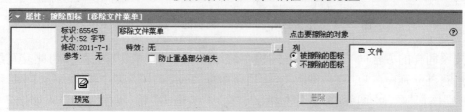

图 7-70 添加"东岳泰山"子菜单项

图 7-71 "泰山"图标中的内容

⑤ 双击"东岳泰山"响应分支上方的交互类型符号,在打开的"属性"面板中,将"菜单"选项卡中的"快捷键"文本框设置为 T,将"响应"选项卡中的"范围"设置为"永久","分支"下拉列表框设置为"返回",如图 7-72 和图 7-73 所示。

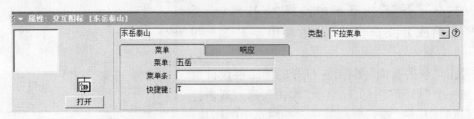

图 7-72 "东岳泰山""属性"面板的"菜单"选项卡

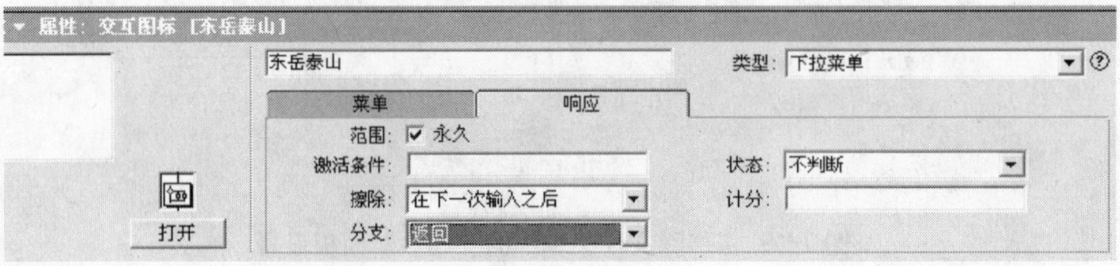

图 7-73 "东岳泰山""属性"面板的"响应"选项卡

⑥ 按照同样的方法向"东岳"交互结构中继续添加 4 个"群组"图标,作为此交互结构的 4 个响应分支,并分别命名为"西岳华山"、"南岳衡山"、"北岳恒山"和"中岳嵩山"。向 4 个"群组"图标中分别添加"显示"图标,命名为"华山"、"衡山"、"恒山"和"嵩山",并导入如图 7-74 至图 7-77 所示的图片。

图 7-74 "华山"图标中的内容

图 7-75 "衡山"图标中的内容

图 7-76 "恒山"图标中的内容

⑦ 设置后添加的 4 个响应分支属性与"东岳泰山"响应分支的属性相同,此时设计窗口中的程序流程如图 7-78 所示。

⑧ 拖动一个"群组"图标到"五岳"交互图标右侧的第一个分支和第二个分支之间,并命名为"分隔线",如图 7-79 所示。双击该响应分支的交互类型符号,在打开的"属性"面板中设置"菜单"选项卡中"菜单条"文本框中的值为"-",如图 7-80 所示。

图 7-77 "嵩山"图标中的内容

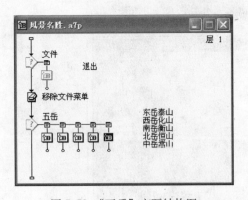

图 7-78 "五岳"交互结构图

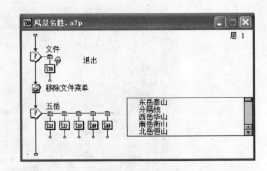

图 7-79 添加了分隔线的程序流程

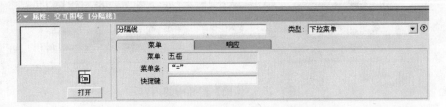

图 7-80 "分隔线"响应分支属性设置

⑨ 在"五岳"交互结构下方再添加一个交互图标,命名为"四大名湖"。在此交互图标右侧添加 4 个响应分支,其他设置和"五岳"交互结构相似,请读者不妨自己去完成。程序流程如图 7-81 所示。

⑩ 保存程序并运行,效果如图 7-82 所示。

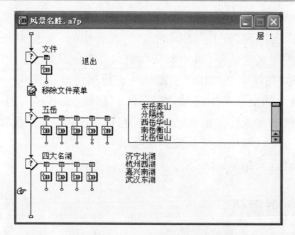

图 7-81 "四大名湖"交互结构

图 7-82 程序运行结果

7.7 条件响应

条件响应类型是根据判断所设置的条件是否满足从而决定是否激活对应的响应分支,不需要用户直接去操作。当程序检测到当前响应分支的条件表达式为真时,程序进入该交互响应分支;否则不执行该响应分支。条件响应对应的交互类型符号为 ═ 。

7.7.1 建立条件响应

创建一个简单的条件响应类型交互结构的步骤如下:

① 新建一个 Authorware 文件,拖动一个"交互"图标到程序流程线上。

② 拖动一个"群组"图标到"交互"图标的右侧,在弹出的"交互类型"对话框中选择"条件"类型,单击"确定"按钮关闭此对话框,第一个交互响应分支创建好了。

③ 双击"群组"图标,在其中添加相应的图标并进行属性设置。

④ 单击交互流程线上的交互类型符号,在打开的"属性"面板中对当前交互响应分支进行属性设置,在"条件"文本框中输入变量或表达式,将"自动"下拉列表框设置为相应的选项。

⑤ 重复步骤②~④,可以继续添加其他的交互响应分支。

⑥ 保存程序,运行并查看结果。

7.7.2　设置条件响应属性

单击交互流程线上的交互类型符号,打开其"属性"面板,如图 7-83 所示。

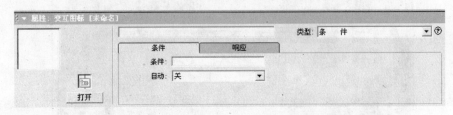

图 7-83　"条件"响应方式的"属性"面板

"条件"选项卡中的各选项及其功能如下。

①"条件"文本框:用于输入响应条件,可以是一个逻辑变量或者一个条件表达式。输入的条件直接作为该分支的名称。该文本框中输入的内容必须遵循以下规则。

● 数值 0 被作为 False 处理,而任意非 0 的数值都被作为 True 处理。

● 字符串 True、T、YES 和 ON 都被作为 True 处理,而任意其他字符串都被作为 False 处理。

● 字符"&"代表逻辑符号 AND,表示"并"的意思;字符"|"代表逻辑符号 OR,表示"或"的意思。

②"自动"下拉列表框:用于设置条件的匹配方式,其中包括 3 个选项。

●"关":选择该选项,程序会等到用户做出响应动作时才判断条件是否满足。

●"为真":选择该选项,程序在整个交互过程中会一直监测该响应条件的变化,当条件满足时就会激活对应的响应分支。

●"当由假为真":选择该选项,程序在整个交互过程中会一直监测该响应条件的变化,当条件由假变为真时激活当前响应分支。

7.7.3　条件响应实例

在 7.5.3 节的"对号入座 .a7p"文件的交互结构中添加一个条件响应分支,其实现的功能是,当运行程序时,如果所有的目标区响应都能正确匹配,则程序退出交互结构。具体的制作步骤如下。

① 启动 Authorware 程序,选择"文件"→"打开"命令,打开文件"对号入座 .a7p",并以"条件响应 .a7p"为文件名另存。

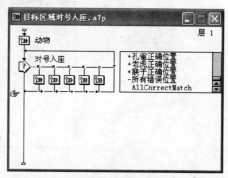

② 添加一个"群组"图标到"对号入座"图标下的"所有错误位置"响应分支的右侧。双击该响应分支上方的交互类型符号,在打开的"属性"面板中,在"类型"下拉列表框中选择"条件",在"条件"选项卡的"条件"文本框输入 AllCorrectMatch,"自动"下拉列表框为"为真";设置"响应"选项卡中"分支"下拉列表框为"退出交互",程序流程及属性设置如图 7-84 ~图 7-86 所示。

图 7-84　添加条件分支后的程序流程

图 7-85　响应条件设置

图 7-86　"响应"选项卡的"分支"下拉列表框设置

拖动一个"显示"图标到"对号入座"图标的下方,命名为"谢谢参与"。双击该"显示"图标,在打开的"演示窗口"中创建文本"恭喜您全部回答正确　谢谢您的参与!",如图 7-87 所示。

③ 保存程序并运行。最终的程序流程及执行结果如图 7-88 和图 7-89 所示。

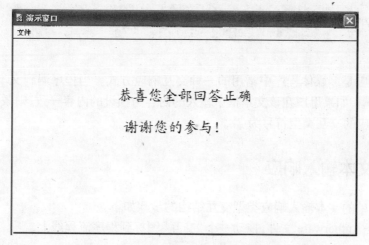

图 7-87　"谢谢参与"显示图标中的内容

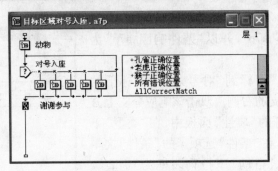

图 7-88 程序流程

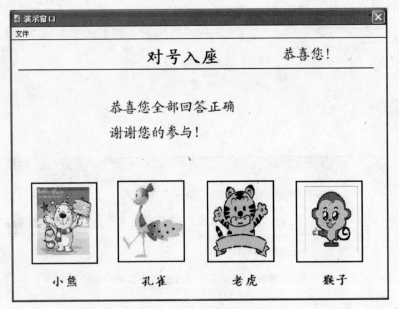

图 7-89 条件分支的执行结果

7.8 文本输入响应

文本输入响应是多媒体程序中常用的一种交互响应方式。当程序遇到文本交互时,在屏幕上显示一个文本框,如果用户在该文本框中输入的内容与预设的内容一致,则激活相应的响应分支。文本输入对应的交互类型符号为 ⊡。

7.8.1 建立文本输入响应

创建一个简单的文本输入响应类型交互结构的步骤如下:

① 新建一个 Authorware 文件,拖动一个"交互"图标到程序流程线上。

② 拖动一个"群组"图标到"交互"图标的右侧,在弹出的"交互类型"对话框中选择"文本输入"类型,单击"确定"按钮关闭此对话框,第一个交互响应分支创建好了。

③ 双击"群组"图标,在其中添加相应的图标并进行属性设置。

④ 单击交互流程线上的交互类型符号,在打开的"属性"面板中对当前交互响应分支进行属性设置,在"模式"文本框中输入字符串作为匹配文本,设置其他属性。

⑤ 重复步骤②~④,可以继续添加其他的交互响应分支。

⑥ 保存程序,运行并查看结果。

7.8.2 设置文本输入响应属性

单击交互流程线上的交互类型符号,打开其"属性"面板,如图 7-90 所示。

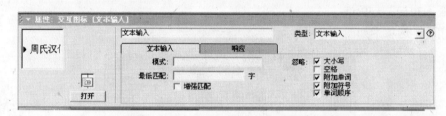

图 7-90 "文本输入"响应方式的"属性"面板

"文本输入"选项卡中的各选项及其功能如下。

① "模式"文本框:用于输入能够匹配该文本输入响应分支的内容。输入的内容可以是单词或句子,但是输入的字符两边要加英文的引号,否则系统默认将其识别为变量。输入文本时应注意以下问题。

● 可以使用通配符"*"和"?",其中"*"代表任意长度的任意字符,"?"代表任意一个字符。例如,在模式文本框中输入""a*c"",则程序运行时,在文本框中输入 abc、ac、abdc 等都可以激活该响应分支。

● 可以使用逻辑或符号"|",表示使用"|"左右的字符都可以匹配该响应分支。例如,在"模式"文本框中输入""ab|cd"",则程序运行时,在文本框中输入 ab 或 cd 都可以激活该响应分支。

● 可以使用"#"指定要激活该响应分支需要输入字符的次数。例如,在"模式"文本框中输入""3a"",则程序运行时,在文本框中输入 3 次 a 才能激活该响应分支。

② "最低匹配"文本框:用于设置用户最少应该输入的匹配的单词个数,默认表示必须全部匹配。例如,在"模式"文本框中输入""this is my program"",在"最低匹配"文本框中输入 2,则程序运行时,在文本框中输入 this is 就能激活该响应分支。

③ "增强匹配"复选框:如果"模式"文本框中包含一个以上的单词,且选中该复选框后,用户输入文本时可以得到多次重试的机会。例如,"模式"文本框中的内容为"this is",则用户在运行程序时可以先输入"this",如果此响应未匹配,则再输入"is"可以匹配该响应。

④ "忽略"选项组:用于设置当用户输入文本时可以忽略哪些因素即可匹配。

● "大小写"复选框:选中该复选框,在进行匹配时不区分用户输入的文本的大小写字母。

- "空格"复选框：选中该复选框，在进行匹配时忽略用户输入的文本中的空格。
- "附加单词"复选框：选中该复选框，在进行匹配时忽略用户输入的多余的单词。
- "附加符号"复选框：选中该复选框，在进行匹配时忽略用户输入的多余的标点符号。
- "单词顺序"复选框：选中该复选框，在进行匹配时忽略用户输入的单词的顺序。

7.8.3 设置文本框属性

创建了文本输入交互响应之后，运行程序时，在"演示窗口"中会显示一个黑色的小三角和一个闪烁的光标，闪烁的光标处就是文本框。设计时可以对该文本框的属性进行设置。

在"交互"图标的"属性"面板中，单击"文本区域"按钮，或者"演示窗口"处于编辑状态时双击"演示窗口"中的文本框，都可以打开"属性：交互作用文本字段"对话框。

(1)"版面布局"选项卡

"版面布局"选项卡如图7-91所示。

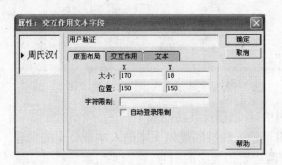

图 7-91 "版面布局"选项卡

- "大小"文本框：用于精确设置文本框的大小。也可以在"演示窗口"中直接拖动文本框的控制点来调整其大小。
- "位置"文本框：用于精确设置文本框的位置。也可以在"演示窗口"中直接拖动文本框来确定其位置。
- "字符限制"文本框：用于设置用户可以在文本框中输入的最多字符数。如果用户输入的字符超过这个数，那么多余的字符将被忽略。
- "自动登录限制"复选框：选中该项，当用户输入的字符数达到限制时，自动结束用户的输入。

(2)"交互作用"选项卡

"交互作用"选项卡如图7-92所示。

- "作用键"文本框：用于定义文本输入结束时使用的确认键，默认为回车键。
- "选项"选项组：该选项组包含3个复选框。

"输入标记"复选框：选中该复选框，则文本框左侧显示一个黑色的三角形作为文本输入框的起始标记。

"忽略无内容的输入"复选框：选中该复选框，则不允许用户不输入任何内容而直接按确认键。

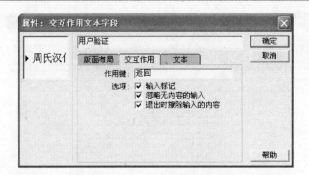

图 7-92 "交互作用"选项卡

"退出时擦除输入的内容"复选框：选中该项，则输入的文本在退出交互结构时被擦除，否则将一直保留在"演示窗口"中，直到使用"擦除"图标擦除。

（3）"文本"选项卡

"文本"选项卡如图 7-93 所示。在该选项卡中可定义文本框中输入的文本的字体、大小、风格、颜色、模式等属性。

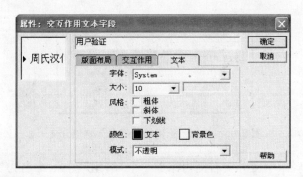

图 7-93 "文本"选项卡

7.8.4 文本输入响应实例

新建一个文本输入交互响应的程序，该程序要实现的功能是：当运行程序时，"演示窗口"中显示欢迎界面和文本框，如果用户在文本框中输入正确的用户名，则进入系统；否则弹出错误提示信息。具体的制作步骤如下。

① 新建一个 Authorware 文件，并以"登录界面 .a7p"为文件名保存。

② 选择"修改"→"文件"→"属性"命令，在打开的"属性：文件"面板中设置"演示窗口"的背景颜色为淡黄色。

③ 拖曳一个"交互"图标到设计窗口的流程线上，命名为"用户验证"，双击该"交互"图标，在打开的"演示窗口"中创建如图 7-94 所示的文本和文本框。

④ 拖动一个"群组"图标到"交互"图标的右侧，在打开的"交互类型"对话框中选择"文本输入"类型，将该"群组"图标重命名为"正确的用户名"，如图 7-95 所示。

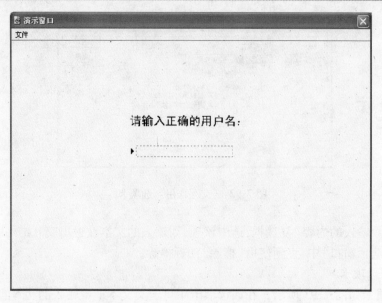

图 7-94 "交互"图标"用户验证"中的内容

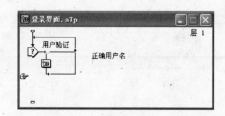

图 7-95 添加"正确的用户名"响应分支

⑤ 向"正确的用户名"响应分支右侧再添加一个"群组"图标,命名为"错误的用户名",该响应分支默认为与前一个响应分支的类型相同,即文本输入响应类型。

⑥ 双击"错误的用户名"群组图标,在打开的第二层设计窗中添加如图 7-96 所示的 3 个图标。"出错提示"显示图标中的内容如图 7-97 所示,"单击解除等待"等待图标的属性设置如图 7-98 所示,"擦除出错提示"擦除图标的属性设置如图 7-99 所示。

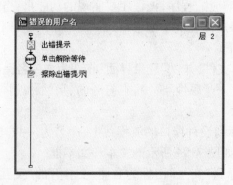

图 7-96 "错误的用户名"图标中的内容

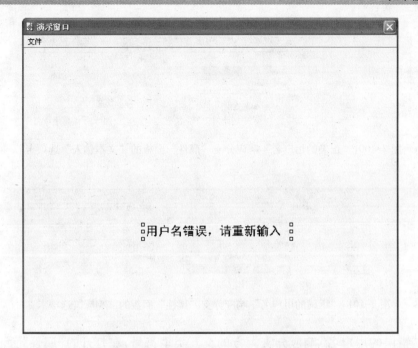

图 7-97 "出错提示"图标中的内容

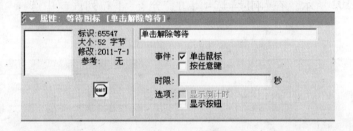

图 7-98 "单击解除等待"图标的属性设置

图 7-99 "擦除出错提示"图标的属性设置

⑦ 双击"正确的用户名"响应分支上方的交互类型符号,在打开的"属性"面板中,在"文本输入"选项卡的"模式"文本框中输入""ABC"",在"忽略"选项组中选中除"空格"复选框之外的其他选项,如图 7-100 所示。在"响应"选项卡的"分支"下拉列表框中选择"退出交互",如图 7-101 所示。

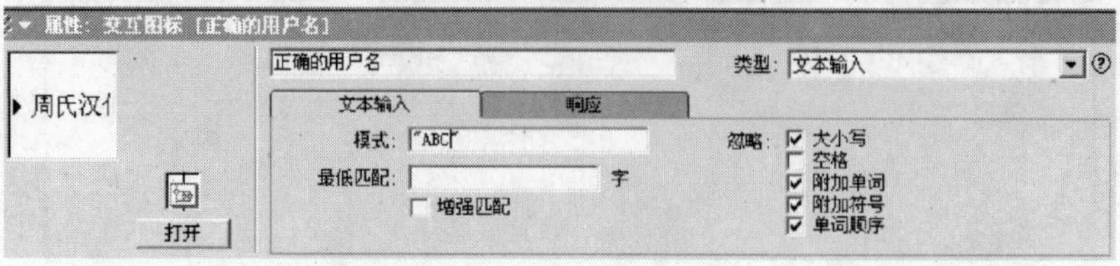

图 7-100 "正确的用户名"响应分支"属性"面板的"文本输入"选项卡

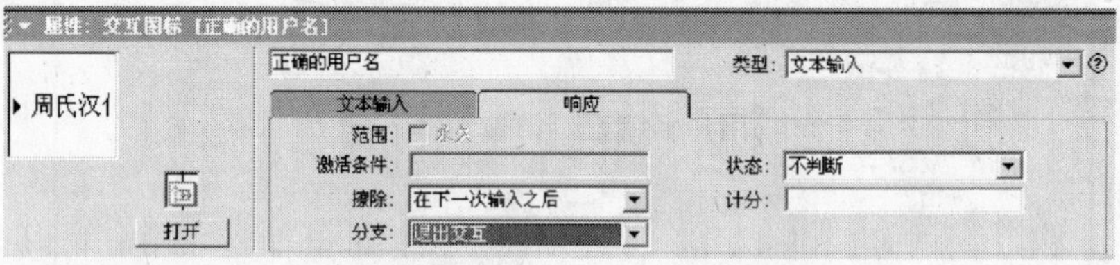

图 7-101 "正确的用户名"响应分支"属性"面板的"响应"选项卡

⑧ 双击"错误的用户名"响应分支上方的交互类型符号,在打开的"属性"面板中,在"文本输入"选项卡的"模式"文本框中输入"*",在"忽略"选项组中选中除"空格"复选框之外的其他选项,如图 7-102 所示。在"响应"选项卡的"分支"下拉列表框中选择"重试",如图 7-103 所示。

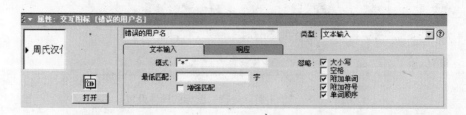

图 7-102 "错误的用户名"响应分支"属性"面板的"文本输入"选项卡

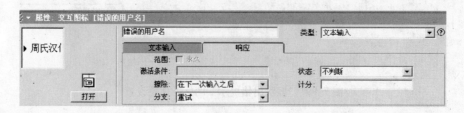

图 7-103 "错误的用户名"响应分支"属性"面板的"响应"选项卡

⑨ 在"用户验证"交互图标的下方添加一个"显示"图标,命名为"登录成功",双击该"显示"图标,在打开的"演示窗口"中输入文本"恭喜你,登录成功!",如图 7-104 所示。

⑩ 保存程序并运行。程序的最后流程以及运行结果如图 7-105 和图 7-106 所示。

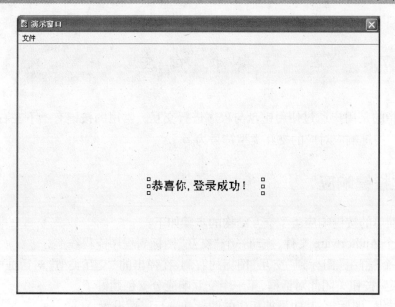

图 7-104 "登录成功"图标中的内容

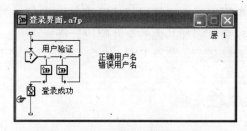

图 7-105 设计窗口中程序的流程

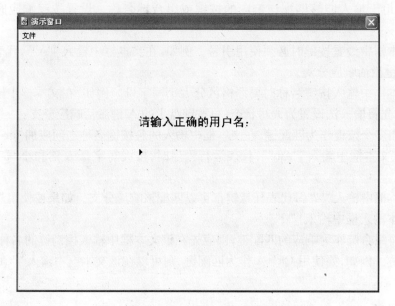

图 7-106 "登录界面"程序运行结果

7.9　按 键 响 应

按键响应指的是用户通过使用键盘与程序进行交互。常用的按键有上下左右方向键、字母键或功能键等。按键响应对应的交互类型符号为 ▣ 。

7.9.1　建立按键响应

创建一个简单的按键响应类型交互结构的步骤如下：

① 新建一个 Authorware 文件，拖动一个"交互"图标到程序流程线上。

② 拖动一个"群组"图标到"交互"图标的右侧，在弹出的"交互类型"对话框中选择"按键"类型，单击"确定"按钮关闭此对话框，第一个交互响应分支创建好了。

③ 双击"群组"图标，在其中添加相应的图标并进行属性设置。

④ 单击交互流程线上的交互类型符号 ▣ ，在打开的"属性"面板中对当前交互响应分支进行属性设置，在"快捷键"文本框中输入要使用的按键的名称。

⑤ 重复步骤②～④，可以继续添加其他的交互响应分支。

⑥ 保存程序，运行并查看结果。

7.9.2　设置按键响应属性

单击交互流程线上的交互类型符号，打开其"属性"面板，"按键"选项卡中只有一个。"快捷键"文本框，用于输入能够匹配该响应的按键或组合键名称。设置按键响应时应注意以下问题：

● 在该文本框中设置按键时必须使用引号。例如，在文本框中输入""A""，代表程序运行时按键盘上的 A 键激活响应分支。

● 在该文本框中输入按键名称时要严格区分大小写字母。例如，在文本框中输入""A""，代表程序运行时，先将输入法设置为大写状态，再按键盘上的 A 键激活响应分支：

● 如果使用多个按键作为匹配键，在文本框中输入的各按键名称之间应加"or"或"|"进行分隔。例如，在该文本框中输入""A|b""，代表运行程序时，按大写字母 A 键和小写字母 b 键都能激活响应分支。

● 在该文本框中输入""?""，代表任意键都可以匹配该响应分支。如果要使用"?"作为按键，则需要在该文本输入框中输入""\?""。

● 如果要将组合键作为响应的匹配键，则应先在该文本框中输入控制键的名称，然后再输入相应的按键名称。例如，要使用 Ctrl+A 作为匹配键，则可以在该文本框中输入""CtrlA""。

7.9.3 按键响应实例

新建一个按键交互响应的程序,该程序要实现的功能是:当运行程序时,"演示窗口"中显示提示文本和 4 个方向箭头,当用户按下键盘上的方向键时,对应的箭头呈高亮显示,当用户按下 Esc 键时,退出程序的运行。具体的制作步骤如下:

① 新建一个 Authorware 文件,并以"使用方向键 .a7p"为文件名保存。

② 选择"修改"→"文件"→"属性"命令,在打开的"属性:文件"面板中设置"演示窗口"的背景颜色为淡绿色,在"回放"选项卡的"大小"下拉列表框中选择"根据变量",如图 7-107 所示。

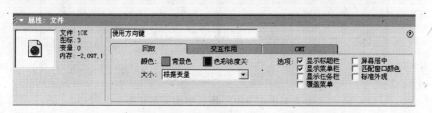

图 7-107 "演示窗口"背景色和"大小"下拉列表框设置

③ 拖动一个"计算"图标到程序流程线上,命名为"重置窗口"。双击该"计算"图标,在打开的编辑窗口中输入函数 ResizeWindow (600, 400),如图 7-108 所示,然后关闭编辑窗口。

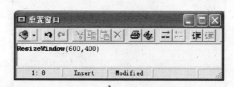

图 7-108 "重置窗口""计算"图标中的内容

④ 拖动一个"交互"图标到设计窗口的流程线上,重命名为"按键交互"。双击该"交互"图标,在打开的"演示窗口"中创建文本"请按方向键选择,按 ESC 键退出!",并使用如图 7-109 所示的"线型"面板创建 4 个箭头,如图 7-110 所示,线条颜色为粉色。

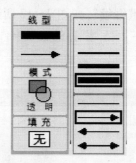

图 7-109 选择绘制箭头使用的线型

⑤ 拖动一个"群组"图标到"交互"图标的右侧,在打开的"交互类型"对话框中选择"按键"类型,将该"群组"图标重命名为"向上",如图 7-111 所示。

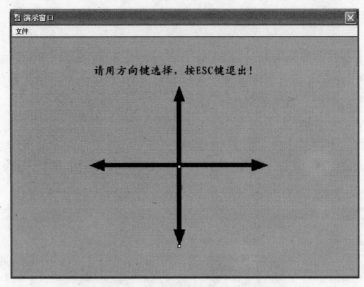

图 7-110 "交互"图标中的文本和箭头

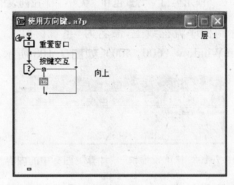

图 7-111 添加按键交互响应分支"向上"

⑥ 双击"群组"图标"向上",在打开的第二层设计窗口中添加一个"显示"图标"向上"和一个"移动"图标"单击鼠标或按任意键继续",如图 7-112 所示。在"显示"图标中创建亮黄色的向上的箭头,如图 7-113 所示。设置"等待"图标的触发事件为单击鼠标或按任意键,如图 7-114 所示。

图 7-112 "向上"图标中的内容

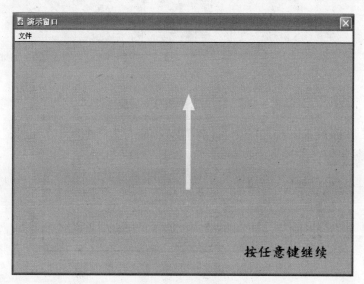

图 7-113 "向上"图标中的内容

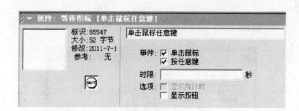

图 7-114 "等待"图标属性设置

⑦ 双击"向上"交互响应分支的交互类型的符号,打开其"属性"面板,在"按键"选项卡的"快捷键"文件框中输入"Uparrow"。

⑧ 用同样的方法向"交互"图标右侧继续添加"群组"图标"向下"、"向左"和"向右",如图7-115 所示。

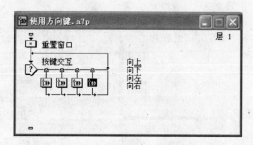

图 7-115 继续添加 3 个响应分支

⑨ 将"向下"、"向左"和"向右" 3 个响应分支的按键分别设置为向下、向左和向右方向键。"向下"响应分支的属性设置如图 7-116,"向左"、"向右"响应分支的属性设置与此类似。

图 7-116 "向下"响应分支的属性设置

⑩ 向"交互"图标最右侧添加一个"计算"图标,命名为"退出"。双击该"计算"图标,在打开的"计算"图标编辑窗口中输入函数 Quit (),如图 7-117 所示。

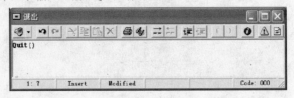

图 7-117 "退出""计算"图标中的内容

⑪ 双击"计算"响应分支的交互类型符号,打开其"属性"面板,在"按键"选项卡的"快捷键"文本框中输入""ESC""。

⑫ 保存程序并运行。最后的程序流程以及运行结果分别如图 7-118 和图 7-119 所示。

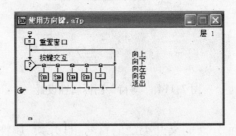

图 7-118 最后的程序流程

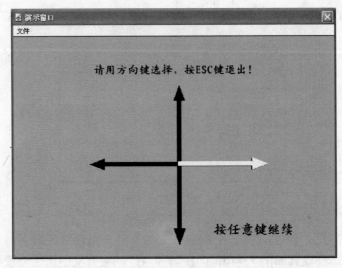

图 7-119 "使用方向键"程序运行结果

7.10 重试限制响应

重试限制响应用于控制用户与计算机交互的次数。例如,在登录界面中需要输入用户名和密码时,可以对用户输入的次数进行限制,防止非法用户通过不断地尝试来盗用他人的账户和密码。该响应方式不能单独使用,必须与其他的响应类型配合。重试限制响应对应的交互类型符号为#。

7.10.1 建立重试限制响应

创建一个简单的重试限制响应类型交互结构的步骤如下:

① 新建一个 Authorware 文件,拖动一个"交互"图标到程序流程线上。

② 拖动一个"群组"图标到"交互"图标的右侧,在弹出的"交互类型"对话框中选择"重试限制"类型,单击"确定"按钮关闭此对话框,第一个交互响应分支创建好了。

③ 双击"群组"图标,在其中添加相应的图标并进行属性的设置。

④ 单击交互流程线上的交互类型符号#,在打开的"属性"面板中对当前交互响应分支进行属性设置,在"最大限制"文本框中输入重试限制的次数。

⑤ 重复步骤②~④,可以继续添加其他的交互响应分支。

⑥ 保存程序,运行并查看结果。

7.10.2 设置重试限制响应属性

单击交互流程线上的交互类型符号,打开"属性"面板,如图 7-120 所示。

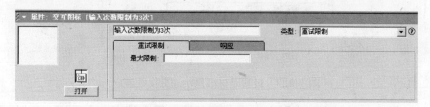

图 7-120 "重试限制"响应方式的"属性"面板

"最大限制"文本框:用于设置重试的次数,当重试次数达到该限制次数后,将激活重试限制响应分支。

7.10.3 重试限制响应实例

打开文件"登录界面 .a7p",在交互结构中添加一个重试限制响应分支。该程序要实现的功能是：当运行程序时，如果用户输入的用户名正确，则进入系统；如果输入错误的用户名 3 次，则给出错误提示信息并结束程序的运行。具体制作步骤如下。

① 启动 Authorware 程序，选择"文件"→"打开"命令，打开文件"登录界面 .a7p"，并以"限制登录次数 .a7p"为文件名另存。

② 添加一个"群组"图标到"用户名验证"交互图标的"正确的用户名"和"错误的用户名"响应分支中间位置，并命名为"输入次数限制为 3 次"。双击该响应分支上方的交互类型符号，在打开的属性面板中，在"类型"下拉列表框中选择"重试限制"，在"重试限制"选项卡的"最大限制"文本框中输入 3；在"响应"选项卡的"分支"下拉列表框中选择"重试"，程序的流程及属性设置如图 7-121、图 7-122 和图 7-123 所示。

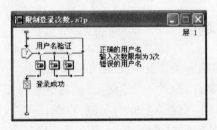

图 7-121　添加重试限制分支后的流程图

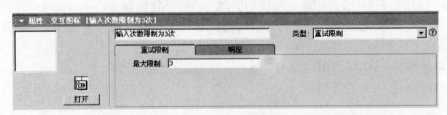

图 7-122　设置最大限制次数

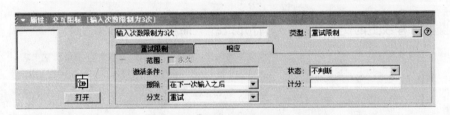

图 7-123　设置重试限制响应分支的流向

③ 双击"输入次数限制为 3 次"图标，在打开的第二层设计窗口中添加一个"显示"图标"输入次数提示"、一个"等待"图标"单击退出"和一个"计算"图标"退出"，如图 7-124 所示。

图 7-124　"输入次数限制为 3 次"图标中的内容

④ 双击"限制次数提示"图标,在打开的"演示窗口"中创建文本"您输入的次数已达到最大限制,请单击退出!","等待"图标的触发事件设置为"单击鼠标",如图 7-125 所示;双击"计算"图标"退出",在打开的"计算"图标编辑窗口中输入函数 Quit()。

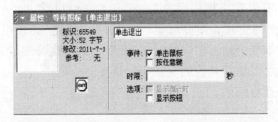

图 7-125 "单击退出"图标属性设置

⑤ 保存并运行程序。程序运行结果如图 7-126 所示。

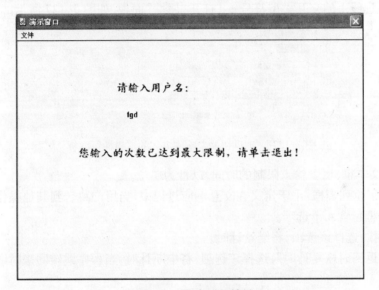

图 7-126 程序运行结果

7.11 时间限制响应

时间限制响应是限制用户交互动作的时间。如果用户在指定的时间内没有做出选择,"交互"图标就会执行时间限制响应分支。这种交互响应方式通常应用在教学课件的速算和抢答题中。时间限制响应对应的交互类型符号为 ⏰ 。

7.11.1 建立时间限制响应

创建一个简单的时间限制响应类型交互结构的步骤如下:

①　新建一个 Authorware 文件,拖动一个"交互"图标到程序流程线上。

②　拖动一个"群组"图标到交互图标的右侧,在弹出的"交互类型"对话框中选择"时间限制"类型,单击"确定"按钮关闭此对话框,第一个交互响应分支创建好了。

③　双击"群组"图标,在其中添加相应的图标并进行属性设置。

④　单击交互流程线上的交互类型符号 ,在打开的"属性"面板中对当前交互响应分支进行属性设置,在"时限"文本框中输入相应的时间,接着设置其他属性。

⑤　重复步骤②～④,可以添加其他的交互响应分支。

⑥　保存程序,运行并查看结果。

7.11.2　设置时间限制响应属性

单击交互流程线上的交互类型符号 ,打开"属性"面板,如图 7-127 所示。

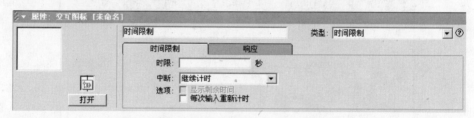

图 7-127　"时间限制"响应方式的"属性"面板

①　"时限"文本框:用于输入限制的时间,以秒为单位。

②　"中断"下拉列表框:用于定义在交互响应过程中,当用户跳转到其他操作时是否中断计时。该下拉列表框包含 4 个选项。

●"继续计时":选择该选项,将继续计时。

●"暂停,在返回时恢复计时":选择该选项,将中断计时,当程序跳转回来时继续在上次的基础上计时。

●"暂停,在返回时重新开始计时":选择该选项,将中断计时,当程序跳转回来时重新从 0 开始计时。

●"暂停,如运行时重新开始计时":选择该选项,将中断计时,当程序跳转回来时重新从 0 开始计时。但是如果时间已经超过了限定的时间,将不再计时。

③　"选项"选项组:该选项组包含两个选项。

●"显示剩余时间"复选框:选中该选项后,"演示窗口"中将出现一个倒计时小时钟,用于显示倒计时。

●"每次输入重新计时"复选框:选中该选项后,每激活一次正确的相应分支后都会重新开始计时。

7.11.3　时间限制响应实例

新建一个时间限制交互响应的程序,该程序要实现的功能是:当运行程序时,"演示窗口"中显示提示文本和一个人,用户在 30 秒钟之内可以在文本框中输入 1 ～ 60 之间的数值,用来猜测这个人的年龄,如果猜大或猜小了,都会弹出错误提示信息,用户单击鼠标或按任意键继续猜测;如果猜测正确,则提示"GOOD LUCK! 您猜中了!";如果操作超时,则提示"时间到了!",之后退出交互结构。具体的制作步骤如下。

① 新建一个 Authorware 文件,并以"猜年龄 .a7p"为文件名保存。

② 选择"修改"→"文件"→"属性"命令,在打开的"属性:文件"面板中,在"回放"选项卡的"大小"下拉列表框中选择"根据变量",如图 7-128 所示。

图 7-128 "回放"选项卡的"大小"下拉列表框设置

③ 拖动一个"计算"图标到程序流程线上,命名为"年龄"。双击该"计算"图标,在打开的"计算"图标编辑窗口中输入如图 7-129 所示的函数和语句,关闭"计算"图标编辑窗口并保存。在弹出的"新建变量"对话框中将变量 A 的初始值设置为 1。

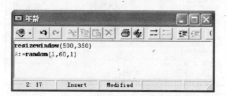

图 7-129 "计算"图标编辑窗口

④ 在"计算"图标的下方添加一个"显示"图标,命名为"人物"。双击该"显示"图标,在打开的"演示窗口"中导入一张人物图片,调整图片的大小和位置,如图 7-130 所示。按住 Ctrl 键的同时双击该"显示"图标,在打开的"属性"面板中设置该显示图标的过渡特效为"以点式由内往外",如图 7-131 所示。

⑤ 添加一个"显示"图标,命名为"文字说明"。双击该"显示"图标,在打开的"演示窗口"中创建文本"猜猜我的年龄?在 1 ～ 60 之间哦!给你 20 秒钟的时间!"。

⑥ 添加一个"交互"图标,命名为"猜年龄"。在该"交互"图标的右侧添加 5 个"群组"图标作为该交互结构的 5 个响应分支,分别命名为"输入年龄"、NumEntry=A、NunEntry<A、NumEntry >A 和"限制时间20秒"。响应分支的类型依次设置为"文本输入"、"条件"、"条件"、"条件"、"时间限制";各响应分支的流向分别为"重试"、"退出交互"、"重试"、"重试"和"退出交互",如图 7-132 所示。

⑦ 依次双击 NumEntry=A、NunEntry<A、NumEntry >A 响应分支的交互类型符号,在打开的"属性"面板中依次设置响应条件,其中 NumEntry=A 响应分支的属性设置如图 7-133 所示。

图 7-130　"人物"图标中的内容

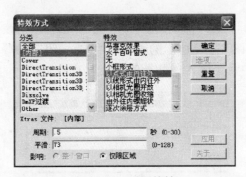

图 7-131　设置特效

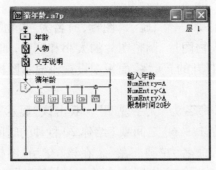

图 7-132　交互结构"猜年龄"

图 7-133　NumEntry=A 响应分支的条件设置

⑧ 双击"限制时间 20 秒"响应分支的交互类型符号,在打开的"属性"面板中设置"时限"为 20 秒,选中"显示剩余时间"复选框,如图 7-134 所示。

图 7-134 "限制时间 20 秒"分支的属性设置

⑨ 在 NumEntry=A"群组"图标中添加"显示"图标和"等待"图标,分别命名为"你猜中了"和"等待",如图 7-135 所示。"显示"图标中输入的内容为"你猜中了","等待"图标的属性设置如图 7-136 所示。

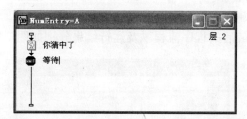

图 7-135 NumEntry=A"群组"图标中的内容

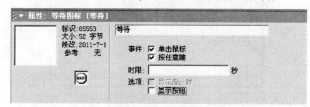

图 7-136 "等待"图标的属性设置

⑩ 在 NumEntry<A"群组"图标中添加"显示"图标、"等待"图标和"擦除"图标,分别命名为"说年轻了"、"等待"、"擦除年轻提示",如图 7-137 所示。"等待"图标的属性设置与步骤⑨中的设置相同。"擦除"图标的设置如图 7-138 所示。

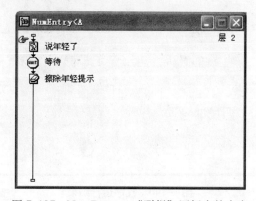

图 7-137 NumEntry<A"群组"图标中的内容

图 7-138 "擦除"图标的属性设置

⑪ 在 NumEntry>A "群组"图标中添加"显示"图标、"等待"图标和"擦除"图标,分别命名为"说老了"、"等待"和"擦除提示",其中"等待"图标的属性设置与步骤⑨中的设置相同。

⑫ 在"限制时间 20 秒""群组"图标中添加"显示"图标和"等待"图标,分别命名为"时间到"和"等待","等待"图标的属性设置与步骤⑨中的设置相同。

⑬ 在"交互"图标下方添加一个"显示"图标,并命名为"谢谢参与"。双击该"显示"图标,在打开的"演示窗口"中创建文本"谢谢参与!"。

⑭ 保存程序并运行。最后的程序流程以及运行结果分别如图 7-139 和图 7-140 所示。

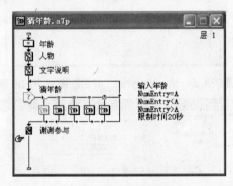

图 7-139 最后的程序流程

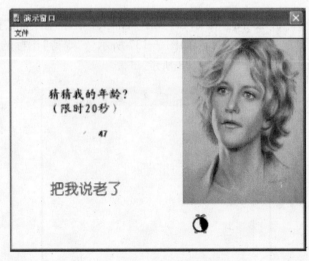

图 7-140 程序运行结果

本 章 小 结

Authorware 提供的人机交互方式很多。本章主要介绍了 Authorware 程序中常用的 10 种交互类型。通过人机交互设计的介绍,掌握如何在多媒体应用程序中设计各种人机交互方式。动画、数字电影、声音等信息一直是多媒体系统最有吸引力的媒体,Authorware 提供了对这些媒体的支持,在其他软件中编辑处理的动画、数字电影、声音等信息可以直接导入 Authorware 应用程序中。交互结构是一种人机对话机制,它不仅使创建的多媒体程序能够向用户演示信息,而且允许用户通过单击鼠标、使用键盘输入文本或按键等操作来控制多媒体程序的流程,改变了以往用户只能被动接受信息的状况。

习 题 与 思 考

1. 简述 Authorware 中交互图标的作用。
2. 一个典型的交互结构主要由哪几部分组成?
3. 在交互响应中有哪些交互响应? 它们各自的作用及用法是什么?
4. 简述交互结构中退出当前交互分支的四种方式。
5. 怎样设置文本输入区域?
6. 重试限制响应类型和时间限制响应类型有什么相同之处? 它们的区别是什么?
7. 利用按钮交互结构制作一个通用的点歌程序。
8. 使用下拉菜单交互制作一个查看本班同学照片的程序。

综合实训项目（一）

目的：掌握多媒体课件的制作步骤，学会如何将 Authorware 源文件打包成可执行文件，掌握 Authorware 编译的可执行文件运行所必需的基本条件。

要求：实验前，收集好相关的多媒体素材；利用 Authorware 多媒体创作工具制作一个集合文字、声音、图片和动画的程序；程序设计完毕，将此文件编译成可执行文件，并测试是否可脱离 Authorware 环境运行。

步骤：

① 建立一个文件夹，取名为 cai。

② 在 cai 文件夹中创建名为 Picture 的文件夹，专用于存放程序所需的图片素材；名为 Audio 的文件夹，专用于存放声音文件；名为 Video 文件夹，专用于存放影视文件；名为 Text 文件夹，专用于存放文本文件。另外，为了保证编译好的程序能够脱离 Authorware 环境运行，必须将 Authorware 的标准函数库 Xtras 也复制至 cai 文件夹里。

其文件夹结构如图 P1-1 所示。

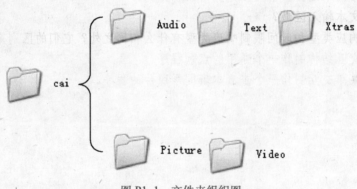

图 P1-1　文件夹组织图

③ 将文本文件、图片文件和声音文件存放在对应的文件夹中。

④ 启动 Authorware，在程序流程设计窗口中建立图 P1-2 所示的流程图。

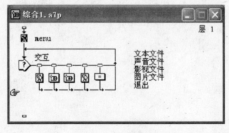

图 P1-2　流程图

⑤ 在菜单上单击"修改"→"文件"→"属性"命令，打开"属性：文件"面板，如图 P1-3 所示，

设置背景色。

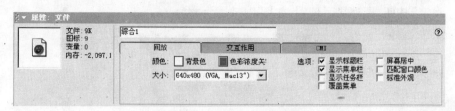

图 P1-3　"属性：文件"面板

⑥ 单击"背景色"前的色块，弹出"颜色"对话框，如图 P1-4 所示。任选一种颜色，然后单击"确定"按钮即可。

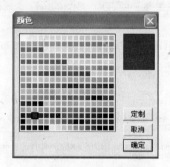

图 P1-4　选择背景色

⑦ 在"显示"图标 menu 中输入"综合应用（一）"，并设置字体颜色及大小，如图 P1-5 所示。

图 P1-5　设置字体

⑧ 单击"显示"图标"文本文件"，单击"文件"→"导入和导出"→"导入媒体"命令，打开"导入哪个文件？"对话框，如图 P1-6 所示。

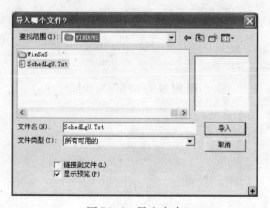

图 P1-6　导入文本

⑨ 选中任一文本文件，单击"导入"按钮，打开"RTF 导入"对话框，如图 P1-7 所示。设置参数后单击"确定"按钮，调整显示位置，如图 P1-8 所示。

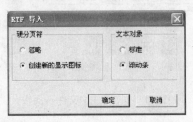

图 P1-7　设置文本格式参数

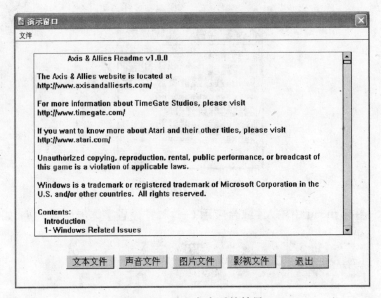

图 P1-8　导入文本后的效果

⑩ 单击"声音"图标，打开"属性"面板，单击"导入"按钮导入声音文件，如图 P1-9 所示。

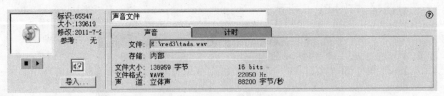

图 P1-9　"声音"对话框

综合实训项目(二)

目的:
① 能够按照多媒体软件的开发步骤开发一个完整的作品。
② 掌握软件设计与调试的一般方法。

要求:
① 合理地整理多媒体素材。
② 制作成一个完整的应用程序,内容应该包括:图片、文本、声音及动画等。

步骤:

(1) 整理素材

① 创建一个文件夹,命名为 soft,在此文件夹中创建各种素材文件夹,如图 P2-1 所示。

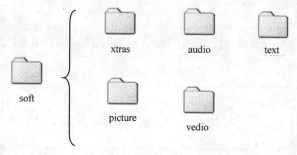

图 P2-1 素材文件夹

② 将各类素材放置在相应的文件夹中。

(2) 流程设计

① 设计好图 P2-2 所示组织机构图。

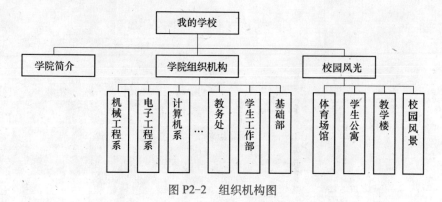

图 P2-2 组织机构图

② 将上述组织机构图转换为 Authorware 程序流程图,如图 P2-3 所示。

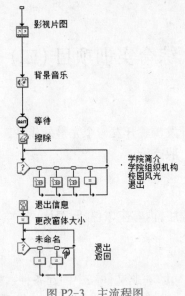

图 P2-3   主流程图

（3）编制程序

① 根据流程图添加相应的素材。双击"数字电影"图标"影视片图"，导入影视文件 ccit.avi，如图 P2-4。

图 P2-4   导入影视文件 ccit.avi

② 双击"背景音乐"图标，导入一个音乐文件（*.wav）。双击"主菜单"图标，导入一张图片，如图 P2-5 所示。

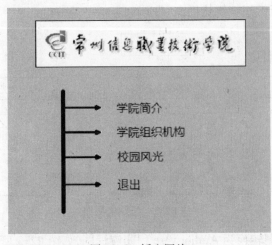

图 P2-5   插入图片

③ 将"擦除"图标 Clear 更名为"擦除影视"。将"交互"图标设置为热区域响应。双击"群组"图标"学院简介"，建立图 P2-6 所示的流程图。"擦除主菜单"图标擦除前面的主菜单，在"文本文件"图标中导入文本文件（简介 .txt），其他图标导入相关素材，名为"返回"的"计算"图标代码设置如下：Goto（IconID@" 主菜单 "）。其效果如图 P2-7 所示。

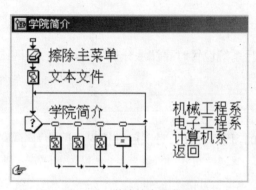

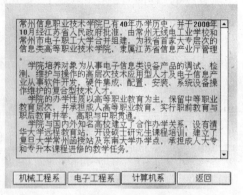

图 P2-6　学院简介流程图　　　　　　　图 P2-7　效果图

④ 在"机械工程系"、"电子工程系"、"计算机系"等图标中，导入相应图片，如图 P2-8 所示。

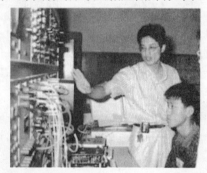

图 P2-8　插入图片

⑤ "群组"图标"学院组织机构"和"校园风光"的制作和"学院简介"基本相同，读者可按自己的思路完成设计。

⑥ 各种流程判断，跳转结构设计如下：

主流程线的第一个"退出"图标的代码如下：Goto（IconID@"退出信息"）。

主流程线的第二个"退出"图标的代码如下：Quit（0）。

"更改窗体大小"图标代码如下：ResizeWindows（300，80）。

主流程线的"返回"图标代码如下：Goto（IconID@"主菜单"）。

⑦ 调整好界面布局。

（4）调试程序

由于不同系统、不同机器的分辨率不同，在进行系统设置时要注意分辨率的设置。在调试的同时也可对程序作相应的调整。

（5）打包编译成可执行文件

打包的方法见附录，在此不进行阐述。

通过本例，应掌握软件的开发步骤。养成良好的习惯和作风，对以后进行程序设计大有益处。

附录　程序的调试、打包和发布

一、程序的调试

程序的调试是程序设计中的重要环节。在程序的调试过程中,调试人员需要模拟用户的各种状态,输入不同的内容和执行不同的动作来测试程序是否能够正确运行。在创建多媒体程序的过程中,要全面地调试各程序模块实现的功能。

1. 使用标志旗调试程序

通常情况下,当程序设计完毕后,单击工具栏上的"运行"按钮 ，系统将从该程序的起始位置运行该程序,直到执行完程序流程线上最后一个图标或者遇到 Quit（）函数为止。但若只想调试整个程序中的一部分,则使用"图标"面板上的标志旗。

标志旗分为开始标志旗 和结束标志旗 ，使用时需要注意以下几点:

① 标志旗只能用于程序的设计和调试过程。在程序打包时,系统将忽略标志旗的存在。

② 在一个程序中最多只能使用一个开始标志旗和一个结束标志旗。

③ 开始标志旗和结束标志旗不需要成对使用。当流程线上只有开始标志旗时,程序将从开始标志旗位置向下执行,直到执行完流程线上的最后一个图标或遇到 Quit（）函数为止。当流程线上只有结束标志旗时,程序将从流程线上的第一个图标开始向下执行,直到结束标志旗所在的位置为止。

④ 若程序中包含开始标志旗,但又需要调试整个程序,可选择"调试"→"重新开始"命令。

⑤ 若想将标志旗从流程线上移出,可把它拖回到"图标"面板上,或在"图标"面板中放置标志旗位置上单击鼠标。

2. 使用"控制面板"调试程序

单击"窗口"→"控制面板"命令,或单击主工具栏上的"控制面板"按钮 ，可打开"控制面板",如图 A-1 所示。"控制面板"上各按钮的功能如下。

① 运行 ：从程序的开始处重新运行该程序。

② 复位 ：清理"控制面板"并重新设定跟踪,等待进一步的命令。

③ 停止 ：结束程序的运行。

④ 暂停 ：暂停程序的运行。

⑤ 播放 ：从开始位置或暂停位置重新开始运行。

⑥ 显示跟踪 ：显示或隐藏跟踪窗口。

⑦ 从标志旗开始执行 ：从标志旗开始执行。

⑧ 初始化到标志旗处 ：从开始标志旗位置重新设置跟踪并等待进一步的命令。

图 A-1　"控制面板"
对话框

⑨ 向后执行一步 ：每单击一次该按钮,将执行程序中的下一个图标。若遇到"群组"图标或分支结构,则程序在执行其中的图标时并不暂停。该按钮提供了一种速度较快但较为粗略的单步跟踪方式。

⑩ 向前执行一步 🔲 ：每单击一次该按钮，将执行程序中的下一个图标。若遇到"群组"图标或分支结构，仍将采取单步方式执行其中的图标。该按钮提供了一种速度快但更为精确的跟踪方式。

⑪ 打开跟踪方式 🔲 ：显示或关闭跟踪信息。

⑫ 显示看不见的对象 🔲 ：显示屏幕上没有显示出来的内容，如目标区、热区域等。

⑬ 流程线上的级别：指跟踪窗口中每一行的第一项显示的数字。1 表示主流程线上的图标，2 表示第 2 层设计窗口中的流程线上的图标，以此类推。若某一"群组"图标位于主流程线上，则该"群组"图标的级别为 1，而"群组"图标流程线中的图标级别则为 2。

⑭ 图标类型：跟踪窗口中每一行的第二项内容即图标类型的缩写。各种类型的图标的缩写如表 A-1 所示。

表 A-1　图标类型的缩写

图标类型	缩写	图标类型	缩写
显示	DIS	交互	INT
移动	MTN	计算	CLC
擦除	ERS	群组	MAP
等待	WAT	数字电影	MOV
导航	NAV	声音	SND
框架	FRM	DVD	VDO
判断	DES		

⑮ 图标名称：跟踪窗口中每一行的第三项内容即为图标的名称。若给每一个图标取一个合适的名称，则可很方便地根据跟踪窗口中的图标名称查找到产生错误的位置。

3. 程序调试中快捷键的使用

Ctrl+J ：在程序设计窗口和"演示窗口"间快速切换。

Ctrl+P ：使程序暂停，以便调整窗口中各对象的相位置。调整完毕后再次按下此键，程序将继续向下运行。

Ctrl+I ：在程序运行过程中，若发现某个"显示"图标或"移动"图标有错误，按下此键即可定位到该图标。

二、程序的打包

程序打包指将多媒体程序的源程序转换为可发布的格式。打包后，程序可脱离 Authorware 程序而在 Windows 环境下独立运行。在 Windows 系统中，用来运行 Authorware 打包程序的是 runa7w32.exe，可在 Authorware 程序的文件夹中找到该程序。

1. 程序打包注意事项

（1）规范各种外部文件的位置

通常将容量过大的文件作为外部文件发布。将程序中不同类型的外部文件放在不同的目录下，便于管理。例如，图片文件放在 Images 文件夹中，声音文件放在 WAV 文件夹中，视频文件放在 AVI 文件夹中等。

（2）外部扩展函数设置

将程序调用的外部函数存放在同一个目录中，并设置好搜索路径，最后再将文件复制到打包文件的同一目录中。

（3）字体设置

若程序中需要使用系统字库之外的字体，且用户计算机上没有该字体，则将这些文字转换为图片，才能保证程序运行后的最理想效果。

（4）合理处理媒体文件

应该将占用空间较大的图片和声音文件压缩，如将 AVI 动画文件转换为 GIF 动画文件，将 WAV 声音文件转换为 VOX 或 MP3 文件，将 TIF 或 BMP 图像文件转换为 JPG 图像文件等。

（5）调用外部动画文件

程序中若有 AVI 或 FLC 动画文件，它们不像图片文件、声音文件那样可嵌入到最终打包的 EXE 文件中，而是被当做外部文件存储。可将动画文件与最后打包文件放在同一目录下，或在打包前为动画文件指定搜索路径。选择"修改"→"文件"→"属性"→"交互作用"→"搜索路径"，输入指定的路径即可。

（6）特效及外部动画文件

打包文件复制到其他目录后，需要外部驱动程序才能实现特效转换及动画文件的运行。将实现各种特效的 Xtras 文件夹及 a7vfw32.xmo、a7mpeg32.xmo、a7qt32.xmo 三个动画驱动程序文件同时复制到打包文件的同一目录下即可。

（7）检查外部链接文件

若使用了外部链接，应通过选择"窗口"→"外部媒体浏览器"命令，检查链接的外部文件的正确性，若有断开的链接，则需要及时修复。

2. 打包媒体库

当对媒体库单独进行打包时，要将已打包库文件保存到程序的文件夹中，以保证在运行多媒体程序时，程序能自动找到库文件。

打包库的操作步骤：

① 执行"文件"→"打开"→"库"命令，将需要打包的库文件打开。

② 执行"文件"→"发布"→"打包"命令，打开"打包库"对话框，如图 A-2 所示。

● "仅参考图标"：若选中此选项，打包时只将与程序有链接关系的图标打包。

● "使用默认文件名"：若选中此选项，打包时使用库的文件名作为打包库文件的文件名，其扩展名为 .a7e，同时打包后的文件将保存在库所在的文件夹中。若不选该选项，则要求用户指定打包库文件的文件名和存储路径。

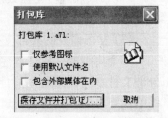

图 A-2　"打包库"对话框

● "包含外部媒体在内"：若选中此选项，将以链接方式导入到库中的文件（不包括数字电影和 Internet 上的文件）也一并打包。

3. 打包程序

选择"文件"→"发布"→"打包"命令，打开"打包文件"对话框，如图 A-3 所示。其中各选项的含义如下。

①"打包文件":该下拉列表框中包含两个选项。

"无需 Runtime":选择此选项时,打包后生成的文件扩展名为 .a7r,运动时需要 runa7w32 文件支持,程序发布时要附带该文件。

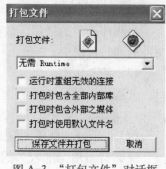

图 A-3 "打包文件"对话框

"应用平台 Windows XP.NT 和 98 不同":选择此选项时,打包生成的文件可以在 Windows XP/NT/98 下独立运行。

②"运行时重组无效的连接":若选中此选项,程序将自动修复中断的链接。

③"打包时包含全部内部库":若选中此选项,程序在打包时会将与程序链接的所有库都进行打包,而不再对库进行单独打包,发布程序时也不需要附带打包库文件。

④"打包时包含外部之媒体":若选中此选项,程序在进行打包时会将链接到程序的素材文件(不包括数字电影和 Internet 上的文件)作为程序内容的一部分进行打包。作品发布时将不需要附带素材文件。

⑤"打包时使用默认文件名":若选中此选项,将使用源程序名作为打包文件的文件名,并将打包文件存储在源程序所在的文件夹中。

三、程序的发布

1. 发布须知

(1) 指定文件的存放路径

要想使 Authorware 能够顺利查找到程序运行所需的文件,最简单的方法是将这些文件存放到默认的文件夹中,然后让 Authorware 搜索默认的文件夹即可。

在 Windows 系统中,默认的搜索路径顺序如下。

① 第一次加载文件所在的文件夹。若交互式应用程序已被打包或文件被移动,Authorware 将无法查找到这个文件。在此种情况下,只能由用户指定存放该文件的正确位置。

② 存放交互式应用程序的文件夹。

③ 某个文件夹中含有 Authorware7.exe 或 Authorware 应用程序文件,并且当前正在运行这两个应用程序中的一个时,Authorware 就会搜索这个文件夹。

(2) 程序的发布途径

可以通过磁盘、光盘或网络发布自己的多媒体作品,发布的方式一般取决于多媒体程序文件的大小。

(3) 发布需要的外部支持文件

一个典型的多媒体程序不仅包含 Authorware 程序,而且还包含 Authorware 程序可能使用的外部文件。为使最终用户能够正常运行程序,开发者需要将这些外部文件连同打包文件一起提供给最终用户。

① Runa7w32.exe 文件。

② 每种多媒体类型都需要使用的 Xtras 文件。Authorware 要求包括 Xtras 文件以处理任何格式的图形或声音文件。例如,若使用 GIF 格式,则必须包括相应的 GIF MIX Xtras 文件。

③ 链接文件。例如,链接的图形、外部声音和 Director、QuickTime 2.0 for Windows 或 Video for Windows 数字电影等。

④ Authorware 驱动程序和用作组件的系统级驱动程序文件。例如 QuickTime 2.0 for Windows 或 Video for Windows 等。

⑤ 字体文件。程序的开发者必须确保多媒体程序中的字体适用于最终用户的计算机,否则就需要对字体进行处理。

⑥ 多媒体程序要使用的外部软件模块。例如 Xtras、ActiveX 控件、UCD 和 DLL 等。

2. 发布前的设置

在进行一键发布之前,必须首先进行发布前的设置。经过了初次设置后,被设置的属性将会被保存下来,若以后要采用系统的设置进行发布,在发布时直接选择"文件"→"发布"→"一键发布"命令即可。若要采用不同的设置进行发布,可以对已有的设置进行修改。方法是:选择"文件"→"发布"→"发布设置"命令,打开 One Button Publishing 对话框,它包含 5 个选项卡。

(1) Formats(格式)选项卡

用于设置文件的发布格式。可将当前文件发布到 CD-ROM、局域网和本地硬盘,如图 A-4 所示。

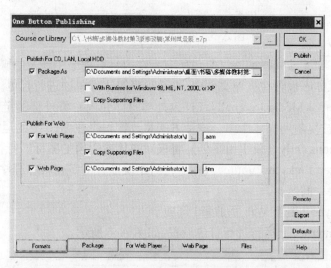

图 A-4 发布设置的格式选项

① Course or Library（课程或库）:默认显示的是当前程序的路径。单击其右侧的浏览按钮,可以选择其他要发布的程序或库文件。

② Package As（打包为）:允许通过 CD-ROM、局域网或本地硬盘进行发布。单击文本框右侧的浏览按钮,打开 Package File As 对话框,在该对话框中可以重新设置打包文件的名称和存储路径。

③ With Runtime for Windows 98, ME, NT, 2000, or XP（包括 Window98/Me/NT/2000/XP 的运行库）:将使用 runa7w32.exe 程序打包一个程序,并将创建一个完全自运行的应用程序,扩展名为 .exe。若未选中此项,则必须使用 runa7w32.exe 才能打开此打包生成的文件。

④ Copy Supporting Files（复制支持文件）:程序将自动将所有的支持文件复制到映像文件中。

⑤ Web Page（Web 页）:打包时将生成一个 HTML 网页文件,扩展名为 .htm。使用 Web 浏览器即可浏览该文件。

（2）Package（打包）选项卡

用于设置打包属性，如图 A-5 所示。

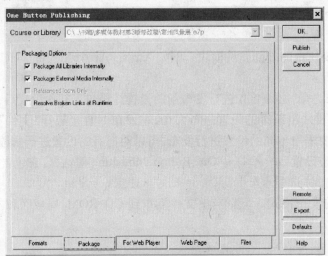

图 A-5　发布设置的打包选项

① Package All Libraries Internally（打包所有库在内）：对程序中涉及的媒体库一起进行打包处理。若用户不将媒体库包含在打包文件中，则必须将媒体库单独进行打包。

② Package External Media Internally（打包外部媒体在内）：将外部的链接转换为对媒体库的链接，外部媒体将被复制到媒体库中。该种方式将改善程序在 Web 上的运行性能。

③ Referenced Icons Only（仅引用图标）：将仅对媒体库引用的图标进行打包。

④ Resolve Broken Links at Runtime（在运行时解决断开的链接）：在程序运行期间将解决程序和媒体间的链接丢失问题。

（3）For Web Player（用于 Web 播放器）选项卡

为了程序能在 Internet 上运行进行打包设置，如图 A-6 所示。

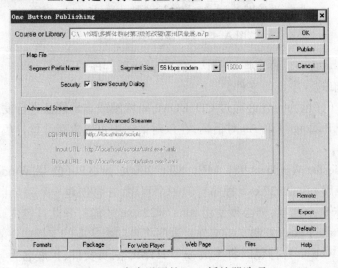

图 A-6　发布设置的 Web 播放器选项

① Segment Prefix Name（片段前缀名）：设置分段文件名的前缀，最多可输入 4 个字符。

② Segment Size（片段大小）：根据不同的网络连接设备来设置分段文件的大小。共有 8 种网络连接设备。

③ Show Security Dialog（显示安全对话）：若用户需要在信任模式下运行程序，则应该选中该复选框。

④ Use Advanced Streamer（使用高级流式技术）：在下载过程中将采用 Authorware 高级流式技术，它可以大幅度地提高网络程序的下载效率，能够通过跟踪和记录用户最常用的内容，智能地预测和下载程序片段，提高程序的运行效率。

⑤ CGI-BIN URL 文本框：显示支持知识流的网络服务器的地址。只有在选中"使用高级流技术"复选框的情况下才可以在该文本框中输入网址。

⑥ Input URL（输入 URL）文本框：显示 Web 播放器用于预测片段下载时的概率文件的位置。

⑦ Output URL（输出 URL）文本框：显示下载程序生成的概率文件的位置。

(4) Web Page（Web 页）选项卡

单击 Web Page 标签，打开 Web Page 选项卡。必须在 Formats 选项卡中选中 Web Page 复选框才能显示 Web Page 选项卡，它主要用于设置打包生成的 Web 页面，如图 A-7 所示。

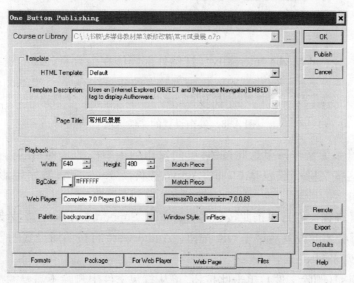

图 A-7 发布设置的 Web 页选项

① HTML Template（HTML 模板）：显示系统提供的几种 HTML 模板。

② Page Title（页面标题）：用于设置 Web 页的标题，默认情况下为程序文件名。

③ Width（宽）、Height（高）：设置程序窗口的大小。单击右侧的 Match Piece（匹配块）按钮，可使程序窗口的大小与"演示窗口"的大小自动匹配。

④ BgColor（背景色）：设置程序窗口的背景色。可打开调色板根据需要选择颜色。单击其右侧的 Match Piece（匹配块）按钮，可使程序窗口的背景色与演示窗口的背景色自动匹配。

⑤ Palette（调色板）：用于选择调色板。若选择 foreground（前景），将加载 Authorware 程序中使用的调色板；若选择 background（背景）选项，则加载 Web 浏览器的调色板。

⑥ Window Style（Window 风格）：选择程序窗口的显示形式。

● inPlace 选项：程序窗口将嵌入网页之中。

● onTop 选项：程序窗口将浮于网页之上。

● onTopMinimize 选项：程序窗口将浮动在网页之上，并使得浏览器窗口最小化，在退出程序时再将浏览器窗口还原。

（5）Files（文件）选项卡

用于对将要发布的文件进行管理，如图 A-8 所示，其中列出了将要发布的文件，在将要发布的文件前显示选中标记✓。

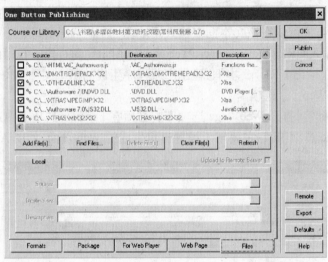

图 A-8　发布设置的文件选项

① Add Files（添加文件）：单击此按钮，可向发布列表中添加未列出的、将与源程序同时进行发布的文件。这些文件一般包括 Flash、Active 控件、QuickTime 数字电影等特殊内容的支持文件。

② Find Files（查找文件）：单击此按钮将打开 Find Supporting Files（查找支持文件）对话框，在该对话框中进行必要的设置后单击 OK 按钮，Authorware 将按照所设置的要求自动查找需要的文件，并显示在列表框中。

③ Delete File(s)（删除文件）：单击此按钮，可从打包文件中删除不需要的文件。

④ Clear Files（清除文件）：单击此按钮，将清除发布列表框中的所有文件。

⑤ Refresh（刷新）：单击此按钮，系统将重新扫描所有移动了的文件和存储的链接关系，从而刷新发布文件列表。

⑥ Local（本地）选项组：对发布列表中特定文件的发布设置进行修改。在进行修改前，必须在发布文件列表框中选中一个要发布的文件，此时该选项区域中的内容才变为可用状态。需要注意的是，程序打包生成的 .a7r、.exe、xaam 和 .htm 文件的设置不允许在此修改。

3. 一键发布

完成了发布前的各项准备工作后，从菜单中选择"文件"→"发布"→"一键发布"命令，即可发布程序。

参 考 文 献

[1] 詹慧静. 多媒体基础与制作技术[M]. 北京:高等教育出版社,2003.

[2] 林勇. 多媒体技术与应用[M]. 北京:高等教育出版社,2003.

[3] 雷运发. 多媒体技术与应用[M]. 北京:中国水利水电出版社,2004.

[4] 马宪敏. Authorware 7.0中文版多媒体制作实例教程[M]. 北京:中国水利水电出版社,2009.

[5] 李富荣,刘晓悦. Authorware 7实用教程[M]. 北京:清华大学出版社,2006.

[6] 郭新房,等. Authorware 7.0多媒体制作基础教程与案例实践[M]. 北京:清华大学出版社,2007.

郑重声明

高等教育出版社依法对本书享有专有出版权。任何未经许可的复制、销售行为均违反《中华人民共和国著作权法》，其行为人将承担相应的民事责任和行政责任；构成犯罪的，将被依法追究刑事责任。为了维护市场秩序，保护读者的合法权益，避免读者误用盗版书造成不良后果，我社将配合行政执法部门和司法机关对违法犯罪的单位和个人进行严厉打击。社会各界人士如发现上述侵权行为，希望及时举报，本社将奖励举报有功人员。

反盗版举报电话　　(010)58581897　58582371　58581879

反盗版举报传真　　(010)82086060

反盗版举报邮箱　　dd@ hep. com. cn

通信地址　　北京市西城区德外大街 4 号　高等教育出版社法务部

邮政编码　　100120

短信防伪说明

本图书采用出版物短信防伪系统，用户购书后刮开封底防伪密码涂层，将 16 位防伪密码发送短信至 106695881280，免费查询所购图书真伪，同时您将有机会参加鼓励使用正版图书的抽奖活动，赢取各类奖项，详情请查询中国扫黄打非网(http://www.shdf. gov. cn)。

反盗版短信举报

编辑短信"JB,图书名称,出版社,购买地点"发送至 10669588128

短信防伪客服电话

(010)58582300

学习卡账号使用说明

本书所附防伪标兼有学习卡功能，登录"http://sve. hep. com. cn"或"http://sv. hep. com. cn"进入高等教育出版社中职网站，可了解中职教学动态、教材信息等；按如下方法注册后，可进行网上学习及教学资源下载：

(1) 在中职网站首页选择相关专业课程教学资源网，点击后进入。

(2) 在专业课程教学资源网页面上"我的学习中心"中，使用个人邮箱注册账号，并完成注册验证。

(3) 注册成功后，邮箱地址即为登录账号。

学生：登录后点击"学生充值"，用本书封底上的防伪明码和密码进行充值，可在一定时间内获得相应课程学习权限与积分。学生可上网学习、下载资源和提问等。

中职教师：通过收集 5 个防伪明码和密码，登录后点击"申请教师"→"升级成为中职计算机课程教师"，填写相关信息，升级成为教师会员，可在一定时间内获得相关教学资源。

使用本学习卡账号如有任何问题，请发邮件至："4a_admin_zz@ pub. hep. cn"。